4 세계건축의 역사 시리즈

일본건축사

이무희·진경돈 공역

圖書出版 世進社

著者 字文

꽃 피는 봄, 무더운 여름, 만월(滿月)의 가을, 그리고 눈의 겨울, 이 사계(四季)라는 자연의 선물 속에서 우리들은 생활하고 있다.

하얀 파도가 밀려오는 바다, 깎아지른 듯한 산, 그리고 여유롭게 펼쳐진 평야, 좁은 나라이지만 갖가지 지형에 둘러싸여 우리들은 살고 있다.

풍부한 자연이 나무라고 하는 건축재료를 제공했다. 노송나무, 삼목, 느티나무, 소나무……. 나무가 일본의 건축을 낳았다.

사계(四季)의 혜택을 받고 다양한 기후풍토와 생활에 대응시켜, 선조들은 실로 여러 가지의 건축을 창출해 내었다. 신사(神社)와 불사(佛寺), 주거(住居), 성(城) 그리고 다실(茶室). 나무를 사랑하고, 나무와 싸우고, 나무에게 말하게 하여 공간을 창조했다. 물론 나무가 전부만은 아니다. 흙(土), 돌(石), 철(鐵), 종이(紙), 유리 등도 있다.

만드는 사람은 직인(職人)들 즉, 목수, 톱질꾼, 미장이, 대장장이들이다. 그들 각각의 손이 일본의 건축을 만들었다.

건축의 역사는 길다. 인류의 발걸음과 더불어 항상 건축이 있었다. 그 긴 역사를, 선조들이 창출해낸 여러 가지 건축의 역사를, 그림을 보면서 더듬어 보고 싶다. 본서(本書)는 이렇게 기획되었다.

유구하며 다양한 전개를 보이는 일본건축의 역사를, 여기에서는 4개의 테마(Theme) 즉, 종교(神과 佛의 공간), 생활(生活과 都市), 전쟁(城과 城郭都市), 유희(數寄의 空間)로 나누어 보았다. 이 4종(種)의 건축이 별개의 길을 걸은 것은 아니다. 서로 얽히면서 발전되었다. 그러나 이 4가지로 나누어 보면 그곳에 새로운 흐름이 보인다.

그림은 선화(線畵)의 표현을 기본으로 했다. 부드러운 분위기에는 적합하지 않으나 건축을 정확하게 나타내기 위해 굳이 표현을 통일했다.

본서를 정리함에 있어 많은 선학(先學)의 연구를 참고했다. 일일이 나열할 수는 없지만, 참고문헌 속에 가능한 한 수록했다.

그림은 穗積, 구성 및 해설은 西가 각각 담당했다.

西 知夫·穗積知夫

目 次

第1章

宗　教
—佛寺와 神社

第1章 宗　　教

−佛寺와 神社−

이윽고 간노오지 쇼오운 탑(感應寺 生雲塔)이 훌륭하게 완성되어, 층층이 비계(足場)를 제거해 가면, 점차적으로 나타나는 한층, 한층, 또 한층, 5층이 우뚝 솟아 있는 모습……이 것이 바로 간노오지(感應寺)의 5층탑이어라…….

(幸田露伴『五重 塔』)

이러한 귀절이 나오는 소설(고오다 로한(幸田露伴)의 『5층탑』)은 예술적 영감의 불멸성을 주제로 하여 쓰여진 것이다. 여기에서 사원을 상징화하기 위한 탑의 선택은 매우 예리했다고 할 수 있는데, 그 이유는 탑(塔)이라는 구조물이 1400여 년전 불교의 일본 전래 이래로 사원의 구성에 있어 중심적 요소로 인식되어 왔기 때문이다.

도오비오오이(十兵衛)에 의해 5층탑이 훌륭하게 완성되었고, 그 직후 내습한 태풍에 시달리고 시달려 구륜(九輪)[1]이 흔들리게 되었지만 그것은 처음부터 계산되었던 것이다. 바람이 멈추자 "서쪽에서 보면 때때로 높은 처마(飛檐) 사이로 흰 달(素月)을 토해내고, 동쪽에서 바라보면 난간(勾欄, 高欄, 역주 3 참조) 사이로 석양을 삼킨다"라고 로한(露伴)의 붓에 의해 묘사될 만큼 야나카(谷中)의 간노오지(感應寺) 탑은 문학세계에까지 길이 이름을 남기게 되었다. 도오비오오이(十兵衛)는 탑 제작에 목숨을 걸었다. 하늘 높이 우뚝 솟은 탑은 사원의 상징이며, 더구나 그 기술적인 어려움은 장인(匠人)들에게도 일생일대의 도전을 강요하였다.

종교건축은 그 자체가 사람들의 숭배의 대상이 되었다. 고대 이래로 그 시대 최고의 기술을 도입하여 사원(寺院), 신사(神社)가 세워졌다. 어떤 때는 국가적 사업으로써, 어떤 때는 귀족들이 재산을 헌납하여, 그리고 때로는 가난한 지역 주민의 동전을 모아서 수행되었다.

건축의 역사, 특히 고대부터 중세의 역사를 더듬어 볼 때, 종교건축이 항상 그 중심에 있었음을 알 수 있다. 그 이유는 종교건축의 디자인이나 기술이 다른 건축을 선도해 왔기 때문이다.

일본의 종교건축은 불교사원과 신사건축에 집중되어 있다. 사원건축은 한국

1. 구륜(九輪) : 탑의 노반 위에 세워진 9개의 둥근 고리가 끼어 있는 장식 기둥

의 백제왕조(百濟王朝)로부터 6세기 중엽 불교의 기본 교리가 도입된 직후 수입되었다. 초기의 일본에 있어서, 불교의 교의(敎意)는 새롭고 심오한 세계관 뿐 아니라 고도로 발전된 아시아 대륙문화의 가장 인상적인 표현 중 하나를 보여 주고 있다. 불교와 그에 따른 예술 및 건축은 초기의 일본으로 하여금 수준 높은 문명과 국제적 명성에 이르게 한 길잡이였다. 16세기 말엽까지 일본은 이러한 대륙적인 본보기에 따라 인상적인 사원을 건설하고 있었고, 8세기 중엽까지 지방사원의 국가적인 체계가 그것을 유지하기 위한 잘 발달된 사원조직을 형성하고 있었다.

불상(佛像), 불화(佛畵)와 더불어 사원을 구성하는 탑과 건물들은 신앙의 개념에 실체적 연관성을 제공해 왔다. 실제로 일본의 전 역사를 통해서 인적, 경제적 자원의 상당수가 사원들의 조성에 낭비되었다. 특히 고대(8C~12C)와 중세기(13C~16C)의 불교건축은 새로운 구성체계와 장식적인 특성을 도입하는 면에서 선두적인 입장에 있었다. 따라서 불교건물들은 다른 모든 분야의 일본건축 뿐 아니라 일본예술 전반에 걸쳐 가장 중요한 위치를 차지하고 있다.

신토오(神道), 즉 신들의 가르침은 일본 고유의 신앙이다. 신토오 건축(神道建築)의 뿌리가 일본문명의 초기로 거슬러 올라가야 하고, 신사(神社)가 자신의 독특한 형태를 지니고 있다는 점은 놀라운 일이 아니다. 예를 들어, 이세 신궁(伊勢神宮)의 형태는 문자시대 이전의 곡창지대로 되돌아가 보아야 하며, 그 단순한 웅장함은 불교전통에 대한 극찬과 동등하게 칭송되고 있다. 그러나 현재 우리가 알고 있는 대부분의 궁전형식의 디자인은 그 완숙된 형태를 8세기에서야 갖추게 되었으며, 그 때는 일본이 이미 불교에 의해 상당히 영향을 받은 이후였다. 따라서 이들 두 건축의 역사는 철저하게 뒤섞인 상태에 있었다. 또 하나의 예로, 도쿠카와(德川)의 영묘(靈廟)인 니코오(日光)의 도오쇼오 궁(東照宮)은 언뜻 보기에 신사(神社)라기 보다는 불사(佛寺)처럼 보이며, 순수한 화려함과 그 표현성에 있어서 일본의 어떤 불교건축물에도 견줄만한 것이다.

독일의 건축가 브루노 타우트(Bruno Taut)는 이세 신궁(伊勢神宮)을 "순수성과 단순성의 예술"이라고 격찬하고, 그 반면 니코오(日光)의 도오쇼오 궁(東照宮)을 "허위이며 인공적인 장식물"이라고 혹평했다. 그 옳고 그름은 제쳐두고라도 신사(神社)·영묘(靈廟)의 디자인은 일본건축을 말할 때 아니, 일본의 예술전반을 논할 때 빠뜨릴 수 없는 존재인 것은 확실하다.

종교건축 특히 불사건축(佛寺建築)은 우리가 논의를 시작하는 데 적절한 대상이 될 것이다. 왜냐하면, 그 도입된 기본 개념의 상당부분이 일본건축물의 여타 유형에도 적용될 수 있기 때문이다. 주춧돌에 얹힌 커다란 목재로 지어진 불전은 일반적으로 기둥과 보(Post and Lintel)의 원리에 의해 계획되며, 기둥으로 구획되는 간(間) 사이에는 비내력벽을 갖는다. 위에 올려지는 장대한 지붕은 초기에 기와 종류였으나 후에는 나무싱글과 같이 변화된 재료를 사용하게 되며, 그 처마는 구미모노(組物, 斗栱이라고도 하며 이하 공포(栱包)라 함. 역자 주)라는 구조에 떠받쳐 난간 상부까지 내밀어진다. 공포(栱包)는 기둥의 바로 위에 올려지지만 종종 기둥과 기둥 사이의 공간에 얹히기도 한다. 불전(佛殿)의 중심공간은 모야(母屋, 身舍)라고 하는데, 대개 보방향으로 한 간(間), 세 간(間), 다섯 간(間) 등 홀수의 간(間)으로, 도리방향으로는 두 간(間)으로 이루어진다. 대부분의 구조에서 이 중심공간을 둘러싸는 주위공간을 히사시(庇)라고 하며, 대개 한 간(間)의 폭으로 이루어진다. 주 지붕아래 별개의 지붕을 갖는 히사시(庇)를 모코시(裳階)라 일컫는데, 모야(母屋)를 직접 둘러싸기도 하고 종종 제3영역의 역할을 하면서 주 지붕아래 있는 히사시(庇)와 경계를 이루기도 한다. 그래서 대개 세 간(間) 폭의 모야(母屋)를 갖는 건물은 양쪽으로 한 간(間)씩의 히사시(庇) 공간을 포함해 다섯 간(間)의 정면(facade)을 이룬다.(모코시(裳階) 또는 다른 부가공간이 없는 경우)

우리는 일본의 가장 오래된 현존 불사(佛寺)인 호오류우지(法隆寺)를 시작으로 논의를 전개하려거니와, 가람배치(伽藍配置), 주요 구조물인 5층탑과 금당을 중심으로 그들을 에워싸는 회랑(回廊), 중문(中門), 그리고 회랑 바깥의 부속 구조물도 함께 살펴볼 것이다.

다음으로 사원의 배치 및 그 구성 구조물의 형식에 영향을 주어 국내적으로 종교적, 공학적 변혁을 발생하게 했거나 중국으로부터 도입된 변화요소를 추적할 것이다. 그 변화요소에는 소위 비밀종파의 등장, 동시에 발생한 규칙적 사원배치와 와해, 교오토 귀족들을 위한 우아한 개인 불사(佛寺)의 성장, 그리고 중국 송(宋)나라로부터 도입된 선종양(禪宗樣)과 대불양(大佛樣) 및 중세에 비롯된 불가피한 절충양식(折衷樣式) 등이 포함된다.

이 장의 마지막으로 논할 신사건축(神社建築)의 조형(祖形)은 멀리 원시시대로 거슬러 올라간다. 신(神)을 위한 건축형태를 확실하게 알 수 있는 것은 나라시대(奈良時代) 이후이지만 현재 우리가 알고 있는 신사건축의 형식은 6세기에 전래된 불교건축과의 관계에 커다란 의미를 갖고 있다. 따라서 이러한 신사건축의 기원과 발전과정을 일별해 보려거니와 특히, 신사건축의 독창성과 불교건축물의 개념에서 받은 영향이라는 두 가지에 주안점을 두려 한다.

불사(佛寺)와 신사(神社)의 공간을 그 디자인과 기술은 물론 그것을 만든 직인(職人, 이하 역주 52 참조)들에 관한 것들과 비교 고찰해 가면서 시대를 거슬러 가 보면, 그곳에서 틀림없이 일본건축사를 이끌었던 커다란 흐름을 볼 수 있을 것이다.

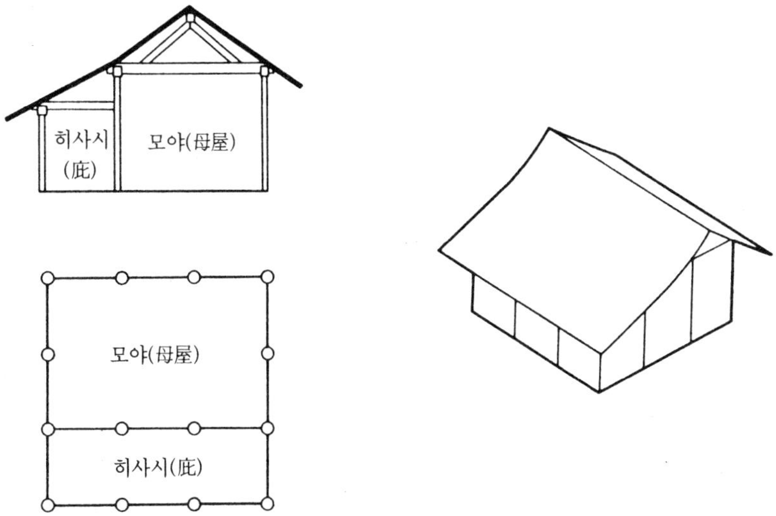

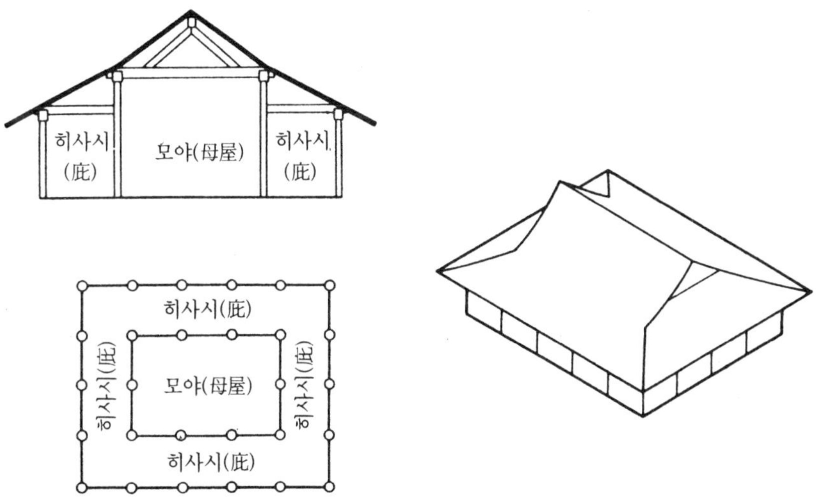

塔 - 寺院의 상징 -

호오류우지(法隆寺)-현존하는 일본 최고(最古)의 사원

고대 나라(奈良)의 수도인 아스카(飛鳥) 변두리 마을 이카루가(斑鳩)의 평원에 호오류우지(法隆寺)가 고요한 침묵 속에 서 있다. 완만한 구릉을 배경으로 한 원경(遠景)이나, 목조건축의 강렬한 구조미를 보이는 근경(近景)이 모두 일본건축을 대표하기에 충분하다. 5층탑, 그 옆의 금당(金堂), 중문(中門), 그리고 그들 주위를 둘러싸고 있는 회랑(廻廊)은 세계에서 가장 오래된 현존 목조건물이며, 일본의 불교건축에 대한 논의의 논리적 출발점이 되고 있다.

호오류우지(法隆寺)의 창건은 멀리 6세기의 옛날로 거슬러 올라간다. 요오메이(用明) 2년(587), 요오메이 천황(用明天皇)은 병이 낫기를 기원하여 불상

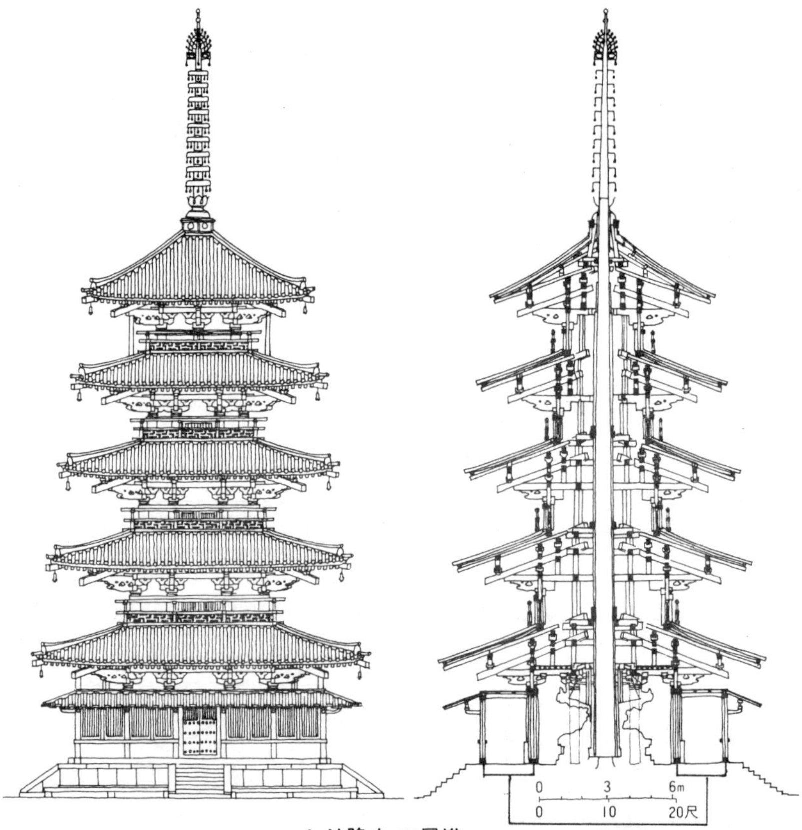

1. 法隆寺 五層塔 모코시(裳階)

2. 法隆寺 回廊 밖에서 본 五層塔

(佛像)을 모시는 사찰을 세우려고 했다. 그러나 그 뜻이 이루어지지 않자 수이코 천황(推古天皇)과 섭정하에서의 쇼오토쿠 태자(聖德太子)가 그 유지를 이어받아 607년에 조영(造營)했다. 이것이 호오류우지(法隆寺)이다.

아스카 양식(飛鳥様式)

덴찌(天智) 9년 즉, 기원 670년에 호오류우지(法隆寺)는 큰 화재를 만났다. 그 후 재건된 것이 현재의 건물인데, 완성시기가 명확하지 않고 나라 시대(奈良時代, 710~784)에 들어와서의 일이 아닌가 하는 설(說)도 있다. 그러나 건축양식은 나라 시대(奈良時代)와는 달리 아스카 시대(飛鳥時代, 552~710)의 양식이라고 할 수 있는 여러 가지 특색을 갖고 있다. 기둥에 엔타시스(entasis)라는 중앙부분의 약한 배부름이 있고, 운형(雲形)의 마스(斗, 이하 주두(柱斗)와 소로(小累)로 구분함. 역자 주)와 히지키(肘木, 이하 첨차(檐遮)라 함. 역자 주)[2]를 사용하였으며, 기둥 바로 상부의 주두(柱斗) 밑에는 사라토(皿斗, 접시모양의 굽받침. 역자 주)가 있다. 고오란(高欄, 이하 난간(欄干)이라 함. 역자 주)[3]의 卍자형에서 변형된 격자무늬(組子)나 인자형(人字形)의 와리즈카(割束)[4]도 독특한 디자인이다.

이러한 아스카 양식(飛鳥様式)을 전하는 것이 금당(金堂), 5층탑(五重塔)과 그것을 둘러싼 회랑(回廊), 그리고 회랑에 연결된 중문(中門)이다. 회랑은 현재 장경각(藏經閣), 종루(鐘樓), 강당(講堂)과 연결되어 있지만 원래는 금당(金堂)과 5층탑(五重塔)만을 둘러쌌으며, 장경각(藏經閣), 종루(鐘樓), 강당(講堂)은 회랑(回廊) 밖에 있었다.

회랑(回廊) 내부는 성역(聖域) 즉, 부처(佛)의 세계이며, 외부는 인간들의 세속(世俗)의 세계였다.

5층탑–탑(塔)의 기원(起源)

금당(金堂)은 불상을 안치하는 건물이며, 5층탑은 불사리(佛舍利)를 모시는 건물이다. 탑의 중심에는 하나의 심주(心柱)가 서 있는데, 그 초석(礎石)에 모신 불사리는 원래 석가(釋迦)의 유골이었다. 탑(塔)은 범어(梵語)의 스투파(stupa) 즉, 소토바(卒塔婆) 또는 도오바(塔婆)에서 유래한다. 석가의 유골을 모시기 위해 토석(土石)을 주발모양(椀形)으로 쌓아 상부에 우산모양의 뾰족탑을 설치했다. 이러한 유골과 그것을 안치하는 스투파는 초기의 인도 불교사원에서 허용된 유일한 기념물이었으며, 인간의 모습을 한 불상(佛像)은 그 후 수세기가 지나도록 출현하지 않았다. 그 우산모양의 뾰족탑이 발달하여 중국,

2. **히지키(肘木)** : 두공(斗栱)의 일부로써 소로(小累, 斗) 또는 도리(道里, 桁)를 받치는 수평재. 첨차(檐遮)에 해당
3. **고오란(高欄)** : 건물의 툇마루 둘레, 수미단(須彌壇)의 사방, 계단 및 교량의 단부에 설치되어 장식적 기능과 추락방지 기능을 지닌다. 난간(欄干)에 해당
4. **와리즈카(割束)** : 하부가 인자형(人字形)으로 벌어진 짧은 지지재(支持材, 총칭하여 束이라 함)의 일종으로 가에루마타(蟇股)의 원시적인 형태이다. 호오류우지(法隆寺) 금당(金堂)의 난간이 현존 최고(最古)의 예이다.

한국, 일본의 탑(塔)이 되었다고 한다. 초석(礎石)에 불사리를 모시는 것은 분묘(墳墓) 형식의 흔적인데, 유골을 대신하여 보물을 넣고 하나의 상징으로서 정상부에 상륜(相輪)[5]을 높게 올려놓은 형태가 오늘날의 탑이다.

상징으로서의 탑(塔)

먼 곳에서도 사찰의 소재를 확인하게 해주고, 가까워지면 그 높이 때문에 회랑 밖에서도 우러러 보아야 하는 탑(塔)은 실로 사원의 상징이라 하기에 충분하다.

하층에 비해 상층으로 갈수록 탑의 평면은 작아진다. 시대가 지나감에 따라 축소의 비율이 줄어 수직에 가까운 느낌이 든다. 가장 오래된 호오류우지 5층탑(法隆寺 五重塔)은 축소의 비율이 가장 크고 안정감 있는 탑으로 남아 있다.

이렇게 높은 탑을 목조로 만들기에는 구조상 여러 가지 곤란함 점이 있었음에 틀림없다. 탑의 중심에 긴 심주(心柱)를 세우는 것도 구조를 안정시키기 위한 지혜였다.

탑(塔)의 역할

불사리를 모시기 때문에 불사가람(佛寺伽藍)의 중심적 역할을 하고 있던 탑은, 불상을 모시는 금당(金堂)이 중시됨에 따라 점차적으로 장식적인 역할을 지닌 것에 지나지 않게 된다. 야쿠시지(薬師寺), 도오다이지(東大寺) 등, 동・서 2개의 탑을 가진 사찰의 출현은 탑에 대한 역할의 변화를 나타내는 것이라 하겠다.

5. 상륜(相輪) : 주 1 참조. 불탑(佛塔)의 꼭대기에 세워 놓은 장식부분으로 노반(露盤), 복발(覆鉢), 보륜(寶輪), 보개(寶蓋), 수연(水烟), 보주(寶珠) 등으로 구성됨

古代의 大伽藍

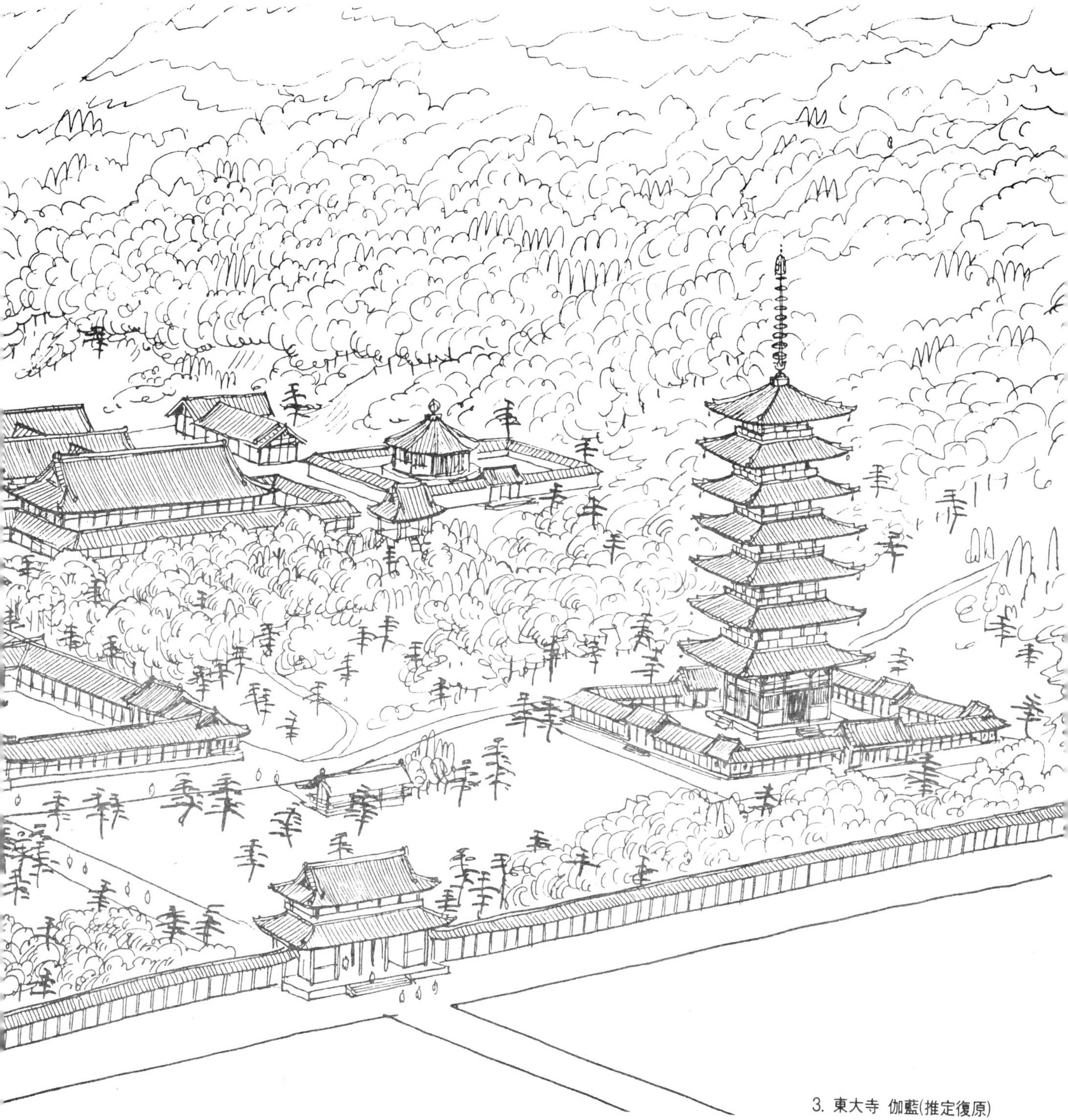

3. 東大寺 伽藍(推定復原)

불교의 융성

백제(百濟)로부터 6세기 중엽 전래된 불교는 국가의 보호를 받아 확대되었고, 빈다찌 천황(敏達天皇) 6년(577)에 불공(佛工)·조사공(造寺工) 등이 건너옴으로써 그 조영기술의 전파와 함께 점차 많은 사원이 빠른 속도로 세워졌다.

수슌 원년(崇峻元年, 588)에 조영을 시작한 아스카데라(飛鳥寺)는 수이코(推古) 4년(596)에 탑이 만들어짐으로써 완성된 가람이며, 탑을 중심으로 세 개의 금당(金堂)이 놓이고, 회랑(回廊)이 그 주변을 둘러싸고 있다. 이러한 배치는 탑이 가장 중요한 요소였다는 사실을 나타낸다.

1탑(塔) 1금당(金堂)에서 2탑(塔) 1금당(金堂)으로

7세기 초기의 신텐노오지(四天王寺), 7세기 중엽의 가와라데라(川原寺), 그리고 수이코(推古) 15년(607)에 창건되어 덴찌(天智) 9년(670)에 소실되고 그 후 재건된 호오류우지(法隆寺)는 모두 1탑(塔) 1금당(金堂)의 형식을 하고 있으며, 이 형식이 기원 7세기 후반에는 정착되었음을 나타낸다.

지토오(持統) 8년(694)에 완성되어 후지와라쿄오(藤原京)에 세워지고, 와도오(和銅) 3년(710) 헤이죠오쿄오(平城京)로 천도된 후 같은 양식으로 세워진 야쿠시지(藥師寺), 레이키(靈龜)·야우라우(養老) 무렵(710년대 중반)에 이전된 것으로 생각되는 고오후쿠지(興福寺), 이 두 사원은 모두 2탑(塔) 1금당(金堂)의 형식으로, 야쿠시지(藥師寺)에서는 회랑안에 있었던 탑(塔)이 고오후쿠지(興福寺)에서는 밖으로 나와 있다.

도오다이지(東大寺)

쇼무 천황(聖武天皇, 724~749)은 전국에 국분사(國分寺)[6]를 만들어 총 국분사(總國分寺)로서 도오다이지(東大寺)를 세웠다. 덴헤이보오지(天平寶字) 4년(760)경에 대불전(大佛殿)과 강당(講堂)이 세워지고, 수십 년 후에 높이 100m의 7층탑 등이 완성되었다. 정면 약 86m, 높이 약 45m의 대불전(大佛殿)을 회랑이 둘러싸고, 북쪽에 강당(講堂)과 승방(僧房), 그 동쪽에 식당(食堂)이 세워졌다.(대불전은 원래의 2/3 크기로 재건되었지만 아직도 세계 최대의 목조 건축물이다.)

평면도를 동일 축척으로 배열해 보면, 도오다이지(東大寺) 가람의 장대성을 잘 알 수 있다. 그것은 고대사원이 도달할 수 있는 최고 높이를 나타내는 것이었다.

6. **국분사(國分寺)**: 기원 741년 쇼무천황(聖武天皇)의 발원으로 호국(護國)을 기원하고 중앙집권, 민중지배의 정신적 지주로서 각 부(府)에 설치한 관사(官寺)

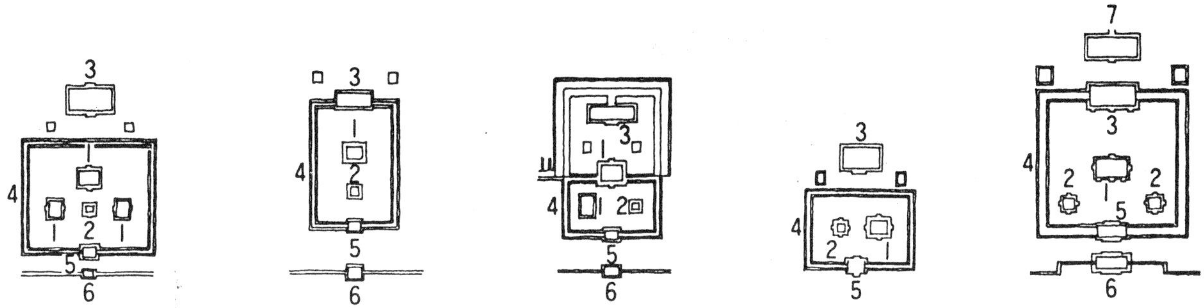

4. 飛鳥寺	5. 四天王寺	6. 川原寺	7. 法隆寺	8. 薬師寺

9. 興福寺	10. 東大寺

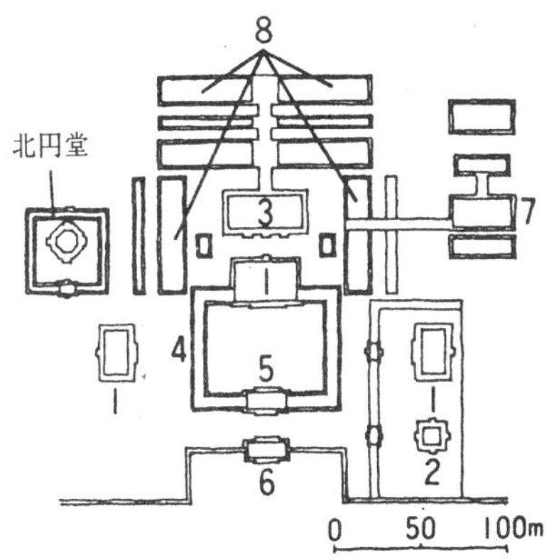

1. 金堂
2. 塔
3. 講堂
4. 回廊
5. 中門
6. 南大門
7. 食堂
8. 僧房

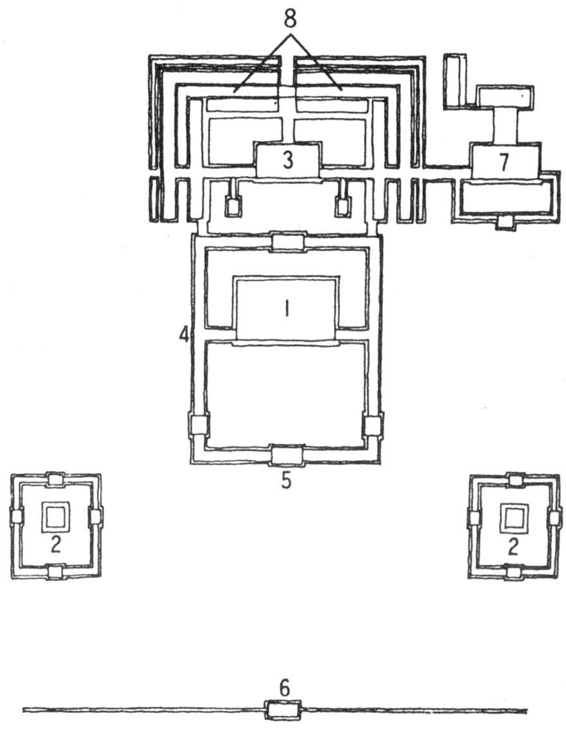

淨土信仰의 建築

11. 平等院 鳳凰堂

헤이안 시대(平安時代)의 불교계(佛教界)

나가오카(長岡)에서 헤이안(平安, 현재의 京都)으로 도성이 옮겨지자 일본의 불교는 새로운 시대를 맞이했다. 이 시대는 도성의 이름을 따라 헤이안 시대(平安時代, 784~1185)라 불리워지며, 침체된 남도불교(南都佛教)를 대신하여 사이쵸오(最澄, 767~822)에 의한 천태종(天台宗), 구우카이(空海, 774~835)에 의한 진언종(眞言宗)의 두 종파가 융성했다. 둘 다 밀교(密教)적 성격으로 히에이 산(比叡山)에 히에이잔지(比叡山寺, 후의 엔랴쿠지(延曆寺))와 고오야 산(高野山)에 곤고오부지(金剛峯寺)가 각각 세워졌다.

밀교건축(密教建築)의 사찰 평면은 그들이 입지(立地)한 산세(山勢)를 따라 비대칭형으로 하였으며, 탑(塔)은 원형 평면(圓形平面)을 가진 만두형(饅頭形)의 탑신(塔身) 위에 옥개석(屋蓋石)을 얹고, 상륜(相輪)을 세워(이것을 호오토오(寶塔)라 한다), 그 4면에 모코시(裳階)를 내어 붙인 다호오토오(多寶塔) 형식으로 만들어졌다.(원형 평면은 후에 사각형 평면으로 되었다.)

뵤오도오인(平等院)의 봉황당(鳳凰堂)

천태종(天台宗)에서부터 흥하여 헤이안 시대(平安時代)에 유행했던 정토신

12.
石山寺 多寶塔

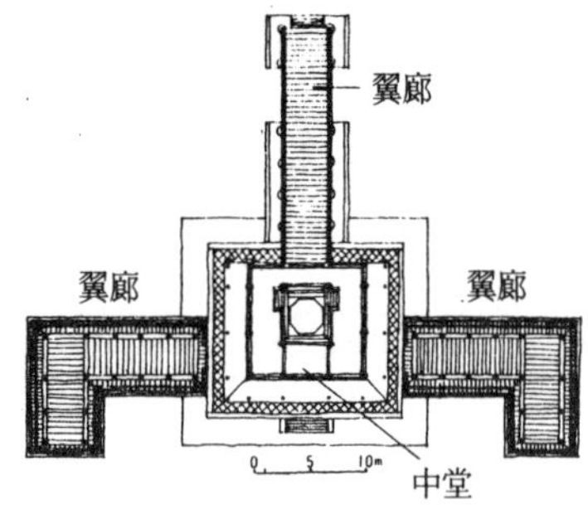

13.
平等院 鳳凰堂

14.
平等院 鳳凰堂 内部
(阿彌陀佛)

앙(浄土信仰)은 아미타불(阿彌陀佛)에 기원하면 극락왕생(極樂往生)할 수 있다는 가르침이었다. 귀족들은 자신의 저택 내에 화려한 지불당(持佛堂, 佛이나 선조의 위패를 모시기 위한 개인 불당. 역자 주)을 만들어 놓고, 아침 저녁으로 염불을 외우며 내세(來世)의 지복(至福)을 빌었다.

덴기 원년(天喜元年, 1053), 후지와라(藤原賴通)가 우지(宇治, 교오토의 바로 남쪽)에 있는 별장을 불사(佛寺)로서 완성시킨 뵤오도오인 봉황당(平等院 鳳凰堂)은 불사(佛師)인 죠오쵸오(定朝)가 만든 금색의 아미타 불상(阿彌陀佛像)을 안치하여 실내를 화려한 채색(彩色)으로 장식하고, 천정에는 나전(螺鈿)과 거울을 새겨 넣었으며, 벽에 목조 운중공양불(雲中供養佛)을 거는 등, 극락정토를 현세에 재현하려는 취지를 나타내고 있다.

이 봉황당(鳳凰堂)의 새가 날개를 펼친 듯한 평면, 풍부한 변화와 우아하고 아름답게 채색된 외관은 화려한 내부와 더불어 그 유례가 없는 디자인이다. 이 건물은 전체적인 효과면에서 우아한 '후지와라(藤原) 양식'의 훌륭한 예를 보여주고 있다.

말법사상(末法思想)과 아미타당(阿彌陀堂)

에이쇼오(永承) 6년(1051)은 말법(末法) 즉, 석가(釋迦)의 사후 1500년을 지나 불법(佛法)이 쇠퇴의 시대로 접어드는 시기였고, 아미타불(阿彌陀佛)만이 인간을 구제할 수 있다고 생각되었다. 이러한 말법사상(末法思想)이 아미타당(阿彌陀堂)의 건설을 촉진하였고, 이후 덴지 원년(天治元年, 1124)에 츄우손지 금색당(中尊寺 金色堂)과 에이랴쿠 원년(永曆元年, 1160) 후쿠시마 현(福島縣)에 간세이지 아미타당(願成寺 阿彌陀堂) 등 많은 아미타당(阿彌陀堂)이 전국적으로 세워졌다. 금칠된 외부와 옻칠장식, 그리고 진주와 같은 존재들은 츄우손지 금색당(中尊寺 金色堂)으로 하여금 교오토(京都)의 가장 훌륭한 기념물로 알려지게 하였으며, 정토신앙(浄土信仰)이 얼마나 먼 곳까지 투영되어 있는가를 보여 주고 있다.

헤이안 시대(平安時代)의 건축

나라 시대(奈良時代)의 불사(佛寺)가 국가적 차원의 사업으로 세워짐으로써 의장상 변화가 부족했던 것에 비해, 귀족들 개인을 위해 세워진 헤이안 시대(平安時代)의 불사(佛寺)는 변화가 많고 우미섬세(優美纖細)한 것이 특색이다.

中世의 新樣式 - 大佛樣(天竺樣)

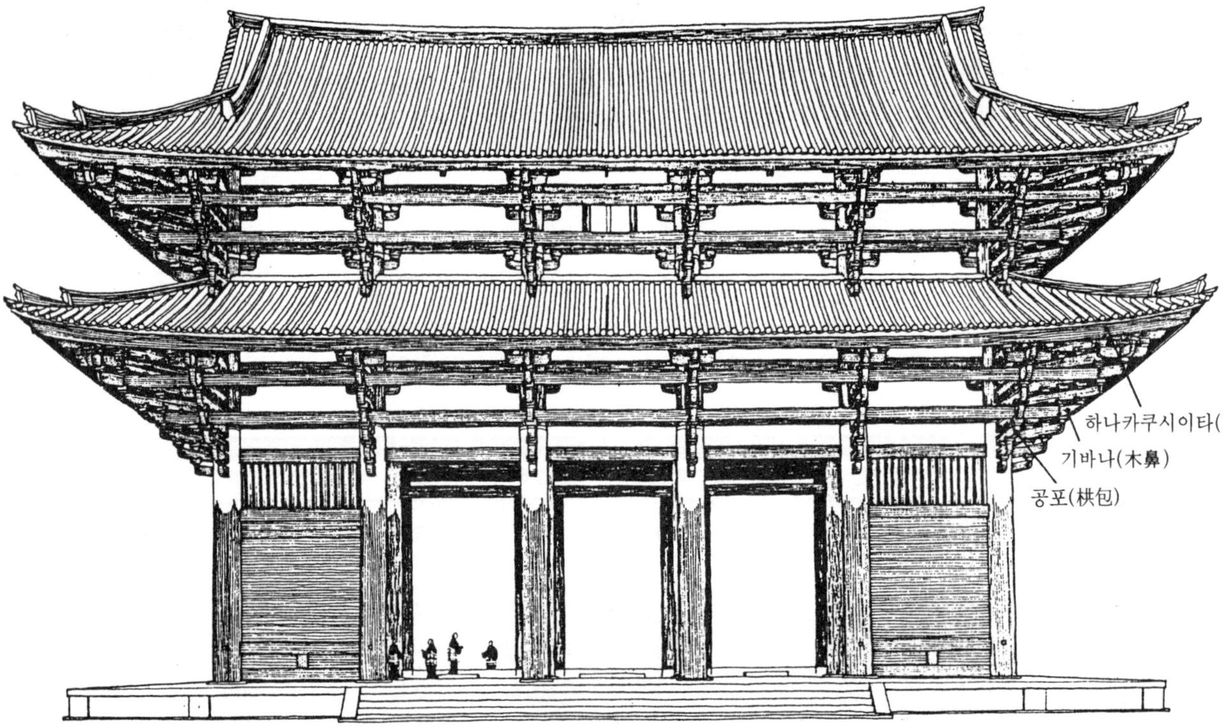

15. 東大寺 南大門

도오다이지(東大寺)의 재건

헤이안 시대(平安時代)는 두 장군 가문 즉, 다이라(平)와 미나모토(源) 가문이 귀족 정권으로부터 서로 권력을 차지하려고 싸우면서 그 끝을 맞이하게 되었다. 소위 겐페이 전쟁(源平戰爭, 1180~1185)이라고 불리우는 이 싸움에서 미나모토 요리토모(源頼朝)가 승리하고 결국 겐큐우(建久) 3년(1192) 교오토(京都)의 북쪽에 떨어져 있는 가마쿠라(鎌倉)에 막부(幕府)를 개창하게 되므로써 새로운 시대 즉, 가마쿠라 · 무로마찌 시대(鎌倉 · 室町時代)가 시작되었다. 이후 천황과 막부(幕府)가 권력을 잡게 되었으나 실질적인 권력은 장군들에게 있었다. 이러한 정치적 변화가 일본의 고대 역사를 중세기로 넘어가게 하는 원동력이 되었다.

고대 나라 시대(奈良時代)의 가장 커다란 사찰이었던 도오다이지(東大寺)는 1180년 겐페이 전쟁(源平戰爭) 초에 소실(燒失)되어, 그 다음해부터 고승(高僧) 쵸오겐(重源, ?~1195)에 의해 재건되기 시작하면서 시대에 맞는 새로운 양식으로 변모하게 되었다. 야우와 원년(養和元年, 1181) 도오다이지(東大寺) 조영(造營)의 지휘자인 대권진(大勸進)이라는 직책에 임명된 쵸오겐(重源)은 위험을 무릅쓰고 중국의 송(宋)에 건너갔을 때 접했던 중국의 새로운 불교 사상과 당시 문화의 발전상을 토대로 하고, 송(宋)의 건축양식을 따라 도오다이지(東大寺)를 재건하려고 했다.

같은 해인 지쇼오 4년(治承, 1180), 부근의 소실된 고오후쿠지(興福寺)의 재건에도 착수했다. 후지와라 가문(藤原氏)의 씨사(氏寺)[7]인 고오후쿠지(興福寺)는 조정(朝廷)과의 연결도 강했다. 전통적으로 정치력을 배경으로 하였기 때문에, 전통적 기술을 지닌 공장(工匠)에 의해 공사가 추진되었다. 그러나 이에 반해 신흥세력들에게 지지를 받았던 쵸오겐(重源)은 의도적으로 새로운 건축양식을 채용하려 하였고, 더욱이 전통기술에만 숙달되지 않고 새로운 기술도 지니고 있던 직인(職人)들을 모아 공사를 추진하려 했다. 송(宋)으로부터 건너온 조각가이자 기술자인 첸헤킹(陣和卿)이 쵸오겐(重源)을 도왔으며 목수로는 모노노베 다메사토(物部爲里)와 사쿠라지마 구니무네(櫻島國宗)가 참가했다.

대불양(大佛樣)

현존하는 도오다이지 남대문(東大寺 南大門)은 도오다이지(東大寺)의 입구로써, 샤우지 원년(政治元年, 1199) 쵸오겐(重源)에 의해 재건된 것이다. 그때까지의 불사건축(佛寺建築)과는 달리 커다란 기둥이 높이 솟아 있고, 첨차(檐

7. 씨사(氏寺) : 왕조(王朝)시대에 권세가들이 자기들 일족의 명복을 빌기 위하여 세운 절

遮)를 직접 기둥에 끼우는 등(역주 19 참조), 구조를 있는 그대로 표현한 호쾌한 건축이었다. 대불전(大佛殿, 金堂)도 역시 이 양식으로 재건되어 이러한 종류의 양식을 대불양(大佛樣)이라고 부르게 되었다. 대불전(大佛殿)은 그 후 1567년에 다시 소실되어 약 1700 년 경에 같은 양식으로 재건되었다. 이 당시의 도오다이지(東大寺) 재건은 전부 이 양식에 따랐으나 현존하는 것은 남대문(南大門), 개산당(開山堂), 법화당 예당(法華堂 禮堂) 뿐이다.

남대문(南大門)은 텐헤이 시대(天平時代)에 창건된 위치에, 평면 역시 그대로 재건되었다. 가까이 갈수록 그 거대함에 압도되는 듯한 느낌을 갖게 되는데, 그것은 텐헤이 시대(天平時代)의 건축이 갖고 있던 거대성 때문이었다. 그 웅장함을 재현하기에 대불양(大佛樣)이라는 양식이 적합하다는 사실을 쵸오겐(重源)은 알고 있었다. 누키(貫)[8], 첨차(檐遮) 등 대부분의 각재(角材)가 같은 단면을 갖고 있는 것은 단기간 내에 재건하기 위한 연구결과였을 것이다.

쵸오겐(重源)은 도오다이지(東大寺)의 재건에 앞장서, 기나이(畿內)와 츄우고쿠 지방(中國地方)[9]에 대불양(大佛樣)으로 사원을 세웠다. 현존하는 조오도지 정토당(浄土寺 浄土堂, 효오고 현(兵庫縣) 오노 시(小野市))은 그 중 하나로서 겐큐우 3년(建久, 1192)에 세워졌다. 기둥이 등간격(等間隔, 약 6m)으로 세워지고 처마(軒)는 휘어짐이 없이 수평이며, 처마끝에는 하나카쿠시이타(鼻隱板, 이하 처마돌림판이라 함. 역자 주)[10]를 설치했다. 내부는 천정을 하지 않아 외관에서 보면 상상도 할 수 없는 풍부한 공간을 만들어 내었으며, 붉게 채색된 기둥, 고오료오(虹梁, 이하 홍량이라 함. 역자 주)[11], 쯔카(束, 台工 등 짧은 수직재의 총칭. 역자 주)가 이루는 구조미의 중앙에 금색의 불상 3좌(座)가 서 있다. 대불양(大佛樣)의 특색인 대담성과 생명력을 유감없이 발휘한 건물로서, 대불양(大佛樣)의 대표작으로는 도오다이지 남대문(東大寺 南大門)보다 이 건물을 선택해야 하는지도 모른다.

대불양(大佛樣)의 쇠퇴

쵸오겐(重源)의 사망 이후 대불양(大佛樣)은 급속하게 쇠퇴해 갔다. 그 이유로는 아마도 이 양식이 무신정권과 그 정치세력에 너무나 강하게 연계되어 있었다는 점과 그 의장이 일본인의 취향에 맞지 않았던 점이라고 생각된다. 다만, 합리적인 동시에 구조상 우미(優美)한 세부수법은 다른 건축양식 속으로 흡수되어 그 후에도 계속 명맥을 유지하였다.

8. **누키(貫)** : 목조건물의 기둥을 관통하여 기둥 상호간을 연결시킴으로써 벽체의 고정과 보강을 꾀한 횡목(橫木)으로 위치에 따라 가시라누키(頭貫), 히누키(飛貫), 고시누키(腰貫), 아시모토누키(足元貫) 등이 있다. 인방(引枋)과 창방(昌枋) 참조
9. ① **기나이(畿內)** : 왕궁(王宮)이 있는 교오토(京都) 부근의 직할지로 야마시로(山城)·야마토(大和)·가와치(河內)·이즈미(和泉)·셋쯔(攝津) 지방의 총칭

   ② **츄우고쿠 지방(中國地方)** : 교오토(京都)에서 비교적 가까운 거리에 있던 지방으로 산인도오(山陰道)·산요오도오(山陽道)를 총칭. ↔ 近國, 遠國
10. **하나카쿠시이타(鼻隱板)** : 서까래의 단부(端部)를 숨기기 위해 설치한 횡판(橫板). 처마돌림판에 해당
11. **고오료오(虹梁)** : 사사건축(社寺建築)에 사용되는 장식을 겸한 보(梁)를 가리키며 시대에 따라 그 단면 형상이 달라진다. 즉, 화양(和樣)에서는 상부가 넓은 사다리꼴(台形), 천축양(天竺樣)에서는 원형(円形) 또는 상부가 넓은 사다리꼴(台形), 당양(唐樣)에서는 폭보다 높이가 큰 장방형(長方形)을 이룬다.

    에비고오료오(海老虹梁)는 역주 28 참조. 이하 홍량과 해로홍량이라 함.

中世의 新樣式－禪宗樣(唐樣)

16. 正福寺 地藏堂

선종(禪宗)과 선종건축(禪宗建築)

쵸오겐(重源)이 도오다이지(東大寺) 재건을 추진하고 있었을 때와 같은 무렵, 다른 승려인 묘오안 에이사이(榮西, 1141~1215)가 중국 송(宋)나라로부터 일본에 임제종(臨濟宗)을 가지고 들어왔다. 곧 이어 두 번째 선종승(禪宗僧)인 에이헤이 도오겐(道元, 1200~1253)이 조동종(曹洞宗)을 들여오게 되었다. 에이사이(榮西)는 가마쿠라(鎌倉) 장군 요리토모 가(源賴家)에 귀의(歸依)해 사원을 세웠으며, 그들의 원조를 받아 교오토(京都)에도 겐닌지(建仁寺)를 세웠다. 도오겐(道元)은 막부(幕府)의 평의원인 호오죠오 도키요리(北條時賴)의 초청을 거절하고, 후쿠이 현(福井縣, 당시는 에찌젠(越前))으로 내려와 에이헤이지(永平寺)를 개창했다. 선종(禪宗)의 엄격한 수행태도가 당시 무사들의 호감을 사서, 임제(臨濟)·조동(曹洞) 등 양종(兩宗)이 널리 보급되었다.

선종사원(禪宗寺院)은 총문(總門), 삼문(三門), 불전(佛殿), 법당(法堂)이 중심축상에 늘어서고, 이것을 회랑(回廊)이 에워싸는 대칭형의 가람배치를 기본으로 하고 있다. 법당(法堂)은 부처의 대법(大法)을 설법하는 건물이다. 그 뒤쪽에는 주지(住持)의 주거(住居)이자 의식(儀式)에도 사용하는 방장(方丈)이 있다. 회랑(回廊)의 외측에는 승당(僧堂), 동사(東司, 선종사원에서의 변소를 가리키며 서쪽에 설치되면 서정(西浄), 동쪽에 설치되면 동정(東浄)이라고도 함. 역자 주), 욕실(浴室) 등이 배치되어 있다.

선종양(禪宗樣)은 가람배치 뿐 아니라 건축양식에도 특색이 있다. 송(宋)에서 선종(禪宗)의 교의(教義)와 더불어 전해진 것으로, 대불양(大佛樣)과 마찬가지로 송(宋)의 건축양식이지만 대불양(大佛樣)과는 다른 점이 있다. 즉, 건물을 기단(基壇) 위에 세우고 마루(床) 대신 돌을 깔았다는 점이다. 또한 기둥은 소반(礎盤)[12] 위에 세우고 상하에 찌마키(粽)[13]를 갖고 있다. 공포(栱包, 組物)는 쯔메구미(詰組, 이하 다포(多包)라 함. 역자 주)[14]라고 불리며, 기둥 위 뿐만이 아니라 그 사이에도 설치한다. 선종건축(禪宗建築)의 독특한 양식 때문에 이것을 선종양(禪宗樣, 唐樣)이라고 부르고 있다.

선종양(禪宗樣)

대불양(大佛樣)이 건물의 배치나 규모에 영향을 미치지 않고, 가구법(架構法)과 세부수법(細部手法)에만 영향을 미친 것에 반해, 선종양(禪宗樣)은 선종(禪宗)의 교의에 기초를 두었으며, 가람배치(伽藍配置)는 원래부터 건물의 평면이나 구조 및 세부의장 전체에 걸쳐 특색을 지닌다.

12. **소반(礎盤)** : 선종양(禪宗樣) 건축의 기둥 하단과 소세키(礎石) 사이에 사용되는 것으로 석재가 주를 이루지만 목재인 경우도 있다. 원래는 기둥 높이를 조절하기 위한 용도였으며, 소반(礎盤)과 소세키(礎石)가 일체로 조각된 형식도 있다. 雙盤이라고도 쓰며, 쇠시리에 해당
13. **찌마키(粽)** : 선종양(禪宗樣), 대불양(大佛樣) 건축에 있어서 기둥의 상·하단이 그 직경의 1/10 정도 둥그렇게 좁아진 부분
14. **쯔메구미(詰組)** : 가마쿠라(鎌倉) 시대에 나타난 공포(栱包) 배치의 한 형태로, 기둥 상부 뿐만 아니라 주간(柱間)에도 공포가 배치되는 선종양(禪宗樣) 건축의 형식. 다포(多包)에 해당. ↔ 아마구미(疎組)

대불양(大佛様)은 쵸오겐(重源)의 사후 급속하게 퇴화되었지만, 선종양(禪宗様)은 선종(禪宗)이라는 종파가 없어지지 않았기 때문에 쇠퇴하지 않고 후세에까지 전해졌다.

쇼오후쿠지 지장당(正福寺 地藏堂)

쇼오후쿠지 지장당(正福寺 地藏堂, 도오쿄오(東京都) 히가시 무라야마 시(東村山市))은 공포(栱包)에서 발견된 오오에이(應永) 14년(1407)의 묵서(墨書)가 있어, 연대를 확실히 알 수 있는 선종건축(禪宗建築)으로 관동(關東)지방에서 가장 오래된 건물이다. 지붕이 2층(二層)으로 보이나 아래의 것은 모코시(裳階)[15]로써 구조면에서는 1층(一層)이다(3間× 3間 구조이며, 지붕이 달린 주변부분까지 5間×5間이다). 지붕은 나무널판을 깔아 이은 이리모야 조(入母屋造, 팔작지붕)이다. 지장당(地藏堂)의 중심에는 제단이 서 있는 모야(母屋, 1間×1間)의 공간이 있다.

이 밖에 선종불전(禪宗佛殿)으로서는 가마쿠라(鎌倉)의 엔카쿠지 사리전(圓覺寺 舍利殿)이 유명하다. 사리전(舍利殿)은 에이로쿠(永祿) 6년(1563)에 소실된 것으로 밝혀졌으며, 현재의 건물은 가마쿠라(謙倉)의 다섯 비구니 사원

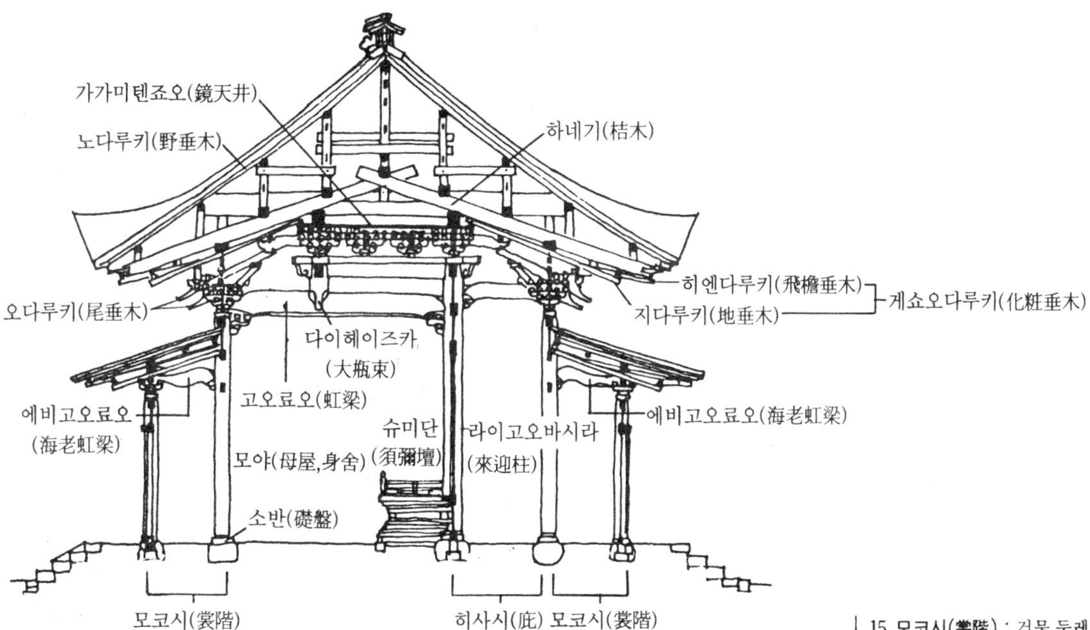

17. 正福寺 地藏堂

15. 모코시(裳階) : 건물 둘레에 덧붙인 처마와 그 안의 부가공간 : 제1장 첫머리 참조

(尼五山)의 하나인 다이헤이지(太平寺)로부터 옮긴 것으로 추정된다. 그러나 다이헤이지(太平寺)의 역사가 불명확하기 때문에 건립 연대는 확실하지 않다.

쇼오후쿠지 지장당(正福寺 地藏堂)의 전면에 보이는 가토오마도(花頭窓, 火灯窓)[16]·유미란마(弓欄間)[17]를 비롯한 세부 디자인은 선종양(禪宗樣)의 정통적인 수법을 잘 나타내고 있다. 대불양(大佛樣)이나 종래의 전통적인 불사건축양식(이것을 화양(和樣)이라고 부른다)에 비해 부재가 가늘고 긴장되어 보이는 외관으로 되어있다.

일본화(日本花)된 디자인

선종(禪宗)이 중국 송(宋) 나라의 양식을 도입해 불사(佛寺)를 조영했다고 해서 현존하는 건물이 그대로 송 양식(宋樣式)의 답습이라고 생각하는 것은 위험한 일이다. 오히려 이것은 일본인 공장(工匠)들에 의해 다듬어져 일본화된 것으로 생각해야만 할 것이다. 가장 뚜렷한 예는 지붕의 재료와 구조에서 나타난다. 지붕의 재료가 중국이나 한국과 달리 기와가 아닌 나무쉉글이라는 점과 구조가 이중의 다루키(垂木, 이하 서까래라 함. 역자 주) 체계라는 점이다. 그 하부의 것을 게쇼오다루키(化粧垂木), 상부의 부재를 노다루키(野垂木)라 하는데, 전자(前者)는 대개 실내에 노출되고 후자(後者)는 숨겨지며 더욱 급한 경사를 갖게 된다. 후에 이들 두 부재 사이에 하네기(桔木)라는 캔티레버식 부재가 생겨 구조적 역할을 대신하게 된다.

기원 10세기 무렵 이러한 지붕의 이중 구조가 발달되자 비로소 중심공간인 모야(母屋) 주위로 히사시(庇)라는 넓은 공간을 급한 경사 없이 덧붙일 수 있게 되었다. 또 하나의 예로 수없이 많이 사용되는 소로(小累)를 같은 크기로 만들어 놓는 등 조영상(造營上)의 연구도 주목된다.

16. 가토오마도(花頭窓) : 상부가 화두(花頭) 모양의 곡선을 이루는 창의 종류. 등잔모양이라 하여 火灯窓으로 쓰기도 함

17. 유미란마(弓欄間) : 란마(欄間)라 함은 출입구 상부에 채광용, 장식용으로 설치된 고창(高窓) 형식의 개구부이며, 유미란마(弓欄間)는 그 종류의 하나로 파형(波形) 또는 궁형(弓形) 창살을 나란히 엮어 세운 것이다. 교창(交窓)에 해당

大佛樣 建築의 細部

대불양(大佛樣)의 특색

앞에서 이미 언급한 조오도지 정토당(浄土寺 浄土堂)과 도오다이지 남대문(東大寺 南大門)은 현존하는 대불양식(大佛様式)의 좋은 예로써, 이 두 개의 건물을 통하여 대불양(大佛様)의 특색을 살펴보기로 한다.

기둥과 기둥을 연결하는 부재는 누키(貫, 역주 8 참조)이며, 나게시(長押)[18]를 사용하지 않는다. 공포(栱包)가 소로(小累)나 첨차(檐遮)로 구성되어 있다는 점은 전통적 양식의 화양(和様)과 같으나 첨차(檐遮)를 기둥에 삽입하는 점이 크게 다르다. 이것을 사시히지키(挿肘木)[19]라 한다. 이러한 공포(栱包)의 데사키(手先)[20] 상에는 직각방향의 첨차(檐遮)가 없다. 처마(軒)는 홑처마로 서까래(垂木)의 단부에 처마돌림판(鼻隱板)을 달았으므로 서까래 마구리가 보이지 않는다. 서까래(垂木)는 모서리 부분만 방사상으로 되어 있다. 평행으로 배치된 서까래를 헤이코오다루키(平行垂木), 방사상의 서까래를 오오기다루키(扇垂木)라 부르는데, 대불양(大佛様)은 모서리만 방사상으로 되어 있기 때문에 스미오오기다루키(隅扇垂木)라고 한다. 실내에는 천정을 설치하지 않고 게쇼오야네우라(化粧屋根裏)[21]로 하였다. 이 때문에 조오도지 정토당(浄土寺 浄土堂)의 내부는 외부에서 상상이 안 될 정도의 풍부한 공간을 이루고 있다. 홍량(虹梁)은 원형 단면을 지니고 있으며, 그 아랫면에 샤쿠죠오보리(錫杖彫)[22]라고 부르는 조각을 새겨 넣었다.

18. **나게시(長押)** : 기둥에 관통시키지 않고 못으로 고정시킨 횡재(横材)의 총칭. 그 위치에 따라 지나게시(地長押 : 토대에 접하는 것), 고시나게시(腰長押 : 창 하부에 위치한 것) 등으로 구분됨. 원래는 구조재였으나 누키(貫)가 사용됨에 따라 구조적 역할이 감소되고 의장화됨
19. **사시히지키(挿肘木)** : 대불양(大佛様, 天竺様) 건축의 가장 큰 특징으로, 보통의 첨차가 공포의 소로나 주두(柱斗)상에 실리는 것과 달리, 첨차를 기둥의 구멍에 끼워 소로(小累)와 서로 중첩시켜 돌출시키는 형식
20. **데사키(手先)** : 공포(栱包) 구조 중 벽체로부터 밖으로 돌출한 소로(小累), 첨차(檐遮)의 열(列). 출목(出目)에 해당
21. **게쇼오야네우라(化粧屋根裏)** : 지붕 구조의 하나로 천정을 사용하지 않고 보, 서까래, 대공, 도리 등을 내부에 노출시켜 구조미를 살리는 형식. 연등천정에 해당
22. **샤쿠죠오보리(錫杖彫)** : 홍량(虹梁)의 하단부에 새겨넣는 장식의 일종으로 고승(高僧)의 지팡이 모양으로 행한 조각.

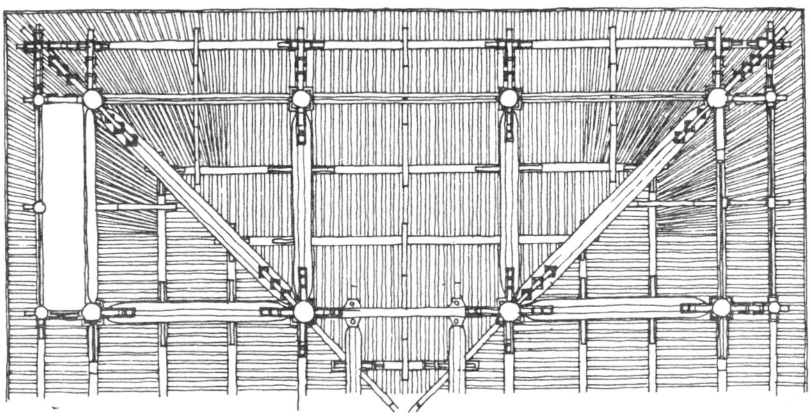

18. 浄土寺 浄土堂(仰視圖)

19. 浄土寺 浄土堂

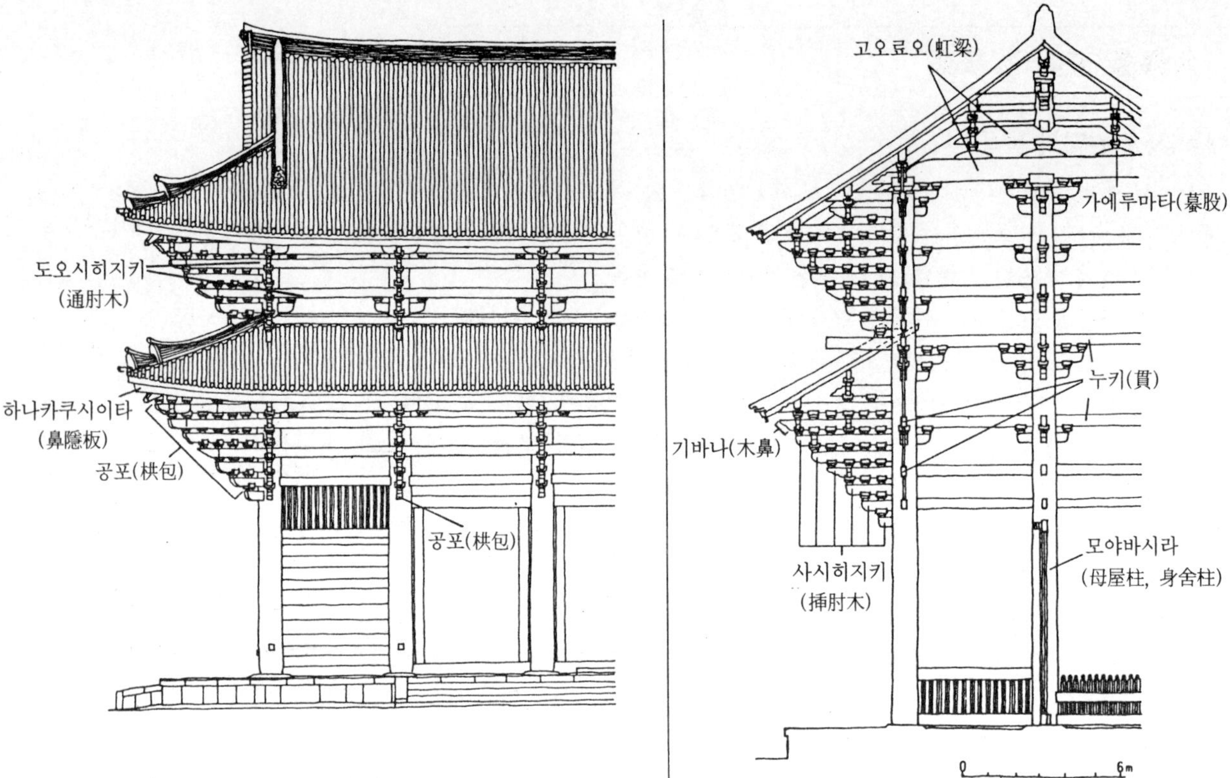

20. 21. 東大寺 南大門

여기에 실려 있는 그림에는 나타나 있지 않으나, 이밖에 기바나(木鼻)[23]나 가에루마타(蟇股)[24]에 독특한 곡선을 지닌 마구리 조각(繰形)을 하고, 출입구에 산가라토(桟唐戸)[25]를 달아 와라자(藁座)[26]로써 누키(貫)에 부착시키는 등의 특색이 있다.

거대건축(巨大建築)과 대불양(大佛樣)

쵸오겐(重源)은 도오다이지(東大寺)를 재건할 무렵 기둥에 사용하는 거대한 재목을 찾는 데 애를 썼다. 거목(巨木)의 입수는 도오다이지(東大寺) 재건을 성공하게 하는 중요한 열쇠였다.

기둥과 기둥을 누키(貫)로 튼튼하게 연결하고 첨차(檐遮)를 직접 기둥에 삽입하는 등(挿肘木), 구조상의 이점이 많은 대불양(大佛樣)을 사용하였으며, 거목(巨木)을 사용하여 거대한 건축을 이루었던 것이다.

23. 기바나(木鼻) : 첨차(檐遮), 창방(昌枋), 홍량(虹梁) 등이 기둥을 뚫고 나온 머리부분으로써 여기에는 각종 조각장식이 행해진다. 뺄목 참조
24. 가에루마타(蟇股) : 주로 화양(和樣) 건축에서 홍량(虹梁) 등 상하 2개의 수평재 사이나 공포(栱包) 사이에 설치되어 주로 장식적 기능을 하는 부재. 넓적다리(股)를 벌린 개구리(蛙) 형상에서 유래. 장식화된 대공(台工)과 유사한 역할을 한다.
25. 산가라토(桟唐戸) : 주위에 테두리를 짜고 그 사이에는 널찍한 목재를 종·횡으로 보낸 다음 그 내부에 창살, 박판 등을 넣어 장식한 문
26. 와라자(藁座) : 경첩을 달지 않고 피봇힌지식으로 설치한 문짝을 상·하인방에 고정시키는 목재 또는 금구로 여러 가지 장식이 행해졌음

禪宗樣 建築의 細部

선종양 건축(禪宗樣 建築)의 특색

선종건축(禪宗建築)의 특색 중 한 가지는 가람배치상의 축선(軸線)에 있다. 겐쵸오지(建長寺)의 가람을 나타내는 그림 26은 겐코오 원년(元弘元年, 1331)의 것으로 샤우와(正和) 4년(1315)의 소실 이후에 재건된 모습을 보여주고 있다. 그림의 하단에 있는 다리(橋, 1)를 건너가면 총문(總門, 2)이 있고, 우측의 욕실(浴室, 4)과 좌측의 화장실(西浄, 3)을 보면서 걸어가면 정면에 삼문(三門, 5)이 있다. 삼문(三門)이란 삼해탈문(三解脱門)의 약자로 산문(山門)이라고도 쓰고 있다. 회랑으로 둘러싸인 중정(中庭, 6)에는 노간주나무가 심어져 있다. 회랑 밖의 오른쪽으로 부엌(庫院, 8)이 있고, 왼쪽으로는 대승당 (大僧堂, 7)이 있다. 불전(佛殿, 9)은 중정의 북쪽에 있고 그 북쪽으로는 법당(法堂, 12)이 세워져 있으며, 불전 우측으로 토지당(土地堂, 11), 좌측으로 조사당(祖師堂, 10)이 붙어 있다. 법당(法堂) 뒤쪽이 객전(客殿, 13)이고, 바로 그 뒤에는 연못(池, 14)이 있다. 이와같이 겐쵸오지(建長寺)를 비롯한 선종사원은 좌우대칭을 기본으로 하는 정연한 가람배치를 취하고 있다.

쇼오후쿠지 지장당(正福寺 地藏堂)을 예로 하여 선종양(禪宗樣)의 구조 및 장식적 특색을 설명하면 다음과 같다.

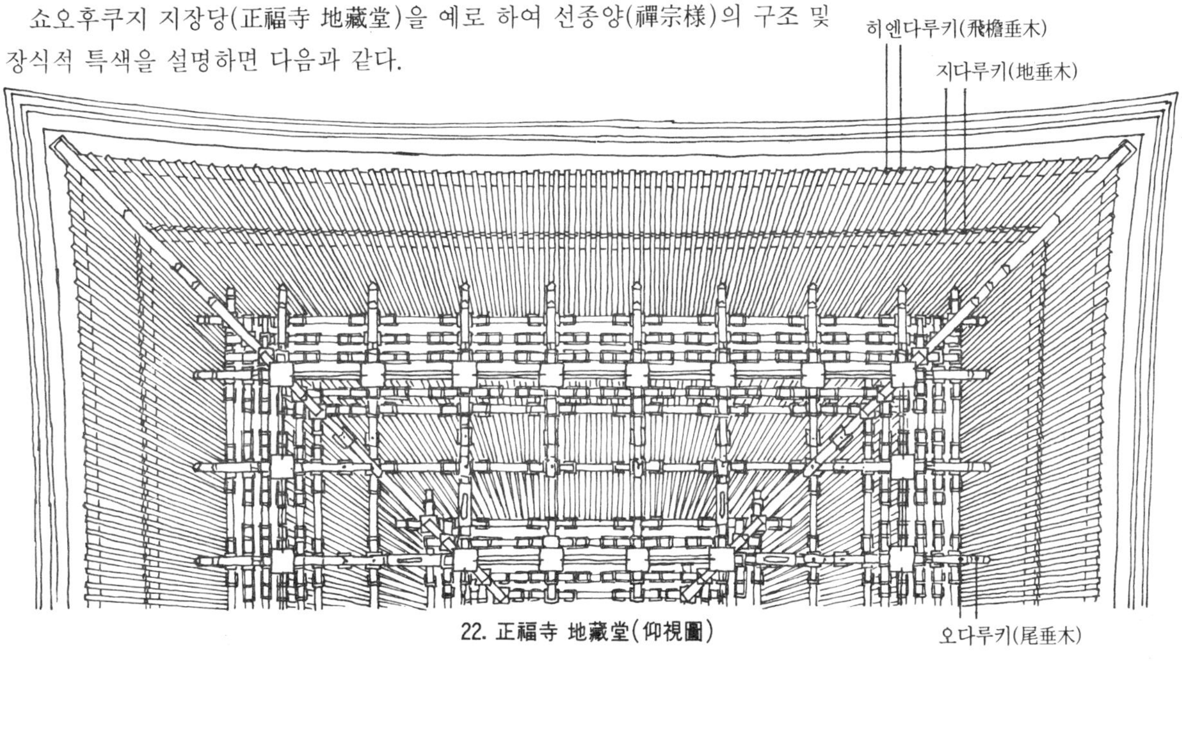

22. 正福寺 地藏堂(仰視圖)

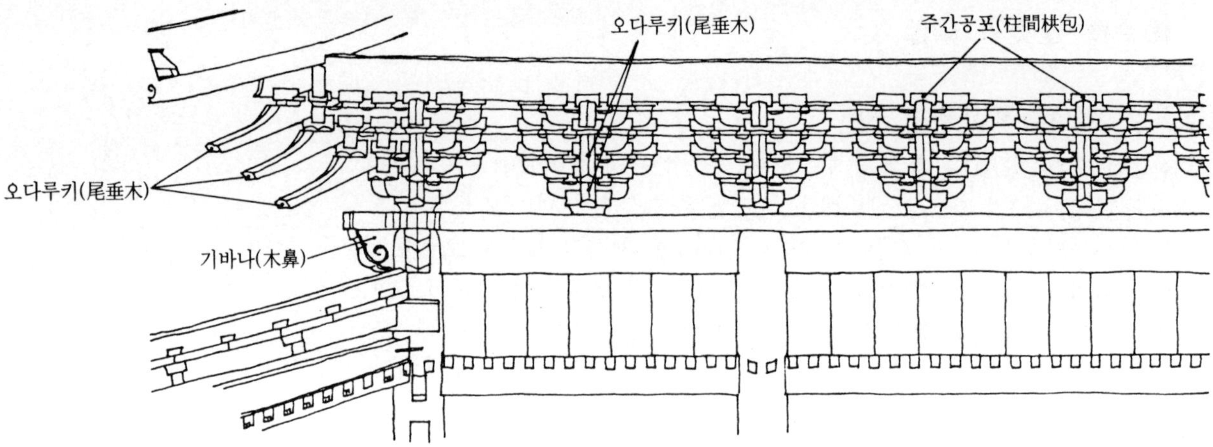

23.
正福寺 地藏堂, 栱包細部

24.
正福寺 地藏堂, 花頭窓

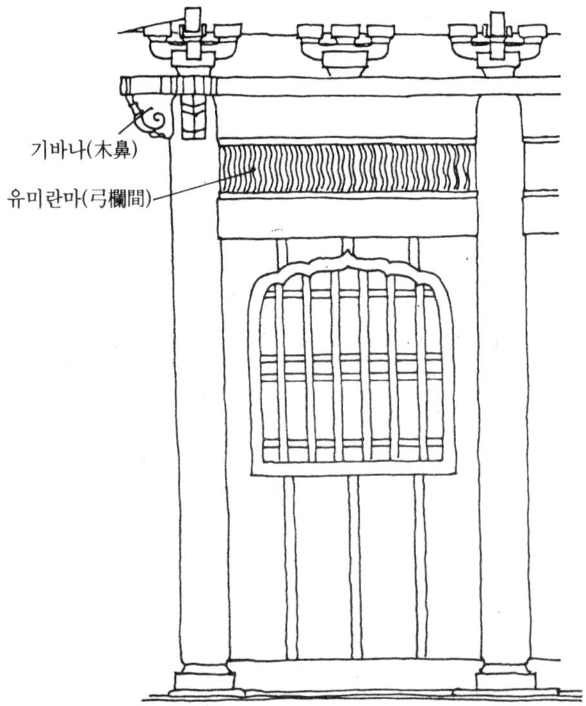

25.
正福寺 地藏堂, 棧唐戸

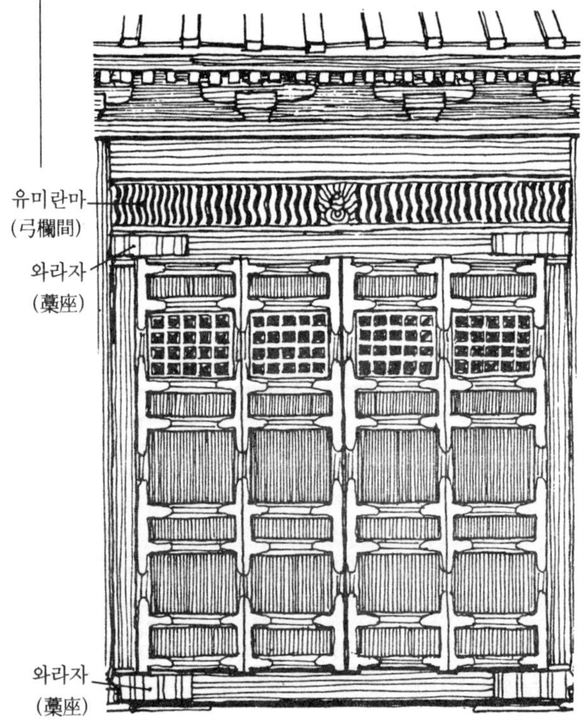

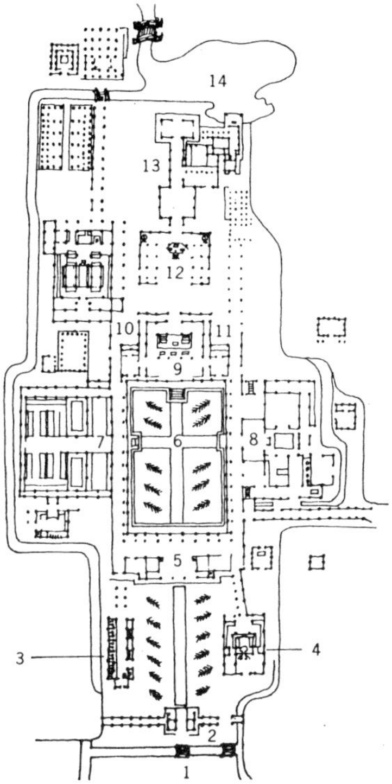

26. 建長寺 伽藍古圖

기둥은 소반(礎盤) 위에 세워졌고 상단과 하단을 차츰 좁아지게 했다. 이것을 찌마키(粽)라고 한다. 창은 가토오마도(花頭窓)로 하였고, 그 위의 란마(欄間)는 활모양으로 틈을 만들어 유미란마(弓欄間)로 하였다. 문은 상가라토(桟唐戸)로 하여 상하를 와라자(藁座)로써 고정했다. 이것은 대불양(大佛樣)의 문과 같은 형식이다. 공포(栱包)는 기둥 위뿐 아니라 기둥 사이에도 빽빽히 얹어 다포(多包) 형식을 취했다.

지붕체계는 공학기술의 놀라운 결정체였다. 지붕 내부는 외진(外陣)을 게쇼오야네우라(化粧屋根裏)로 하고, 내진(內陣)은 가가미텐죠오(鏡天井)[27]로 했다. 서까래는 대불양(大佛樣)에서와 달리 전 둘레에 걸쳐 방사상으로 배치되어 있는데, 이를 오오기다루키(扇垂木)라 부른다. 이 밖에 그림에는 나타나 있지 않으나 바다새우(海老)의 몸통과 같이 휜 해로홍량(海老虹梁)[28]을 사용하여 높이가 다른 두 기둥을 연결하고, 기바나(木鼻), 고부시바나(拳鼻)[29], 다이와(台輪)[30] 등에 장식적인 곡선을 만들었다. 채색을 하지 않은 것도 특색 중 하나이다.(이상의 건축용어에 대해서는 앞의 선종양(禪宗樣)과 쇼오후쿠지 지장당(正福寺 地藏堂)의 설명을 참조할 것. 역자 주)

27. 가가미텐죠오(鏡天井) : 천정형식의 하나로 격자 등을 쓰지 않고 평평한 경판(鏡板)으로 깔은 천정
28. 해로홍량(海老虹梁) : 바다새우의 몸통모양으로 휘어진 홍량(虹梁)의 일종으로 높이가 다른 두 기둥을 연결할 때 쓰임
29. 고부시바나(拳鼻) : 기바나(木鼻)의 하나로 주먹을 쥔 형태임
30. 다이와(台輪) : 기둥 상부의 창방(昌枋, 頭貫) 위에 얹혀진 수평부재로 대불양(大佛樣)에는 없고 거의 모든 선종양(禪宗樣)에 존재함. 평방(平枋)에 해당

中世의 和樣 建築

27. 長壽寺 本堂

전통적 양식(傳統的 樣式)

대불양(大佛樣) · 선종양(禪宗樣)이라는 두 가지의 신양식(新樣式)이 등장했던 가마쿠라 시대(鎌倉時代)에도 물론 전통적인 일본식 불사(佛寺)가 만들어졌는데 이 양식을 화양(和樣)이라고 부른다.

고오후쿠지(興福寺)의 재건

지쇼오(治承) 4년(1180)에 도오다이지(東大寺)와 더불어 소실된 고오후쿠지(興福寺)의 재건계획에 화양(和樣)이 사용되었다. 고오후쿠지(興福寺)는, 봉황당(鳳凰堂)의 창건자인 후지와라 가(藤原家)가 이 당시까지 보수적인 가문이었고 토착적인 디자인을 선호하였기 때문에, 쵸오겐(重源)에 의한 새로운 대불양

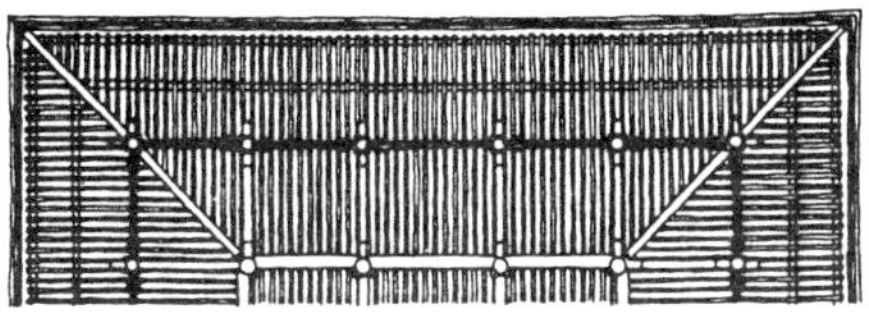

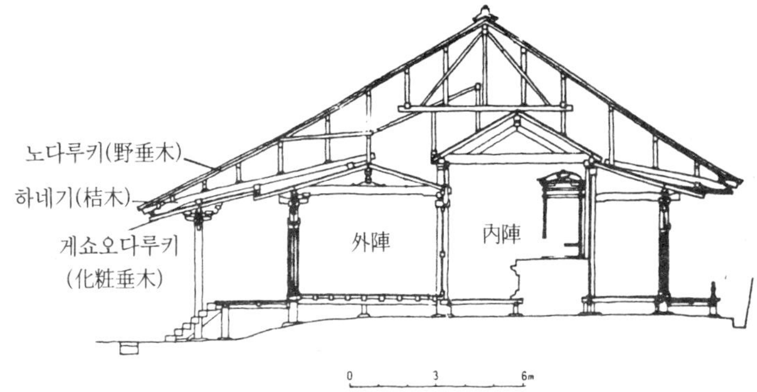

28. 長壽寺 本堂(仰視圖)

30. 長壽寺 本堂

29. 長壽寺 本堂

31. 鶴林寺 本堂

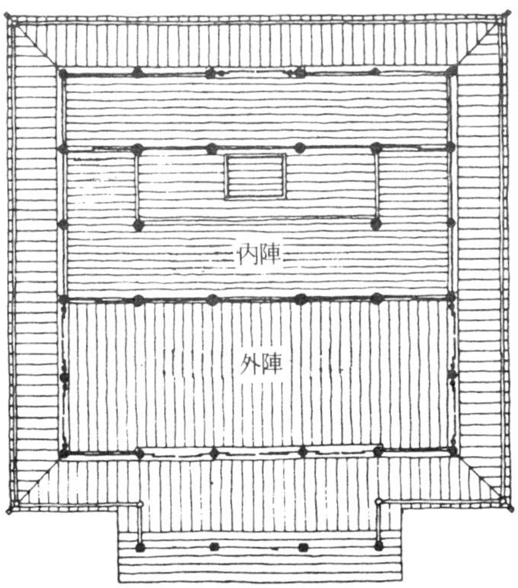

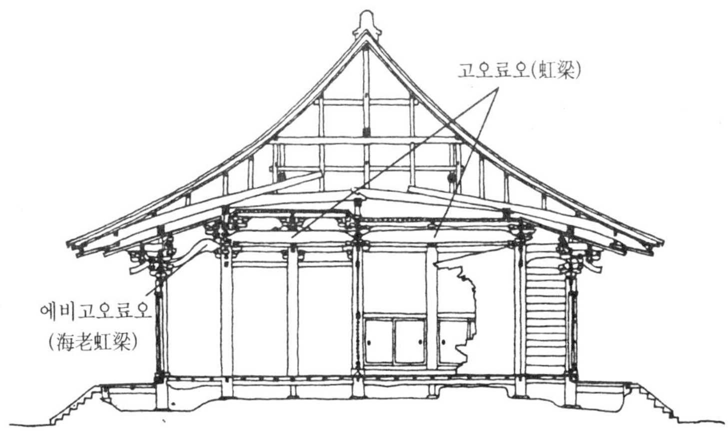

(大佛様)으로 재건되지 못하였다. 그러나 약간의 구조상의 발전은 있었다.

현재 후지와라 가(藤原家)의 도움으로 재건된 고오후쿠지(興福寺)의 건물 중 북원당(北圓堂)과 3층탑(三重塔)만이 남아 있다. 북원당(北圓堂)은 고오후쿠지(興福寺) 소속의 나라 지방(奈良地方) 대공(大工)[31]에 의해 세워졌으며, 나라 시대(奈良時代)의 초석(礎石)을 이용한 것도 있어 고풍스럽고 중후한 디자인을 지니고 있다. 3층탑은 헤이안(平安)의 귀족적인 분위기 속에서 기술을 연마한 교오토(京都)의 대공(大工)에 의해 만들어진 것으로 우미(優美), 섬세(纖細)한 디자인이다.

31. **대공(大工)** : 관(官) · 사(寺)의 공사조직(工事組織)에 있어서 건축기술자의 우두머리로 시대에 따라 그 직위가 변천됨.

화양(和様)의 건축

쵸오주지(長壽寺, 시가 현(滋賀縣) 고오카 군(甲賀郡))도 화양(和様)의 대표적인 예이다. 가마쿠라 시대(鎌倉時代) 초기에 세워진 밀교본당(密教本堂)으로, 내진(內陣)과 외진(外陣)을 격자문(格子戸)이나 히시란마(菱欄間)[32]로 구획했다. 단면도를 보면 내진(內陣)과 외진(外陣)을 별도의 게쇼오야네우라(化粧屋根裏)로 하고, 그 위에 큰 지붕을 설치한 구조임을 잘 알 수 있다. 이것은 원래 이 건물이 뒤에는 정당(正堂), 앞에는 예당(禮堂)을 갖고 있었던 것임을 나타내고 있다.

외관은 큰 구조부재, 단순한 공포배치와 더불어 낮은 지붕으로 구성되어 안정된 분위기를 지니고 있다. 지붕 서까래의 구성을 대불양(大佛様, 隅扇垂木)이나 선종양(禪宗様, 扇垂木)과 비교하면 그 차이를 잘 알 수 있을 것이다. 여기에서 볼 수 있는 평행으로 배치된 서까래 즉, 헤이코오다루키(平行垂木)가 화양(和様)의 전통적인 수법이다.

절충양식(折衷様式)

가마쿠라 시대(鎌倉時代) 말엽이 되자 화양(和様)을 기조(基調)로 하여, 두 개의 보다 새로운 건물 양식을 채용하는 기법이 나타나기 시작하였다. 기바나(木鼻)나 첨차에 대불양(大佛様)의 디자인을 사용하거나 혹은 고오하이바시라(向拜柱)[33]에 선종양(禪宗様)이었던 소반(礎盤)을 설치하고, 그 위에 기둥을 올려 해로홍량(海老虹梁)으로 연결한 형태가 나타났다. 이와같이 화양(和様)에 대불양(大佛様)이나 선종양(禪宗様)이 섞여 있는 것을 절충양(折衷様)이라 부른다. 이 시대 이후 순수한 화양(和様)의 건물은 급격히 쇠퇴해 갔으며, 대부분 대불양(大佛様)·선종양(禪宗様)의 기법이 혼재된 상태였다. 섞여 있는 정도가 강하거나 현저하게 드러나 보이는 것을 절충양(折衷様)이라고 해도 무방하다.

절충양(折衷様)의 대표적인 예

절충양(折衷様)의 대표적 예로는 가쿠린지(鶴林寺)의 본당(本堂, 가코카와시(加古川市) 효오고 현(兵庫縣))이 가장 잘 알려진 건물이다. 이 본당(本堂)은 오오에이(應永) 4년(1397)에 화양(和様)을 기조로 하여 세워졌는데, 대불양(大佛様)의 세부를 가미한(대불양의 홍량(虹梁)을 사용하였다) 화양(和様)에 선종양(禪宗様)의 세부를 첨가하고 있다. 화양(和様)에 대불양(大佛様)의 요소가 섞여

32. 히시란마(菱欄間) : 란마(欄間)의 일종으로 격자를 여러 가지 마름모꼴(菱形)로 도안화한 것.

33. 고오하이바시라(向拜柱) : 불전(佛殿)의 정면에 돌출한 구조물(canopy)의 지붕을 지지하는 2개 또는 4개의 기둥. 참고로 라이고오바시라(來迎柱)는 수미단(須彌壇) 4귀의 원형 고주(高柱)를 일컬음

있는 형태를 신화양(新和様)이라고도 한다. 이 밖에 겐오오(元應) 3년(1321)에 세워진 묘오오인 본당(明王院 本堂, 히로시마 현(廣島縣) 후쿠야마 시(福山市))은 세부에 대불양(大佛様)과 선종양(禪宗様)이 사용된 또 하나의 예이다.

순수한 화양(和様) 건물들은 가마쿠라 시대(鎌倉時代) 이후인 무로마찌 시대(室町時代, 1338~1573)에 있어서도 그 수는 여전히 적게 세워졌다. 이 당시 순수한 화양(和様)으로만 세워진 하나의 예로써 고오후쿠지 동금당(興福寺 東金堂)이 있다. 이 건물은 오오에이(應永) 22년(1415)에 세워졌으나, 앞에서 논의한 바 있는 가마쿠라 시대(鎌倉時代) 초기 사원 재건 때부터 현존해 온 북원당(北圓堂)과 3층탑(三重塔)의 경우와 마찬가지로, 사원의 오랜 역사와 고대 수도였던 나라(奈良)에 위치한다는 점 때문에 복고적인 디자인 즉, 화양(和様)으로 선택되어 재건되었던 것이다.

그러나 중세의 불사건축(佛寺建築)은 대불양(大佛様)과 선종양(禪宗様)의 두 가지 신양식이 등장하여 당시 목수들에게 깊은 영향을 미치게 되고 다양한 반응을 불러일으켜 디자인에 있어 변화를 초래했다. 따라서 가마쿠라 시대(鎌倉時代)의 불사건축(佛寺建築)은 고대와 비교해서 양식적으로 더욱 다양해지고, 많이 만들어진 것이 특색이라 할 수 있다. 이러한 상태에서 무로마찌 시대(室町時代)가 되자 불사건축(佛寺建築)의 양식은 점차 정착되어 갔다.

이 밖에도 특징적인 중세 불사건축(佛寺建築)의 상당수가 현존하고 있는데, 렌게오오인 본당(蓮華王院 本堂, 또는 삼십삼간당(三十三間堂), 교오토(京都), 분에이(文永) 3년, 1266)은 대불양(大佛様)의 세부가 일부 섞인 화양(和様)으로 건축되었으며, 고오후쿠지 5층탑(興福寺 五重塔, 나라(奈良), 가키쯔(嘉吉) 2년, 1442)은 앞에서 언급한 3층탑(三重塔)과 구조상 다른 형태를 취하고 있다.

金閣과 銀閣

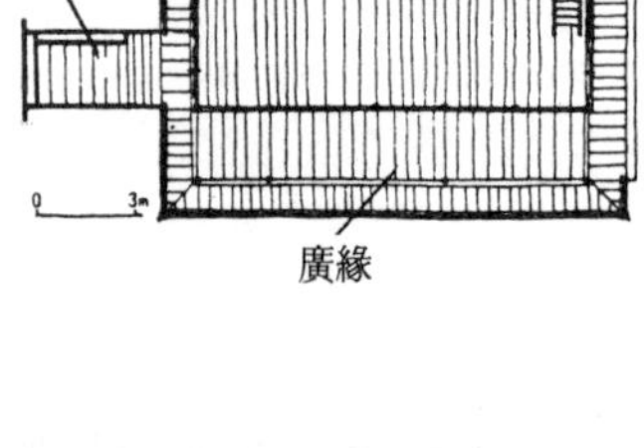

32.
鹿苑寺 金閣
(足利義滿 北山殿 舍利殿)

33.
鹿苑寺 金閣,
一層平面

기타야마 문화(北山文化)와 금각(金閣)

요리토모(賴朝)의 첫번째 막부(幕府)이후, 소위 무로마찌 시대(室町時代)로 알려진 두번째 막부(幕府)가 1338년 아시카가(足利) 가문에 의하여 세워졌다. 무로마찌 시대(室町時代) 무가(武家)의 문화는 선종(禪宗)의 영향을 강하게 받았다. 아시카가(足利) 가문의 3대(代)인 요시미쯔(義満) 장군은 교오토(京都)의 기타야마(北山)에 산장(山莊)을 짓고 연못정원을 만들어 3층의 정원건축(庭園建築)을 건설하였다. 이 정원은 선종(禪宗)의 정신에 기인했던 것으로 당시 정원의 조성에는 선승(禪僧)의 활약도 눈부셨다.

이와같이 요시미쯔(義満) 장군 시대의 문화를 산장과 연관시켜 기타야마 문화(北山文化)라고 부른다. 이 산장의 사리전(舎利殿)은 금박(金箔)을 둘렀다해서 금각(金閣)이라고 불리우며, 오오에이(應永) 4년(1397)에 기공(起工)되어 오오에이(應永) 15년에는 아도코마쯔 천황(後小松天皇)의 방문을 받기도 하였다.

3층의 누각(樓閣)인 사리전(舎利殿, 金閣)은 1층을 법수원(法水院)이라 명명하여 주택풍으로 구성하였고, 2층은 조음각(潮音閣)이라 하여 관음상(觀音像)을 안치하였으며, 화양(和様)의 형태로 불당(佛堂)을 구성하였다. 3층은 구쿄오죠오(究竟頂)로써 아미타 3존불(阿彌陀 三尊佛)과 25보살(二十五菩薩)을 안치한 선종양(禪宗様)으로 디자인하였다.

요시미쯔(義満) 장군이 죽은 뒤 산장은 로쿠온지(鹿苑寺)로 바뀌었으며, 사리전(舎利殿, 金閣)은 당시의 모습을 전해주는 유일한 건물이었으나, 소화(昭和) 25년(1950)에 소실되어 소화(昭和) 30년에 재건되었다. 따라서 요시미쯔(義満) 장군 시대의 것은 아니나 연못정원과 함께 당시의 분위기를 잘 전해주고 있다.

히가시야마 문화(東山文化)와 은각(銀閣)

금각(金閣)이 완성된 지 거의 1세기가 지난 분메이(文明) 16년(1484)에 아시카가(足利) 막부(幕府)의 8대 장군인 요시마사(義政)가 교오토(京都)의 히가시야마(東山)에 자신의 저택을 건립했는데 이것이 히가시야마 산장(東山山莊)이다. 이 저택은 의도적으로 그의 선조가 지은 기타야마(北山)의 저택과 기본적 동일개념을 갖고 시작한 것으로, 엔토쿠(延德) 2년(1490) 요시마사(義政)가 죽을 때까지 저택과 정원의 조영이 계속되었으며, 그의 죽음 이후 지쇼오지(慈照寺)로 기능과 명칭을 바꾸었다. 현존하는 관음전(觀音殿)과 동구당

34. 慈照寺 銀閣(足利義政 東山殿 觀音殿)

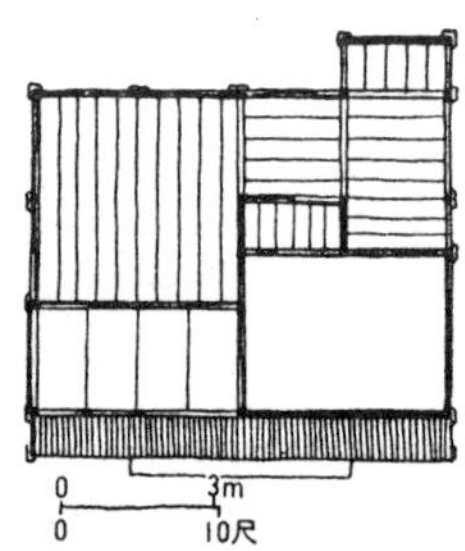

35. 慈照寺 銀閣, 一層平面

(東求堂)은 그 유구(遺構)이다. 관음전(觀音殿)은 은각(銀閣)이라고도 불리며 1층은 심공전(心空殿)이라 하여 주택풍으로 구성하였고, 2층은 조음각(潮音閣)이라 하여 선종불당(禪宗佛堂)의 디자인으로 구성했다. 요시마사(義政)는 자신의 별장을 은박(銀箔)으로 덮으려 계획했다고 하나 실제로 그러했다는 증거는 없으며, 오늘날에도 여전히 칠이 안된 채 나무 그대로 남아 있다.

요시마사(義政) 시대의 문화를 히가시야마 문화(東山文化)라고 하는데, 기타야마 문화(北山文化)와 함께 무로마찌 문화(室町文化)의 두 정점을 이루고 있으며, 선(禪)의 정신을 기조로 하고 유현(幽玄)의 경지를 중시하는 독특한 문화적 양식을 만들어 내었다. 금각(金閣)과 은각(銀閣)은 둘 다 산장(山莊) 안의 누각(樓閣)으로써 주택풍(住宅風)과 불당풍(佛堂風)의 양(兩) 디자인을 갖는 등 공통점이 많으나 두 건물의 하층부를 자세히 비교해 보면 그 차이를 알 수 있다. 금각(金閣)의 1층은 헤이안 시대(平安時代) 귀족의 저택에서 쓰여진 전통적 수법인 신덴 조(寢殿造)에 기초해 있는데, 이러한 신덴 조(寢殿造)는 주위가 방과 난간으로 둘러싸여진 커다란 중앙 공간으로 계획된 것이었다. 벽은 시토미도(蔀戶)[34]라는 크게 두 부분으로 나뉜 그물망 모양의 문으로 구성되어 있다. 그림을 보면 시토미도(蔀戶)의 두 부분 중 윗부분은 바닥과 평행하게 올려져서 빛이 들어올 수 있도록 했고, 아래부분은 기둥 사이를 막도록 이동식으로 되어 있음을 볼 수 있다. 2층에는 마이라도(舞良戶)[35]라는 새로운 미닫이문과 격자무늬의 창을 갖고 있다. 반면, 은각(銀閣)의 1층에 있어서는 원래부터인지 아니면 쇼오지(障子)와 마이라도(舞良戶)가 섞여 있다가 그 후에 고시다카 쇼오지(腰高障子)[36]로 바뀌어졌는지는 알 수 없지만, 어떤 경우든 시토미도(蔀戶)가 없어졌다는 사실은 은각(銀閣)이 나중에 디자인 되었다는 것을 분명히 반영하고 있다. 평면 역시 더 작은 공간으로 나뉘어져 있어 하나의 공간으로 된 신덴 조(寢殿造)에서 쇼인 조(書院造)로의 이행과정을 보여 주며, 이는 시간상으로 양자간에 1세기에 가까운 차이가 있었다는 사실을 알 수 있게 하는 것이다.

요시마사(義政)는 히가시야마 산장(東山山莊)을 계획함에 있어 사이호오지(西芳寺)의 정원을 표본으로 삼았다. 현존하는 관음전(觀音殿, 銀閣)은 사이호오지(西芳寺)의 유리전(瑠璃殿)에, 그리고 동구당(東求堂)은 사이호오지(西芳寺)의 서래당(西來堂)에 각각 대응시켜 만들었다. 단, 대지나 정원의 규모는 히가시야마 산장(東山山莊) 당시보다 축소되어 있고, 예전에 뱃놀이를 할 수 있었다는 연못은 에도 시대(江戶時代, 1600~1867)에 개조되어 매우 좁아져 있

34. **시토미도(蔀戶)** : 평안 시대(平安時代)에 나타난 창호의 일종으로 격자 사이에 판을 끼우거나 붙여 상하 2장의 판넬로 구성한 문. 상부 판넬은 채광이나 비를 막기 위해 L자형으로 열 수 있게 되어 있다.

35. **마이라도(舞良戶)** : 중세 초기에 나타난 판형(板形)의 문으로 보통 마이라(舞良)라고 불리우는 가느다란 격자를 일정 간격의 횡방향으로 붙인 것을 일컬음

36. **고시다카쇼오지(腰高障子)** : 장지문을 일컫는 쇼오지(障子)의 일종으로 하반부에는 징두리판을 붙이고 상반부에는 격자형 창살에 창호지를 바른 것.

다. 누각건축(樓閣建築)과 뱃놀이 연못이 만들어내는 우아한 풍정은 그 후에도 계승되었고 근세의 혼간지 비운각(本願寺 飛雲閣) 등은 그 계보(系譜)에 속한다.

이 밖에 무로마찌 시대(室町時代)의 불사정원(佛寺庭園)으로써는 료오안지(龍安寺)와 다이토쿠지 대선원(大德寺 大仙院)의 고산수(枯山水) 정원, 덴류우지(天龍寺)와 사이호오지(西芳寺)의 연못정원(池庭) 등이 있고, 선종문화(禪宗文化)의 특색을 그곳에서도 볼 수 있다. 선종(禪宗) 승려인 무소오 소세키(夢窓疎石, 1275~1351)가 사이호오지 정원(西芳寺 庭園) 등을 조성한 것으로 알려져 있고, 중국의 불서(佛書)인 『비얀루(碧巖錄)』에서 암시를 얻어 만든 것으로 되어 있다.

이미 언급했듯이 금각(金閣)과 은각(銀閣)에 의해 대표적으로 상징되는 기타야마 시대(北山時代, 1367~1408)와 히가시야마 시대(東山時代, 1443~1490)는 무로마찌 시대(室町時代)에 있어서 두 개의 문화적 정점을 이루고 있다. 이 시대의 문화는 중국적인 경향에 강한 기반을 두고 있으며 선승(禪僧)들의 역할을 통하여 대부분 도입되어졌다. 또 하나의 문화적 기반은 토착적 개념에 의한 것이며, 예를 들어 다도(茶道), 묵화(墨畵), 노오(能, 제4장 참조), 정원(庭園), 꽃꽂이 등 우리가 일본 고유의 예술적 경험에 의한 순수한 결정체라고 여기는 대부분의 것들이 이들 두 시기에 결실을 맺은 것이다.

中世의 造營技術

고대(古代)와 중세(中世)의 변화

일본 고대(8C~12C)의 건축 조영은 대부분 관영공사(官營工事)가 중심이 되었다. 그러나 헤이안 시대(平安時代) 말기에 귀족 세력이 쇠퇴해지자 관영공사 조직은 서서히 붕괴되기 시작하였고, 중세(中世, 13C~16C)에 이르자 각지의 장원영주(莊園領主)나 무가(武家) 또는 사원(寺院)을 중심으로 조영이 진행되었다.

건축기술도 고대와 중세에 걸쳐 변화의 내용을 볼 수 있다. 예를 들어, 목재 제재(製材)의 경우, 고대에는 구사비(楔)[37]를 박아 켜는 방법이 취해졌기 때문에 얇은 판재나 가는 목재를 만들기가 어려웠다. 고대의 건축이 큰 부재로 구성되어 중후하고 강인한 디자인을 하고 있는 것은 시대의 취향도 그러하지만 부재를 만들어 내는 기술로 보아 당연하기도 했다.

오가(大鋸)와 다이칸나(台鉋)

중세가 되면서 커다란 목재를 입수하기가 점차 어려워졌다. 무로마찌 시대(室町時代)에 세로켜기 톱인 오가(大鋸, 두 사람이 마주 잡고 켜는 큰 톱. 역자 주)가 나타나자, 그 이전의 목재 자르기 보다 판재(板材)를 쉽게 만들 수 있게 되었다. 판재의 표면을 평평하게 하는 도구로는 고대의 야리칸나(槍鉋)[38]와 쵸오나(手斧, 목재의 표면을 다듬을 때 쓰는 큰 자귀. 역자 주) 뿐이었으나, 무로마찌 시대(室町時代)에 다이칸나(台鉋, 대패)가 나타나 판재의 표면을 보다 평평하게 다듬기가 쉬워졌다. 오가(大鋸)와 다이칸나(台鉋) 모두 나타난 시기는 대략 무로마찌 시대(室町時代)로밖에 알 수 없으나 큰 재목을 입수하기 어렵게 된 것과 깊은 관계가 있을 것이다.

오가(大鋸)와 다이칸나(台鉋)의 출현은 작업능률을 현저하게 향상시켰다. 그러나 이러한 도구가 널리 보급된 것은 무로마찌 시대(室町時代) 말기로, 이전의 『이시야마데라 엔기(石山寺緣起)』나 『가스가곤겐 겐키 에(春日權現驗記繪)』에는 이들이 전혀 그려지지 않았다.

에마키(絵巻)에 나타난 조영풍경(造營風景)

『이시야마데라 엔기(石山寺緣起)』는 가마쿠라 시대(鎌倉時代) 말기(14C)부터 무로마찌 시대(室町時代) 초기에 걸쳐 완성된 것이다. 이 그림에는 우마차

37. 구사비(楔) : 석재나 목재를 켜기 위한 쐐기 모양의 금속제 도구로 오가(大鋸)가 나타나기 전에 쓰임

38. 야리칸나(槍鉋) : 다이칸나(台鉋)가 출현하기 이전의 고식(古式) 다이칸나(台鉋)로 자루에 창끝 모양의 날을 단 도구. 고대(古代)의 대패

36.
石山寺 縁起

37.
春日權現験記絵

(牛馬車)에 싣거나 통나무를 굴림대로 하여 목재를 운반하는 모습이 묘사되어 있다. 공사장의 가설건물 안에서는 목수들이 야리칸나(槍鉋, 오른쪽 안)나 쵸오나(手斧, 오른쪽 앞)로 목재를 깎고, 구사비(楔)로 켜거나(중앙 앞) 톱(鋸)으로 절단(왼쪽 앞)하고 있는 모습을 볼 수 있다.

또한『가스가곤겐 겐키 에(春日權現験記繪)』는 가마쿠라 시대(鎌倉時代) 말기에 완성된 것으로써, 이 그림의 오른쪽 끝에서는 실을 띄워 대지가 수평이 되는가를 조사하고, 초석(礎石)을 둥근 통나무로 두들겨 확실하게 고정시키고 있는 장면을 볼 수 있다. 겐자오(間棹)라고 불리는 척도자를 어깨에 메고 무엇인가를 지시하고 있는 사람은 목수의 우두머리인 동량(棟梁)[39]으로 보인다. 그 왼쪽에는 곡척(曲尺)으로 통나무에 먹을 치거나, 먹실(黑絲)을 손가락으로 튕겨 각재(角材)에 먹줄을 치기도 하며, 구사비(楔)로 각재를 켜고, 야리칸나(槍鉋)나 쵸오나(手斧)로 판재(板材)를 깎고 있는 모습을 볼 수 있다. 가설건물 안에서는 톱(鋸)으로 목재를 자르고, 끌(鑿)로 장부구멍(枘穴)을 파고 있는 모습도 볼 수 있다.

세번째 자료인『마쯔자키 덴진 엔기(松崎天神緣起)』는 오오챠우(應長) 원년

39. **동량(棟梁)** : 무로마찌 시대(室町時代)의 공사조직(工事組織)에 있어서 최고 기술지도자이자 감독인 대공(大工)의 바로 아래 직위.

38.
松崎天神緣起

39.
松崎天神緣起

40.
三十二番職人歌合

(元年, 1311) 무렵에 완성된 것으로 통나무로 비계(足場)를 짠 공사현장을 묘사하고 있다. 겐자오(間棹)를 어깨에 두고 손으로 먹통을 들어 수직을 보고 있는 사람과 역시 겐자오(間棹)를 어깨에 메고 목수에게 지시하고 있는 사람 둘 다 목수의 우두머리인 동량(棟梁)으로 보인다. 이 그림에도 도구로써 야리칸나(槍鉋)와 쵸오나(手斧)는 볼 수 있지만, 오가(大鋸)와 다이칸나(台鉋)는 아직 보이지 않는다.

이러한 사실에 대해, 무로마찌 말기(室町末期)에 쓰여진 것으로 되어 있는 『산쥬니반 쇼쿠닌 우타아와세(三十二番職人歌合)』에는 "오오가히키(大がひキ)"라고 쓰여진 오가(大鋸)에 관한 그림이 있다. 이 그림을 보면 커다란 세로켜기 톱을 사용하여 두 사람이 판재를 만들고 있는 장면을 볼 수 있다.

과거에 사용되었던 공구는 일단 수명대로 사용하고 나서 버렸기 때문에 옛것이 남아 있기란 어려웠다. 에마키(繪卷, 두루마리 그림)에 나타난 공사현장에 대한 묘사는 건축기술의 역사를 알기 위한 귀중한 자료가 된다.

近世의 寺院建築

건축의 대중화

무로마찌 시대(室町時代) 이후 1세기에 걸친 내란으로 인해 전국이 황폐화된 16세기 말엽, 일본은 세 명의 장군－오다 노부나가(織田信長, 1534~1582), 도요토미 히데요시(豊臣秀吉, 1536~1598), 도쿠카와 이에야스(德川家康, 1542~1616)－에 의하여 재통일되었다. 그 후 일본의 세 번째 군사정부인 도쿠카와 막부(德川幕府)가 탄생되었다. 도쿠카와 막부(德川幕府)의 통치 아래 일본은 쇄국정책을 통하여 외국에 대해 문호를 닫고 있었으나, 1853년 영국의 해군 함장 Matthew C.Perry가 일본에 도착한 이후 문호를 열게 되었다.

비록 일본이 에도 시대(江戶時代, 1600~1868) 동안 외국에 문호를 개방하지 않고 고립되어 있었다고는 하지만, 막부(幕府)통치 아래 오랫동안 평화로운 상태였기 때문에 국내에서의 여행은 증가했다. 이러한 여행의 증가가 일반대중에 의해 사원(寺院)과 신사(神社)로의 순례형식을 취하게 했으며, 군사정부는 민중과 여러 숭배장소 사이의 결탁을 장려했다. 그 결과 사원(寺院)은 일반대중의 기호에 부적합한 요소는 없애기 시작했으며, 과장된 색의 구성과 화려한 조각을 사용하게 되었다.

기요미즈데라 본당(清水寺 本堂)

근세에 들어서자, 종래의 가람배치(伽藍配置)나 과거의 전통적인 건물 평면형식에 구애받지 않은 사원건축(寺院建築)이 많이 출현했다.

관에이(寛永) 10년(1633)에 세워진 기요미즈데라 본당(清水寺 本堂, 京都市)은 절벽에 세워진 가케즈쿠리(懸造)[40]로써, 이러한 형식 자체는 헤이안 시대(平安時代)부터 있었던 것으로 특별히 새로운 것은 아니나, 밀교본당(密教本堂)에 익랑(翼廊)을 붙였고 복잡한 평면에 지붕을 교묘하게 만들어 우미(優美)한 외관을 만들어내었다. 전면(前面)의 넓은 무대(舞臺)에서 보면, 교오토(京都)의 시내가 멀리 바라다 보인다. 이러한 연출기법은 아마도 에도 시대(江戶時代)의 서민들을 즐겁게 했음에 틀림없다.

젠코오지 본당(善光寺 本堂)

일본 북부에서 인기있는 순례지 중 하나였으며, 현재도 마찬가지인 젠코오지(善光寺)는 나가노 시(長野市)의 나가노 현(長野縣)에 위치해 있다. 이 사원의

40. 가케즈쿠리(懸造) : 불사(佛寺), 신사(神社), 주택, 승방 등에 있어서 산의 절벽이나 물 위에 지어진 건물 또는 그 구조법

41. 善光寺 本堂 内部

특징은 서민이 자유롭게 참배할 수 있도록 연구된 근세불사(近世佛寺)의 특색을 지니고 있다는 점이다. 젠코오지 본당(善光寺 本堂)은 호오에이(寶永) 4년(1707)에 재건된 것으로, 거대한 본당(本堂) 내부를 외진(外陣), 중진(中陣), 내진(內陣), 내내진(內內陣)으로 나누고, 외진(外陣)에는 흙바닥을 그대로 두었다. 넓은 중진(中陣)에는 다다미를 깔아 참배자의 피곤한 다리를 쉴 수 있게 하였다. 내내진(內內陣)의 캄캄한 바닥 아래를 순례하는 다이나이쿠구리(胎內潛)[41]라는 취향은 참배의 인상을 깊이 새기는 연출이라 할 수 있다.

모코시(裳階)를 달았기 때문에 2층으로 보이는 지붕은 실로 당당하고 유례가 없는 독특한 외관을 만들어 내었다. 본당(本堂)의 내부는 크고 호화롭게 만들어 집안의 평안과 사업번창 등 행복을 기원하러 전국에서 몰려드는 서민들에게

41. 다이나이 쿠구리(胎內潛) : ① 건물을 연결하는 복도 또는 건물 마루바닥(床) 등의 하부에 지면을 파내 사람들이 빠져나갈 수 있게 만든 통로.
② 음력 6월 30일의 벽사(辟邪) 때에 신사 정문 옆에 띠로 엮어 만든 고리. 참배자가 이곳을 빠져나가면 몸의 부정이 씻겨진다고 한다.
여기서는 ①번의 의미.

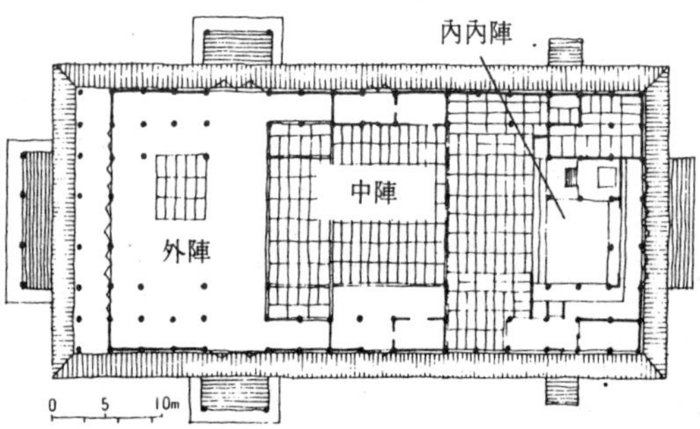

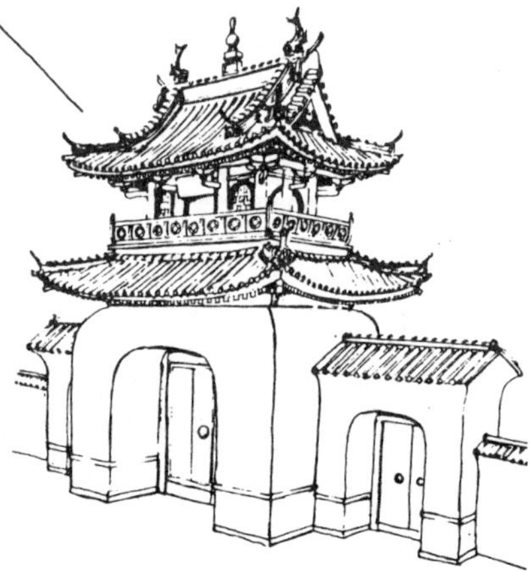

42.
善光寺 本堂

43. 善光寺 本堂

44. 崇福寺 三門

충분한 만족감을 주도록 하였다. 이것도 하나의 연출기법으로써, 서민을 위한 공간을 계획하여 그들을 즐겁게 하기 위한 것이었다.

황벽종(黃檗宗)의 건축

에도 시대(江戸時代) 초기에 중국에서 전래된 황벽종(黃檗宗, 禪宗의 한 파)은, 가마쿠라 시대(鎌倉時代)의 대불양(大佛様)·선종양(禪宗様)이 송(宋)의 건축양식이었던 것과는 달리, 명(明)나라 또는 청(淸)나라의 건축양식으로 불당(佛堂)을 건립했다. 명(明)에서 건너온 승(僧) 인겐(隱元, 1592~1673)이 창건한 만푸쿠지(万福寺, 우지 시(宇治市))는 대륙풍의 독특한 디자인으로 구성되었다.

나가사키(長崎)에는 중국의 복주(福州) 출신자들이 창건한 소오후쿠지(崇福寺)가 있다. 겐로쿠(元祿) 7년(1694)에 재건된 제1봉문(第一峰門)은 중국에서 부재(部材)를 만들어 배로 운반한 후 현지에서 조립하였다. 공포(栱包)의 형식으로나 채색으로나 유례없는 독특한 것이다.

근세의 불사(佛寺) 중에는 전통적 화양(和様)에 의한 것도 있고 대불양(大佛様)·선종양(禪宗様)에 의한 것도 있다. 그 한 예로, 도오다이지 대불전(東大寺大佛殿)은 승(僧) 고오케이 쇼오닌(公慶上人, 1648~1705)의 노력에 의해 겐로쿠 원년(元祿元年, 1688)에 착공되어 호오에이(寶永) 6년(1709)에 완성된 것으로, 쵸오겐(重源)에 의한 가마쿠라 시대(鎌倉時代)의 재건양식을 기본으로 한 것이다. 그러나 정면의 크기는 원래 11간(間)이었던 것이 7간(間)으로 축소되었다.

서민의 불사건축(佛寺建築)

도쿠카와 막부(德川幕府)의 정치적 의도에 의해, 불교사원은 서민과 깊이 연결되었으며 서민의 일상생활에 흡수되었다.

따라서 각지의 불사(佛寺)는 시대가 지나감에 따라 채색이나 조각 등 풍부한 장식을 사용하여 서민의 욕구를 충족시켰다. 이러한 이유로 당시 불사(佛寺)의 디자인은 그다지 세련되지는 않았으나 과다한 장식이 많이 사용되었다. 그것은 바로 불사(佛寺)가 서민화되었다는 사실을 반영하고 있다고 할 수 있다. 목수나 조각가들은 서민의 눈을 의식하고 그들의 혼을 집어넣어 만들었던 것이다.

寺院建築의 構造와 細部

공포(栱包, 組物, 斗栱, Bracket)

사원건축은 주택과 달리 기념성이 강하며, 불상(佛像)을 모시고 종교 행사를 행하기 때문에 넓은 실내공간이 요구되고 건물의 규모도 크고 웅대하며 호쾌한 디자인을 갖고 있는 것이 많았다. 실내의 규모가 커졌기 때문에 이를 덮고 있는 지붕과 지붕에서 나온 처마의 길이가 길어지게 되었으며, 처마의 깊이 역시 심해지게 되었다. 따라서 이 당시는 긴 처마와 깊은 처마를 구조적으로 어떻게 지탱해야 하는가가 중요한 문제였다. 이러한 구조적인 문제를 해결하기 위해 여러 가지 연구가 있었으며, 의장상(意匠上)으로도 특색 있는 구조적 장치가 완성되었다. 즉, 주두(柱斗) 및 소로(小累)와 첨차(檐遮)를 조합하고 그것을 기둥 위에 얹어 처마를 지탱하는 것으로써, 공포(栱包, 組物, 구미모노) 또는 두공(斗栱, 도키요우)이라고 부르는 목재의 구조체가 만들어졌다.

두(斗, 마스)는 마스가타(枡形 또는 升形)라고도 쓴다. 이러한 명칭은 쌀이나 간장 등의 양(量)을 재는 기구(枡 또는 升)의 형태와 비슷한 데서 유래되었으며 사각형 또는 장방형을 하고 있다. 기둥 바로 위에 얹는 커다란 두(斗)를 주두(柱斗, 大斗, 다이토)라 하고, 첨차 위에 얹는 작은 두(斗)는 소로(小累, 巻斗, 마키토)라 하며, 귀한대(隅限大, 隅肘木) 등 45°방향의 부재(部材)에 얹혀 하단(下端, 斗尻라고도 함)에 복잡한 곡선모양의 홈을 가진 것을 귀두(鬼斗, 오니토)라고 부른다.

첨차는 주두 또는 소로와 조합되어 처마의 무거운 하중을 지탱하는 장방형의 부재로서, 단부(端部)의 아래쪽은 곡선모양으로 깎여 있고 사람의 팔꿈치(肘)

45. 오니토
(鬼斗, 當麻寺 西塔)

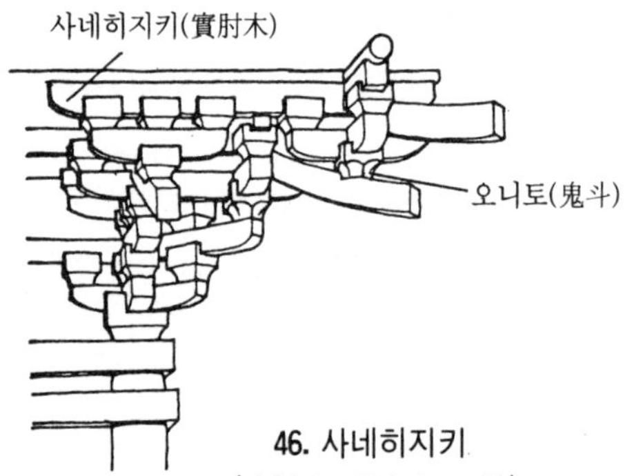

46. 사네히지키
(實肘木, 當麻寺 西塔)

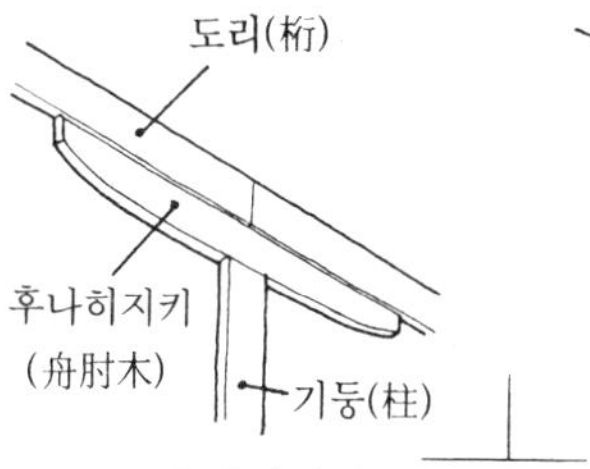

47. 후나히지키
(舟肘木, 大仙院 本堂)

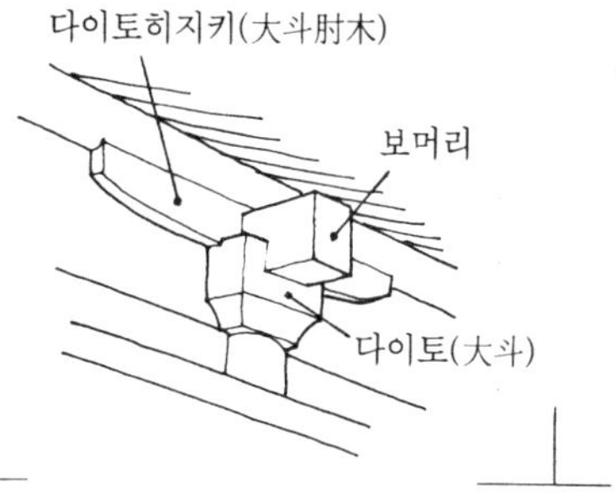

48. 다이토히지키
(大斗肘木, 法隆寺 傳法堂)

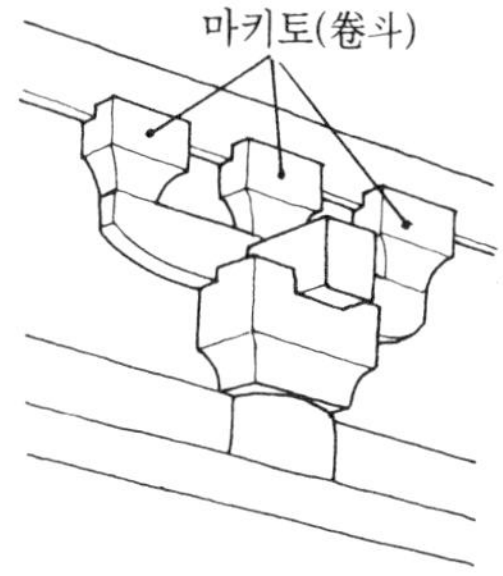

49. 히라미쯔도
(平三斗, 法隆寺 大講堂)

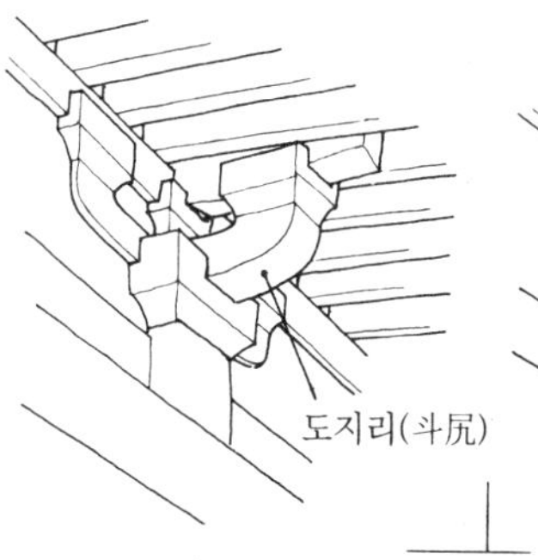

50. 데미쯔도
(出三斗, 長弓寺 本堂)

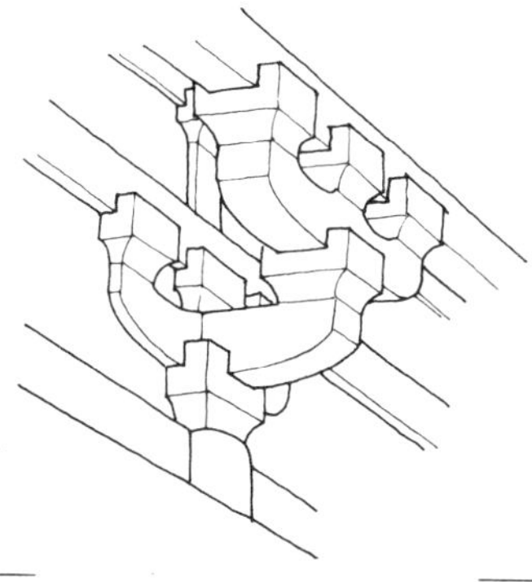

51. 데구미
(出組, 東大寺 法華堂)

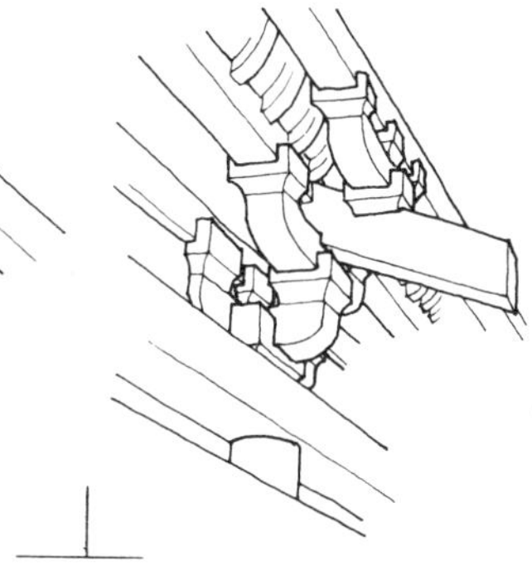

52. 후타데사키
(二手先, 海住山寺 五重塔)

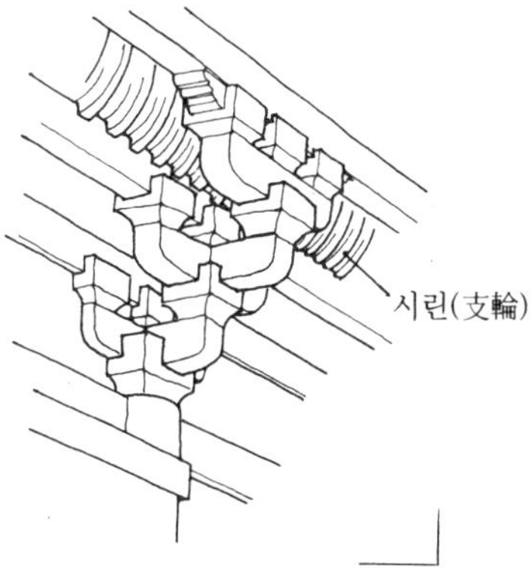

53. 후타데사키
(二手先, 大善寺 本堂)

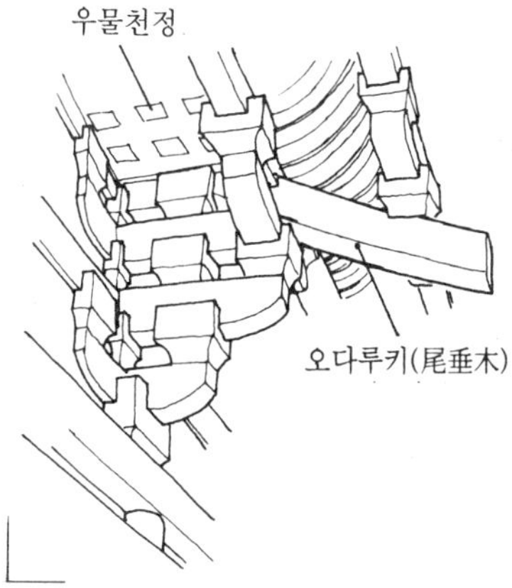

54. 미테사키
(三手先, 當麻寺 西塔)

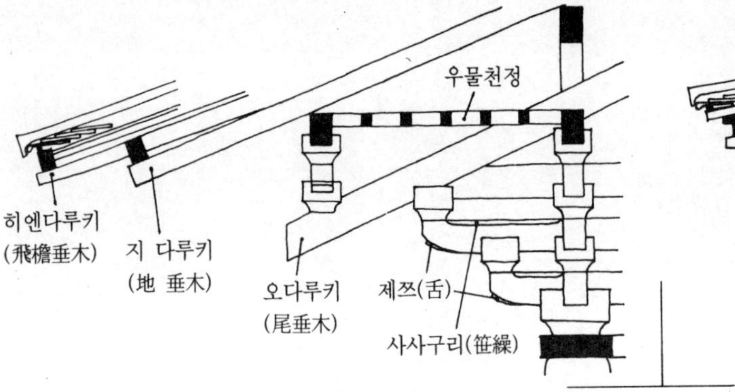

55. 미테사키(三手先, 薬師寺 三重塔, 730)

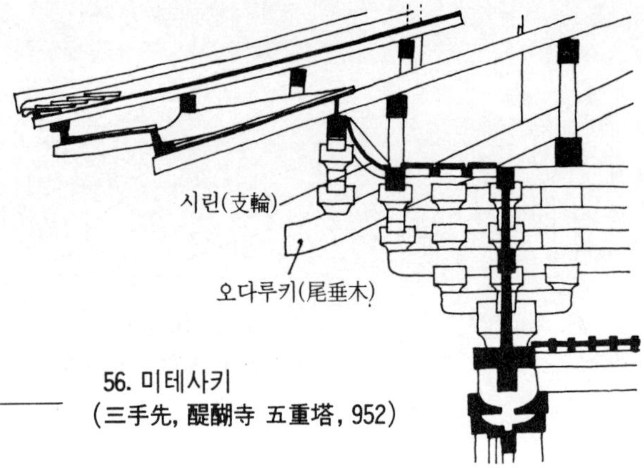

56. 미테사키
(三手先, 醍醐寺 五重塔, 952)

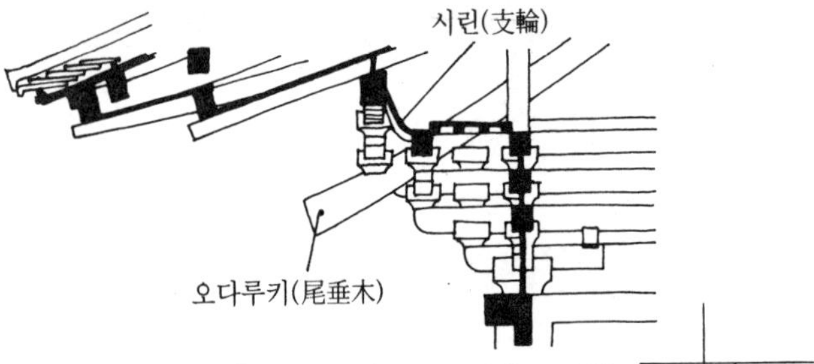

57. 미테사키(三手先, 常樂寺 三重塔, 1400)

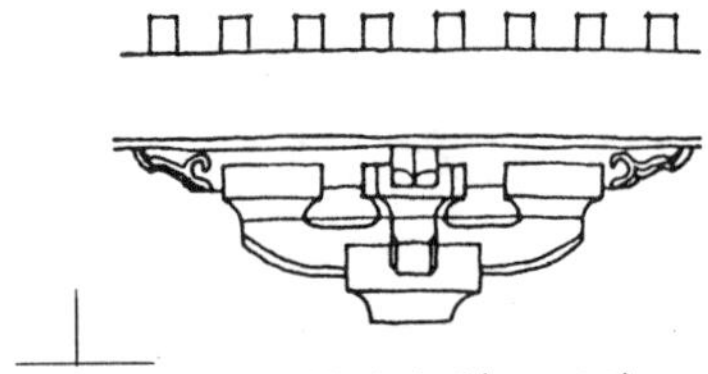

58. 로쿠시가케(六枝掛)

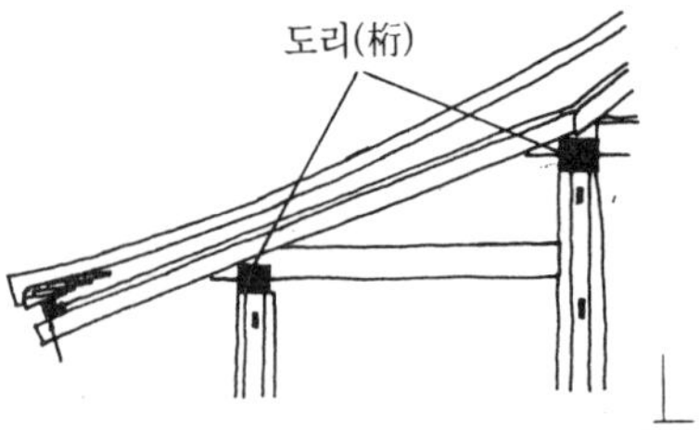

59. 히토노키(一軒, 法隆寺 東室, 7C 후반)

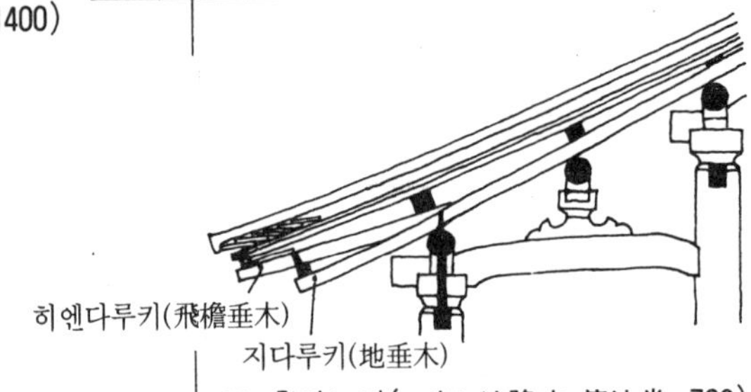

60. 후타노키(二軒, 法隆寺 傳法堂, 739)

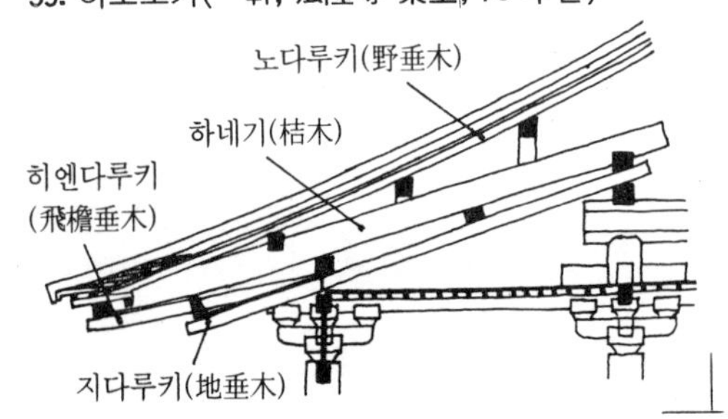

61. 후타노키(二軒, 法隆寺 東院 禮堂, 1231 再建)

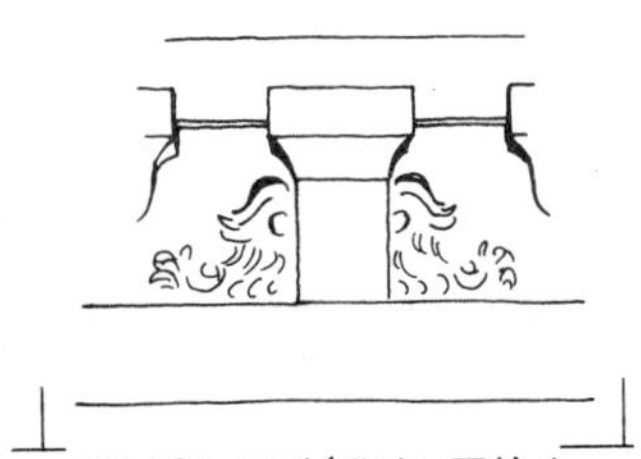

62. 미노즈카(蓑束, 雲峰寺 本堂, 15C 중반～16C 중반)

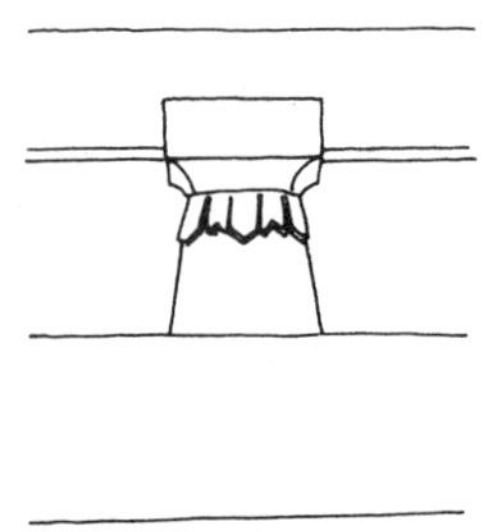

63. 겐토즈카와 오이가타 (間斗束と笈形, 興福寺 北円堂, 1231)

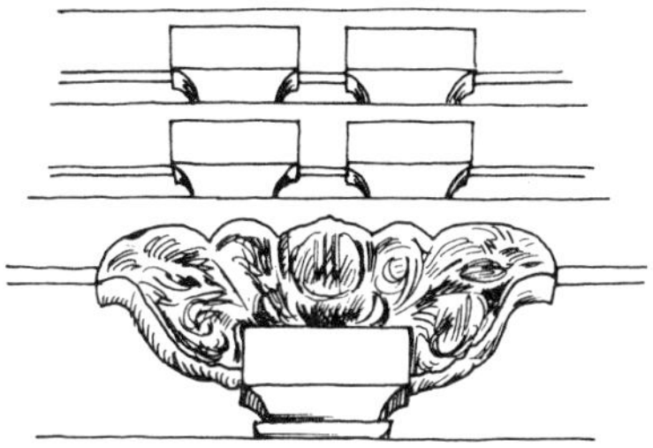

64. 하나히지키
(花肘木雙斗, 円成寺 樓門, 1468)

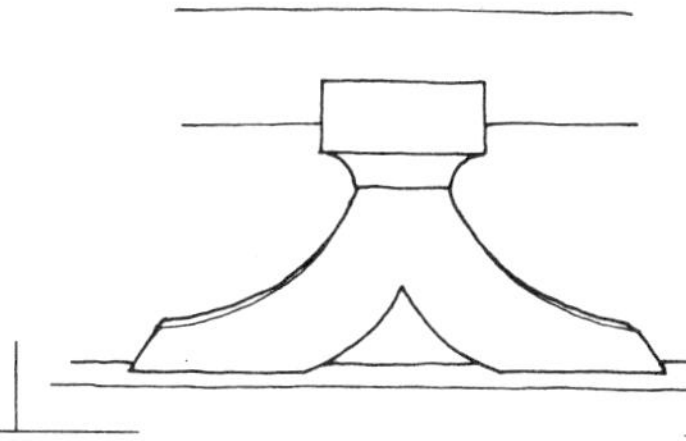

65. 인자형 와리즈카
(人字形 割束, 法隆寺 金堂, 680～694)

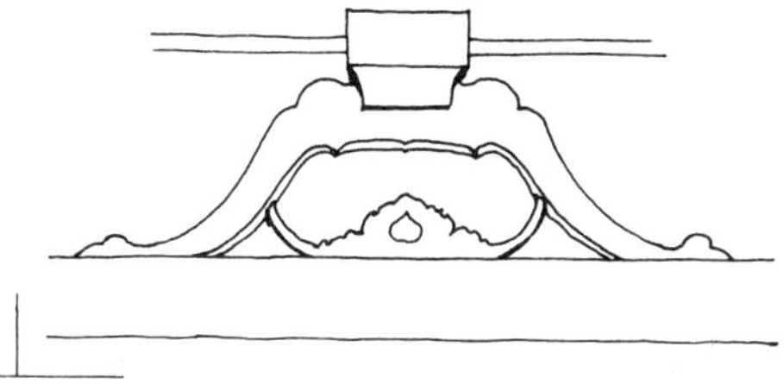

66. 혼가에루마타
(本蟇股, 宇治上神社 本殿,
11C 후반～12C 초)

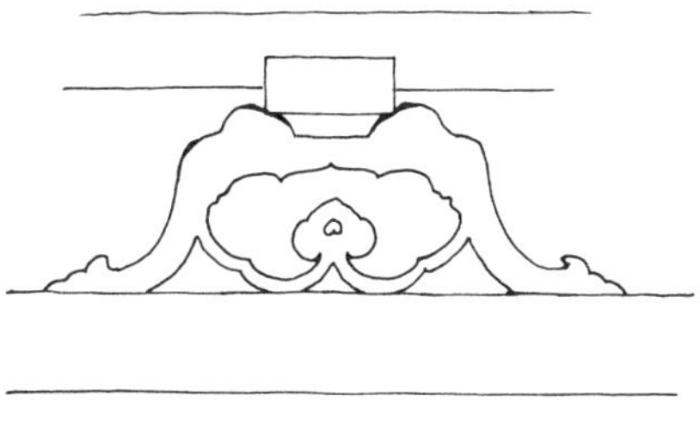

67. 혼가에루마타
(本蟇股, 新薬師寺 地藏堂, 1266)

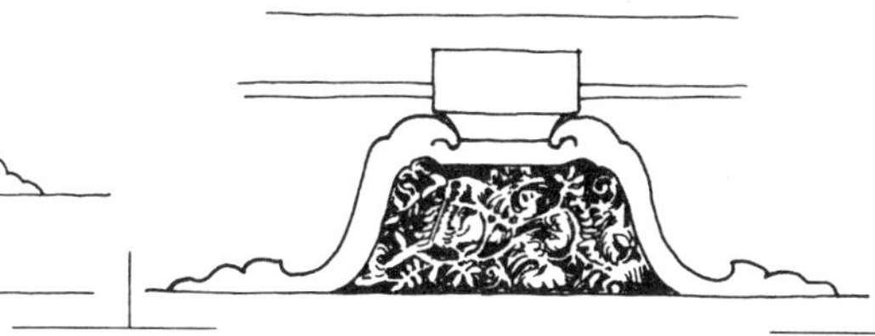

68. 혼가에루마타
(本蟇股, 法隆寺 地藏堂, 1372)

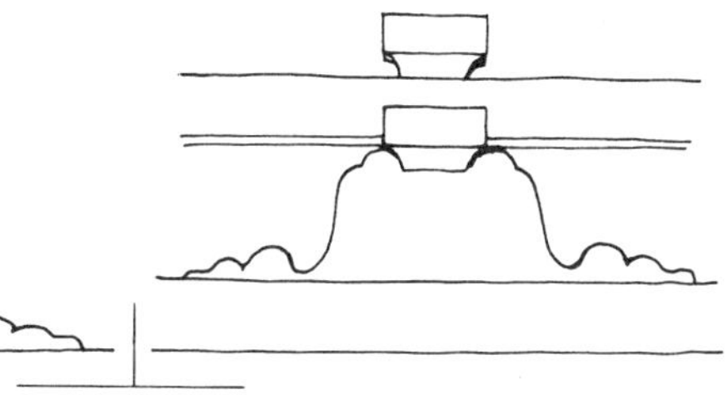

69. 이타가에루마타
(板蟇股, 宇太水分神社 本殿 第二殿,
1320)

와 비슷하다 하여 그 이름이 붙었다. 이 밖에 소로 위에서 도리(桁)를 직접 받고 있는 부재를 사네히지키(實肘木, 行工檐遮를 일컬음. 역자 주)라 부른다.

공포(栱包)는 화양(和様), 선종양(禪宗様), 대불양(大佛様)으로 제각기 형식이나 형태가 다르지만, 기본적으로 화양(和様)의 공포(栱包)를 알면 다른 것도 이해할 수 있으므로, 여기에서는 화양(和様)의 형태를 다루고자 한다.

후나히지키(舟肘木)[42]는 기둥 위에 첨차만을 얹은 것으로, 첨차의 형태가 배모양과 비슷하다 하여 붙여진 이름이다. 다이토히지키(大斗肘木)는 기둥 위에 주두를 놓고 그 위에 첨차를 얹은 것이며, 히라미쯔도(平三斗)는 다이토히지키(大斗肘木) 위에 소로를 3개(이것을 三斗라고 한다) 올려 놓은 것을 말한다. 데미쯔도(出三斗)는 주두에서 벽에 직각 방향으로 첨차를 내고 그 선단(先端)에도 소로를 둔 형식이다. 데구미(出組, 여기서는 一手先을 말함. 역자 주)란, 데미쯔도(出三斗)의 벽에서 떨어져 위치하는 소로 위에 첨차와 3개의 소로를 두고, 그 삼두(三斗)가 도리(桁)를 받는 형식을 말한다. 이 데구미(出組)에서부터 다시 1단, 2단 전방으로 더 첨차를 나오게 하면, 2출목(二出目, 二手先)과 3출목

42. **후나히지키(舟肘木)** : 기둥 위에서 다이토(大斗, 柱斗)나 마키토(巻斗, 小累)를 사용하지 않고 첨차만으로 직접 도리를 받치는 가장 간단한 공포 형식. 일본 고유의 수법임

(三出目, 三手先)이 된다. 3출목(三出目)에서는 선단(先端)의 소로와 첨차를 오다루키(尾垂木)[43]가 지탱하는 경우가 많다. 3출목(三出目)의 수법을 덴표오(天平) 2년(730)에 지어진 야쿠시지 동탑(薬師寺 東塔)과 덴랴쿠(天曆) 6년(952)의 다이고지 5층탑(醍醐寺 五重塔), 그리고 오오에이(應永) 7년(1400)의 조오라쿠지 3층탑(常樂寺 三重塔)에서 비교해 보면, 점차 정비되어 가는 모습을 엿볼 수 있다.

3출목(三手先)의 변천 야쿠시지(薬師寺) 3층탑(730년, 그림 55)은 3출목 발전단계에서 가장 초기의 예로, 출목상의 두(斗)가 중첩되지 않았을 뿐 아니라 노키시린(軒支輪)[44] 대신 평평한 천정이 설치되어 있다. 또 첨차의 하단에는 제쯔(舌)라는 얇은 혀모양의 돌기가 있고 상부에는 사사구리(笹繰)라는 곡선형의 좁은 공간이 남아 있는데, 이같은 특징은 호오류우지(法隆寺) 같은 고대 건물에서나 볼 수 있으며 후에는 사용되지 않은 첨차의 형식이다.

10세기에 이르자, 다이고지(醍醐寺) 5층탑(그림 56)과 같이 출목상 두(斗)는 중첩되어 나타나고 2출목과 3출목 사이에 노키시린(軒支輪)도 설치된다. 14, 15세기의 마지막 발전단계는 조오라쿠지(常樂寺) 3층탑(그림 57, 그림으로 보아서는 확실하게 나타나지 않음)과 같이 제3출목의 폭을 서까래(垂木) 6개의 폭과 똑같이 배치하는데(斗당 2개 폭, 그림 58) 이를 로쿠시가케(六枝掛) 수법이라 하며, 공포와 서까래 간의 유기적 관계에 영향을 주게 된다.

처마(軒)의 구조

공포(栱包)와 함께 서까래(垂木)도 처마(軒)를 구성하는 중요한 부재였다. 고대의 건물에는 서까래가 처마의 하중을 직접 지탱했으나 하네기(桔木)를 사용하게 되자 이것에 의해 하중을 지탱하게 되어 서까래를 가늘게 하거나 길게 나오게 할 수 있었다.

처마(軒)의 구조 처마(軒)는 서까래(垂木, 다루키)에 의해 지지되며, 이들은 도리(桁, 게타) 위에 얹혀 공포(栱包)를 통하여 내밀어진다. 고대 건물에서는 지붕의 하중이 직접 기둥에 의해 지지되었다. 이러한 예로 호오류우지(法隆寺)의 동실(東室, 그림 59)과 전법당(傳法堂, 그림 60)이 있으며, 모두 나라 시대(奈良時代, 710~784)의 것들이다. 그러나 후에 하네기(桔木)라는 거대한 캔티레버 부재가 나타나면서, 지붕의 하중을 이 숨겨진 부재가 주로 떠받치게 된다. 한 예로 1231년에 재건된 호오류우지(法隆寺) 동원(東院)의 예당(禮堂, 그림 61)이 있다. 이것은 이중의 서까래(垂木) 형식으로 하단에 노출된 게쇼오다루키(化粧垂木)와 위에 숨겨져 지붕 재료를 받치는 노다루키(野垂木)로 이루어진다. 하네기(桔木)는 이들 중간에 위치하여 서까래를 더욱 세장(細長)하게 함과 동시에 돌출길이를 길게 하는 역할을 한다. 아울러 이 이중의 서까래(垂木) 형식은 처마 하부에서 더 부드러운 곡선을 이룬다.

한편, 처마가 동실(東室)에서와 같이 지다루키(地垂木)로만 이루어진 형식을 홑처마

43. **오다루키(尾垂木)** : 신사(神社)와 불사(佛寺) 건축의 지붕부재 중에서 공포를 통해 외부로 돌출하고 있는 빗재(斜材)를 일컬음. 의장재이지만 건물의 비틀림을 방지하는 구조적 역할도 한다고 판단된다.

44. **노키시린(軒支輪)** : 사사건축(社寺建築)의 처마(軒)에서 출목(手先)과 출목(手先) 사이 공간을 채우고 있는 곡선 부재의 총칭. 시린(支輪)이라고도 함

(一軒, 히토노키, 그림 59), 전법당(傳法堂)과 동원(東院)의 예당(禮堂)에서와 같이 지다루키(地垂木)와 히엔다루키(飛檐垂木)로 구성된 형식을 겹처마(二軒, 후타노키, 그림 60, 61)라고 한다. 히엔다루키(飛檐垂木)는 처마끝의 곡선과 길이를 증가시키는 역할을 한다.

위의 예에서 흥미로운 것은, 동실(東室)은 공포(栱包)를 전혀 사용하지 않았고, 전법당(傳法堂)은 그림상에 나타나지는 않지만 가장 단순한 후나히지키(舟肘木, 역주 42 참조)를 사용했다는 점이다.

나카조나에(中備)

공포와 공포 사이에 위치하여 도리(桁)를 받고 있는 부재를 통칭하여 나카조나에(中備)라고 부른다. 대공(束)의 위에 두(斗)를 얹은 것을 겐토즈카(間斗束)라 하고, 대공(束) 아래쪽이 넓어져 있고(이것을 바찌즈카(撥束)라고도 한다) 상부에는 장식을 붙인 것을 미노즈카(蓑束)라고 하며, 개구리가 다리를 벌리고 있는 듯한 형상의 것을 가에루마타(蟇股)라고 부른다. 이 가에루마타(蟇股)의 기원은 확실하지 않으나 좌우 2개의 부재로 이루어져 있는 헤이안 시대(平安時代)의 가에루마타(蟇股)를 볼 때 사스(扠首)를 전신으로 하고 있다는 설도 있다. 그 후, 좌우대칭 형에서 점차 복잡한 형태의 것으로 발전하여 식물문양이나 동물문양을 붙였다. 에도 시대(江戸時代) 말기에는 전체가 조각 그 자체로 된 것도 나타났다.

나카조나에(中備) 겐토즈카(間斗束)는 공포와 공포 사이에 위치하는 대공(束)을 일컬으며, 그 좌우에 장식이 행해지는 것을 오이가타(笈形)라고 한다. 호오류우지(法隆寺) 금당(金堂, 그림 65)의 인자형(人字形) 와리즈카(割束)는 가에루마타(蟇股)의 전신(前身)이라고 할 수 있다. 나라 시대(奈良時代)에는 가에루마타(蟇股)의 예가 없지만, 헤이안 시대(平安時代) 후기부터 양 다리가 벌어진 혼가에루마타(本蟇股) 형식이 나타난다. 헤이안 시대 후기의 우지가미 신사(宇治上神社)의 본전(本殿, 그림 66)이 그 가장 이른 예이며 의장적으로도 우수하다. 또한 두(斗) 위의 첨차에 꽃무늬 장식을 한 형식을 하나히지키(花肘木)라 하며, 오오인(應仁) 2년(1468)의 엔조오지(円成寺) 누문(樓門, 그림 64)이 그 예이다. 혼가에루마타(本蟇股)의 예인 신야쿠시지(新薬師寺) 지장당(地藏堂)은 분에이(文永) 3년(1266), 호오류우지(法隆寺) 지장당(地藏堂)은 오오안(應安) 5년(1372)의 것이며, 이타가에루마타(板蟇股)의 예인 우다미쿠마리 신사(宇太水分神社)의 본전(本殿)은 겐오오(元應) 2년(1320)의 건물이다.

神社 - 神이 머무는 곳

자연숭배(自然崇拜)

'신(神)의 가르침'이란 뜻의 신토오(神道)는 일본 고유의 토속종교이다. 일본인들은 자연 속의 정령(精靈, animist) 즉, 의인화된 신성(神性)뿐 아니라 자연의 경외감을 갖는 요소들 특히, 어떤 특정한 산이나 나무, 숲 등에 신(神)이 머문다고 생각하여 신앙의 대상으로 삼았다. 이러한 형태의 신앙이 행해지던 초기의 영역에는 사(社)·전(殿)과 같은 기념적 건축물이 전혀 세워지지 않았다.

미와 신사(大神神社 또는 三輪神社, 나라 현(奈郎縣))나 가나사나 신사(金鑽神社, 사이타마 현(埼玉縣))와 같은 것들은 뒤에 있는 산을 그 신사의 중심 숭배대상(御神體)으로 갖고 있으며, 심지어 오늘날에도 이와 같이 본전(本殿)을 갖고 있지 않는 신사(神社)가 있는 것은 그 형식이 아직도 전해지고 있음을 보여준다. 미와 신사(大神神社)의 경우에 있어서는, 미와 산(大神山) 정상에 요리시로(依刀代)[45]라고 불리는 거대한 바위가 성역(聖域)의 중심으로 되어 있다. 산 아래에는 작은 규모의 사전(社殿)과, 신토오(神道) 영역임을 나타내고 기둥과 보(Post and Lintel) 만의 특징적 구조로 된 신사의 문, 도리이(鳥居)[46]가 서 있다.

신사(神社)의 원형(原形)

신사(神社)의 실질적인 형태는 아마도 풍작을 기원하거나 수확에 감사를 나타낼 때 그 대상이 되는 신(神)을 맞이하기 위해서 만든 건축물이며 이것이 곧 사전(社殿)의 원형(原形)일 것이다. 이러한 건축물을 놓는 위치는 사람들이 사는 마을의 광장이나, 신(神)이 머물고 있다고 여겨졌던 산, 바위 등의 앞이었다. 신(神)을 맞이하는 초기의 사전(社殿)은 신(神)에게 기원하는 제사 때에만 가설되었을 것이다.

초기 사전(社殿)의 형태는 확실하지 않으나 현재의 제례(祭禮) 때에 메는 미코시(神輿)와 같은 형식이었을 가능성이 있다. 가스가다이샤(春日大社, 나라 현(奈郎縣)) 본전(本殿)의 가스가 조(春日造)라고 불리는 사전(社殿)이나, 가모와케이카즈찌 신사(賀茂別雷神社, 도오쿄오 시(京都市))의 나가레 조(流れ造)라고 불리는 사전(社殿)에는 둘 다 토대(土台)가 있어, 예전에 사전(社殿)을 미코시

45. 요리시로(依刀代) : 신령이 나타날 때 매체가 되는 것. 나무가 가장 대표적임

46. 도리이(鳥居) : 구성을 보면 기본적으로는 2개의 기둥과 각각 1개의 가사기(笠木), 누키(貫)로 이루어지는데, 시마키(島木)가 추가되는 경우도 있다. 전자를 신메이도리이(神明鳥居) 계통, 후자를 묘오진도리이(明神鳥居) 계통으로 분류한다. 원래는 목조(木造)이나 헤이안 시대(平安) 시대에 석조(石造)가 나타나고 이후 동제(銅製), 도제(陶製), R.C 조(造)로 되기도 한다. 도리이(鳥居)란 명칭은 나라(奈良) 시대 말기에 처음 나타나며, 원형(原形)은 2개의 기둥 사이에 청정(清浄)의 땅을 상징하는 금줄(標繩)을 친 형태라 추정됨

(神輿)와 같이 메었던 흔적이 아닌가 생각되고 있다.

최고(最古)의 신사 건축양식(神社建築樣式)
－신메이 조(神明造), 다이샤 조(大社造), 스미요시 조(住吉造)－

현재에도 사용되고 있는 신사건축(神社建築)의 주요 형태는 불교건축의 도입 이후 최종적으로 그 형태를 갖추었다. 비록 불교사원 형태에 의해 어느 정도 다양한 양식적 영향을 받았으나, 불교건축과는 구분된 양식적 특성을 유지하고 있었다. 현존하는 신사건축(神社建築) 가운데 가장 오래 된 형식을 전하고 있는 것으로는 세 가지가 있는데 신메이 조(神明造), 다이샤 조(大社造), 스미요시 조(住吉造)가 그것이다. 이들은 각각 하나의 유명한 신사(神社)로 대표되며 각각 신메이 조(神明造)의 이세 신궁(伊勢神宮, 미에 현(三重縣) 이세 시(伊勢市)),

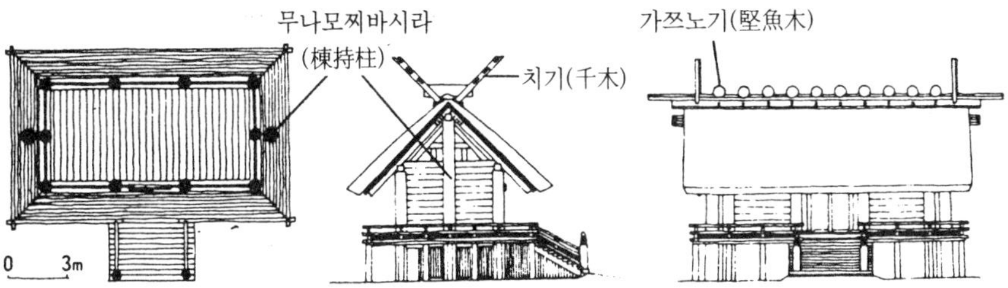

70. 신메이 조(神明造り, 伊勢神宮 内宮 正殿)

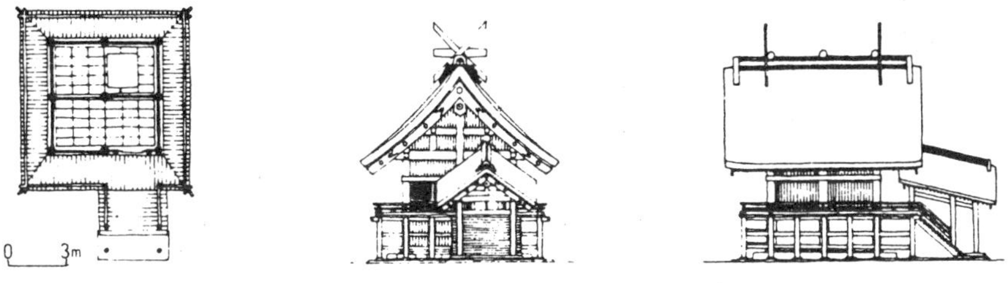

71. 다이샤 조(大社造り, 出雲大社 本殿)

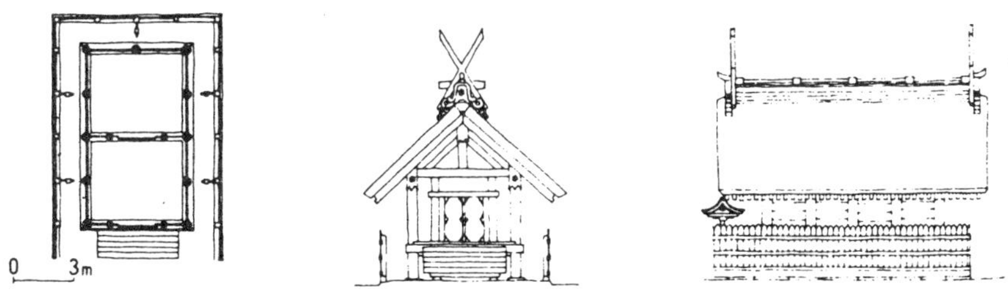

72. 스미요시 조(住吉造り, 住吉大社 本殿)

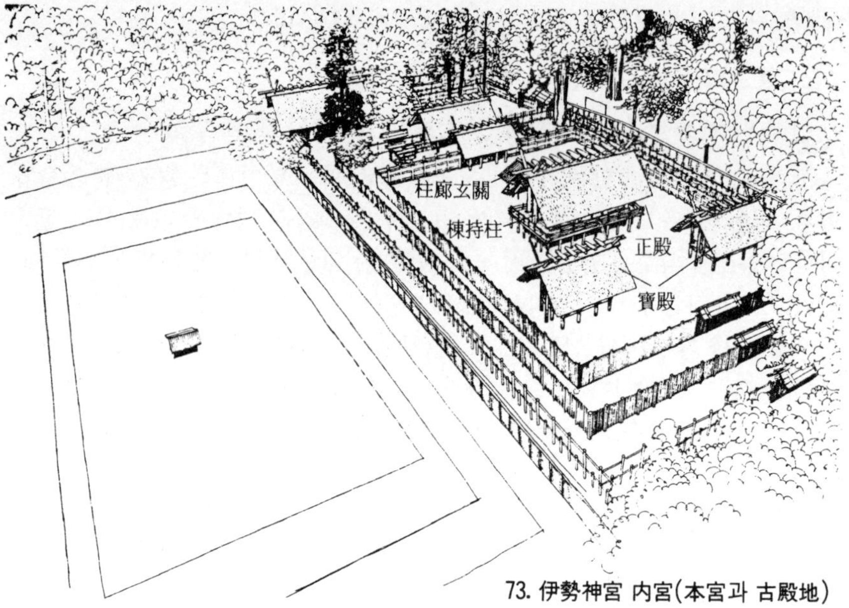

73. 伊勢神宮 內宮(本宮과 古殿地)

다이샤 조(大社造)의 이즈모다이샤(出雲大社, 시마네 현(島根縣)), 스미요시 조(住吉造)의 스미요시다이샤(住吉大社, 오오사카 시(大阪市))를 들 수 있다.

이세 신궁(伊勢神宮)은 신메이 조(神明造)의 대표적 건물로 실제 두 개의 신사(神社) 즉, 내궁(內宮)과 외궁(外宮)으로 이루어져 있다. 가장 중요한 구조는 내궁(內宮)의 본전(本殿)이다. 내궁(內宮)의 중앙에 위치해 있는 본전(本殿)은 남쪽면에서 돌출한 주랑(柱廊) 현관을 갖고 있다. 지붕 용마루와 평행한 정면 입구를 지닌 사전(社殿, 일반적인 형태의 건물과 마찬가지로)을 히라이리(平入リ) 형식이라 하고, 그와 반대로 측면 입구 즉, 박공면 끝에 입구가 있는 형식은 쯔마이리(妻入リ) 형식이라 부른다. 지붕 용마루를 지지하고 있는 것은 무나모찌바시라(棟持柱)라고 하는 두 개의 육중한 기둥이며, 건물의 양쪽 박공벽(妻側壁)에서 떨어져 각각 독립적으로 서 있는 것으로, 조금 내측으로 기울여 세운 기둥이 무나모찌바시라(棟持柱)의 본래 모습이다. 벽은 판벽(板壁)이며 박공의 지붕은 띠(茅, 가야)로 이었고 용마루 위에는 가쯔오기(堅魚木)[47]라는 10개의 통나무를 얹었다. 용마루 양 끝에는 치기(千木)[48]라는 부재가 지붕을 뚫고 뻗어나와 있는데 그 단부(端部)가 갈라져 있다. 마루는 여러 개의 짧은 기둥으로 떠받쳐진 다카유카(高床) 구조이다. 대지는 남북으로 긴 형태이며, 여기에 정전(正殿)과 그 북쪽에 두 채의 보전(寶殿)이 세워지고 이들을 에워싼 가장 안쪽

47. 가쯔오기(堅魚木) : 고분시대(古墳時代) 호족의 주거와 신사건축(神社建築) 본전(本殿)의 용마루 위에 그 직각방향으로 나열된 원형 단면의 짧은 부재. 원래는 용마루를 고정시키고 우수(雨水)의 침투를 방지하는 역할을 했지만 역사시대(歷史時代) 이후 천황(天皇)의 종교적 권위를 상징하게 됨

48. 치기(千木) : 고분시대 호족의 저택과 각 시대 신사건축에 있어서 서까래(垂木) 상단을 용마루 밖으로 길게 돌출시킨 것. 특히 양 박공쪽의 것은 하후(破風, 山形을 이룬 박공쪽 서까래 또는 판)로 된다. 이세 신궁(伊勢神宮) 이후에는 별도의 부재를 교차시켜 얹어 치기(千木)로 삼음으로써 하후(破風)와 무관하게 된다.

의 미즈가키(瑞垣)와 2중의 다마가키(玉垣, 안쪽을 우찌다마가키(內玉垣) 바깥쪽을 도노다마가키(外玉垣)라 한다. 역자 주), 그리고 가장 바깥쪽의 이타가키(板垣)라는 울타리가 있다. 여기서 주목할 만한 것은 신사(神社) 옆으로 또 하나의 대지가 있다는 것이며 그림에서도 볼 수 있는 것처럼 큰 공지(空地)의 한가운 데에 작은 사전(社殿)이 있음을 알 수 있는데, 이는 식년천궁(式年遷宮)[49]마다 교대로 대지를 사용하고, 사용하지 않는 대지는 공지(空地)로 두었다는 사실을 잘 보여주고 있다.

식년천궁(式年遷宮) 일정한 년월(年月)마다 사전(社殿)을 다시 짓고 신(神)을 옮기는 것으로, 식년조체(式年造替)라고도 한다. 이세 신궁(伊勢神宮)의 경우에는 20년마다 다시 짓는데, 60번째 천궁(遷宮)이 1973년에 있었다. 일반적으로 건물을 다시 짓는다는 것은 화재로 소실되거나 지진으로 파괴된 경우가 대부분인데, 이세 신궁(伊勢神宮)에서는 20년이 지나면 옆의 대지에 그 때까지의 사전(社殿)과 같은 것을 신축하고, 천궁 후 이전 건물은 해체했다. 따라서 옛 형식이 거의 정확하게 전달되었던 것이다. 현재까지 식년천궁(式年遷宮)을 하는 신사는 이세 신궁(伊勢神宮)뿐인 데(수리로 천궁을 대신하는 경우도 있다), 이 제도 덕분에 신사의 옛 형식이 잘 전해지고 있다.

오오쿠니 누시노미고토(大國主命)와 그 아래 사신(四神)을 제신(祭神)으로 모신 이즈모다이샤(出雲大社) 역시 고대의 전통을 유사하게 보존하고 있으며, 과거부터 25번이나 천궁(遷宮)되었다. 본전(本殿)은 거대한 규모의 쯔마이리(妻入り) 형식을 취하고 있으며, 따라서 대규모 신사란 의미인 다이샤 조(大社造)로 불리고 있다. 다이샤 조(大社造)는 정면 · 배면의 중앙 기둥이 무나모찌바시라(棟持柱)의 수법을 간직한 것이며, 평면에 있어 현재의 본전(本殿)은 다이죠오에 정전(大嘗會正殿, 천황의 즉위식 때에 만들어졌으며, 박공지붕, 구로키(黑木)[50]로 된 기둥의 건물)과 유사한 형태를 취하고 있다. 따라서 이즈모다이샤(出雲大社)의 본전(本殿)은 스미요시 조(住吉造)와 마찬가지로 고대 주거평면(住居平面)의 특성을 보존하고 있다고 생각된다.

특징적 양식의 세번째 고대 신사(古代神社)인 스미요시다이샤(住吉大社)는 바다 항해를 주관하는 신(神)을 위한 숭배의 장소로, 원래 바다를 굽어보는 쯔마이리(妻入り) 형식의 4개 건물로 이루어져 있으며, 이세 신궁(伊勢神宮)과 이즈모다이샤(出雲大社)가 채색되어 있지 않는 반면, 스미요시다이샤(住吉大社)는 붉은색과 흰색으로 화려하게 마감되어 있다.

그러나 오늘날 신사(神社)의 대지는 현대적이고 도시풍의 주택단지로 둘러싸여 있다.

49. **식년천궁(式年遷宮)** : 제사를 지내기로 정해져 있는 해가 식년(式年)이고, 이 해에는 신사에서 새로운 신사를 짓고 제신(祭神)을 옮겨 제사를 지내는데 이를 천궁(遷宮)이라 함

50. **구로키(黑木)** : 껍질을 벗기지 않은 통나무로 가마에서 적당히 그을려 사용했기 때문에 구로키(黑木)라 함

神社建築의 一般形式

불사(佛寺)의 영향

신사건축(神社建築)은 그 발전에 있어서 불교사원의 특성을 초기부터 채택하기 시작하였다. 한 예로서, 스미요시다이샤(住吉大社)의 처마는 초기에는 신사건축(神社建築)의 전형(典型)이었다고 생각되는 직선형태였으나, 불교사원의 부드러운 곡선을 서서히 받아들였다. 그러나 불교의 영향은 그다지 큰 것이 아니었기 때문에 불교사원과 같은 요세무네즈쿠리(寄棟造り, 우진각 지붕. 역자주)나 기와지붕은 하지 않았으며, 원칙적으로 토벽(土壁)도 사용하지 않았다.

그러나 헤이안 시대(平安時代)가 되자, 부처나 보살(菩薩)이 모습을 바꾸어 세상에 나타난 것이 신(神)이라는 혼지수이쟈쿠 설(本地垂迹說)이 전파되어, 신사(神社) 내부에는 진구우지(神宮寺), 그리고 불사(佛寺) 안에는 친쥬샤(鎭守社)를 세우게 되었다. 신사건축에 불사건축의 수법이 들어가게 된 하나의 배경이 바로 여기에 있었다.

나가레 조(流れ造)와 가스가 조(春日造)

나가레 조(流れ造)는 신사(神社) 건축의 양식 중에서 가장 널리 사용된 것으로써, 정면의 입구 위까지 경사진 박공지붕이 내려 뻗은 특징을 지닌다. 이 디자인은 지붕이 한 쪽으로 길게 늘여진 점, 용마루 위에는 비록 적지만 통나무 장식이 얹혀 있는 점, 그리고 끝이 갈라진 치기(千木)가 지붕 양끝에 솟은 점 등으로 미루어 신메이 조(神明造)의 건물임을 암시하고 있다. 이 양식의 가장 대표적인 예가 가모와케이카지쯔 신사(賀茂別雷神社)와 가모미오야 신사(賀茂御祖神社)의 본전(本殿)이다. 이 두 건물 모두 분큐우(文久) 3년(1863)에 마지막으로 재건되었으며 교오토 시(京都市)에 위치한다.

가스가 조(春日造)는 평면이 한 간(一間)의 건물로서 박공벽 쪽에 입구와 계단을 가지고 있으며 현관에 긴 지붕이 돌출되어 있는 것이 특징이다. 이 양식(樣式)의 명칭이 비롯된 가스가다이샤(春日大社)는 헤이조오쿄오(平城京, 현재 奈良市)의 삼조대로(三條大路)를 동쪽으로 지나 미카사 산(三笠山)의 기슭에 있는데, 덴헤이 시대(天平時代) 초기(730년대 무렵)에 창건된 것이라고 생각된다. 현재의 사전형식(社殿形式)은 적어도 헤이안 시대(平安時代)까지 거슬러 올라가며, 목재부분은 단청을 칠하고 지붕 위에는 치기(千木)와 가쯔오기(堅魚木)를 얹은 형태를 하고 있다. 근대까지 20년마다 식년천궁(式年遷宮)이 행해

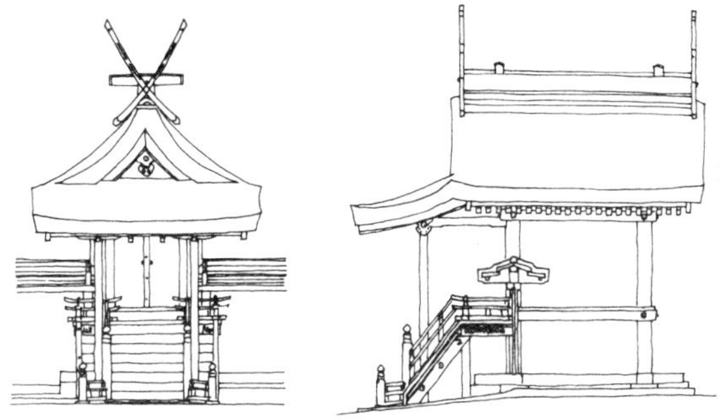

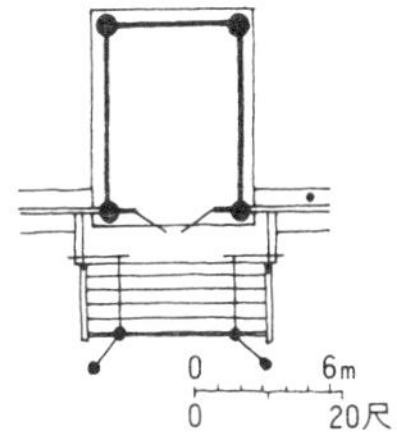

74. 가스가 조
(春日造り, 円成寺 春日堂 外觀)
春日大社 本殿 正面 · 側面 · 平面

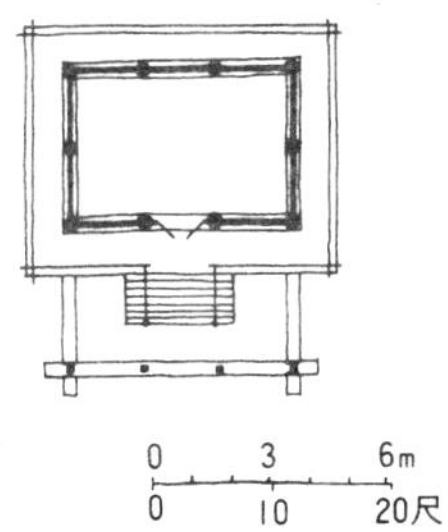

75. 나가레 조
(流れ造り, 賀茂御祖神社)
外觀 · 正面 · 側面 · 平面

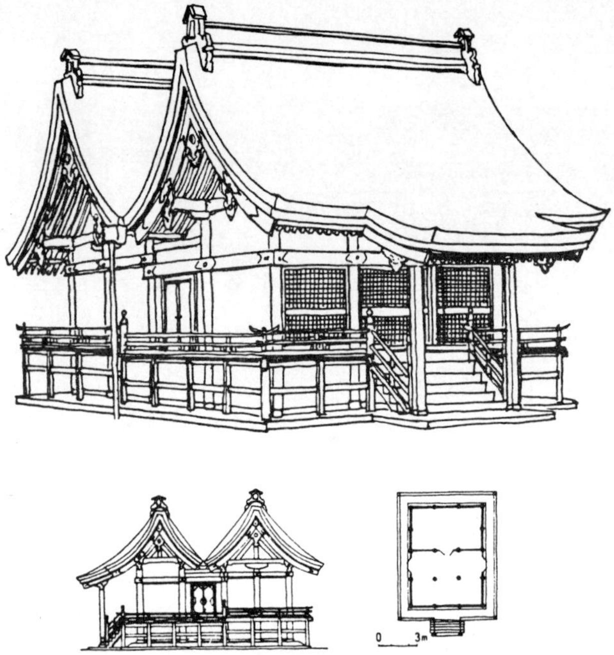

76. 하찌만 조(八幡造り, 宇佐神宮 本殿)

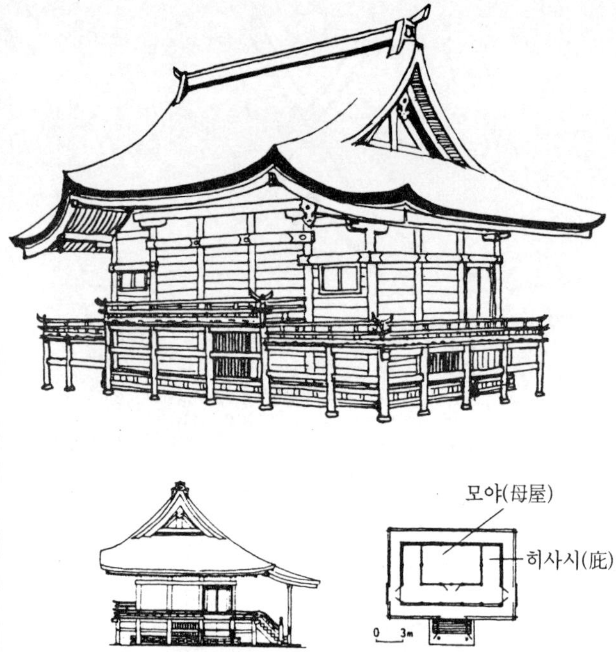

77. 히에 조(日吉造り, 日吉大社 東大宮 本殿)

져 왔지만 현 본전(本殿)은 분큐우(文久) 3년(1863)의 건물로서, 그 이후 식년천궁의 제도는 없어졌다.

엔조오지(円成寺, 나라 시(奈良市) 닌니쿠센쵸오(忍辱山町))의 춘일당(春日堂)과 백산당(白山堂)은 둘 다 가스가 조(春日造)의 우수한 예로써, 겐큐우(建久) 8년(1197)부터 안테이(安貞) 2년(1228) 사이에 지어진 건물이다. 이 건물들은 겐보오(建保) 2년(1214)의 천궁(遷宮) 때 가스가다이샤 구전(春日大社 舊殿, 가스가다이샤 중 겐큐우 8년에 신축된 것)을 옮긴 것으로 생각되는데, 현존하는 최고(最古)의 가스가 조(春日造)이다. 이 가스가 조(春日造)는 신사양식(神社様式) 중 나가레 조(流れ造)에 이어 두번째로 널리 사용된 양식이다.

신사건축(神社建築)의 여러 형태

불교사원의 쌍당(雙堂) 형식을 받아들여 두 개의 나가레 조(流れ造) 건물이 앞뒤로 처마를 접하고 있는 하찌만 조(八幡造)와 배면에 팔작지붕의 처마 모서리를 깎아 곡면지게 한 히에 조(日吉造) 등 독특한 신사(神社) 건축양식이 헤이안 시대(平安時代)에 성립되었다.

하찌만 조(八幡造)는 참배자들에게 분리된 공간을 제공하기 위해 불사건축(佛寺建築)에서 처음 사용되었다. 히에 조(日吉造)는 중심 공간인 모야(母屋)를 두고, 그 뒷면을 제외한 둘레에 부차적 공간인 히사시(庇)를 두어 지붕을 연장하고자 한 데서 나온 형태이다. 히에다이샤(日吉大社, 시가 현(滋賀縣) 오오쯔시(大律市))는 히에 조(日吉造)의 명칭이 비롯된 대표적 신사(神社)로 그 동쪽과 서쪽 영역에 두 개의 비슷한 본전(本殿)을 포함하고 있다.

본전(本殿)의 형식뿐 아니라 배치에 있어서도 불교건축의 영향을 많이 받았던 형태를 볼 수 있는데, 본전(本殿)을 회랑(回廊)으로 둘러싸고 2층의 누문(樓門)을 설치하는가 하면 탑(塔)을 세우는 등 불사건축(佛寺建築)과 아주 비슷한 구성을 한 신사(神社)도 나타났다. 그 가장 좋은 예가 히로시마 현(廣島縣)에 있는 이쯔쿠시마 신사(嚴島神社)로서 불교적 개념이 매우 적절하게 부가된 훌륭한 디자인을 지니고 있다. 이 신사는 닌안(仁安) 3년(1168)에 용감한 무장(武將)이었던 다이라노 기요모리(平清盛, 1118~1181)에 의해 재건되었을 때 이미 현대와 같은 규모와 배치로 되어 있었던 듯하며, 마로오도 신사(客人神社) 등은 닌지(仁治) 2년(1241), 그리고 본전(本殿) 등은 겐큐우(元龜) 2년(1571)에 재건되었다.

이 신사들은 미야시마(宮島) 해변에 세워졌기 때문에, 만조시(滿潮時)에 사전(社殿)이 바다위로 떠올라 보이는 등 간만(干滿)의 차에 의해 경관이 변화하는 훌륭한 모습을 보인다. 배치에 있어서나 변화가 풍부한 디자인 등은 실로 훌륭하다 할 만하다. 이들 신사(神社)에서 많은 건물을 회랑(回廊)으로 연결하는 구성 방법은 헤이안 시대(平安時代)의 귀족주택인 신덴 조(寢殿造)의 모습을 방불케 하는 등 주택사(住宅史)에 있어서도 중요한 존재이다.

주요 신사건축(神社建築)의 형식은 거의 헤이안 시대(平安時代, 12C)에 완성되었는데, 중세 이후는 오오에이(應永) 32년(1425) 오카야마(岡山)에 세워진 기비쯔 신사(吉備津神社)와 같은 특수한 형식의 출현, 14세기 후반 시가 현(滋賀縣)에 세워진 온조오지(園城寺)의 신라선신당(新羅善神堂)과 니코오시(日光市)의 도오쇼오 궁(東照宮)과 같은 세부 디자인의 장식화 경향을 제외하면 그리 커다란 변화는 없었다고 볼 수 있다.

陽明門 - 하루종일의 門

하루종일 보아도 실증나지 않는다는 의미로 '하루종일(日暮)의 문(門)'이라고 불리는 니코오(日光)의 도오쇼오 궁(東照宮) 요오메이 몬(陽明門)은 빨강, 청색, 녹색 등의 채색과 용(龍), 사자(獅子) 등의 동물조각을 많이 사용한 장식이 풍부한 문이며, 도오쇼오 궁(東照宮)의 주입구(主入口) 역할을 한다.

도오쇼오 궁(東照宮)은 도쿠카와 막부(德川幕府)의 창시자였던 도쿠카와 이에야스(德川家康)의 묘소(墓所)임과 동시에 신격화된 이에야스(家康)의 혼령을 모시고 있어 영묘(靈廟)라고 불린다. 요오메이 몬(陽明門)은 17세기 초기에 창건된 것으로 장식과다(裝飾過多)의 문으로 보는 비판적 시각도 있으나, 이 문을 정비하여 완성시킨 대공(大工)의 역량은 평가하지 않을 수 없다.

도오쇼오 궁(東照宮)에서 극도의 장식성을 볼 수 있는 또다른 좋은 예로는 가라 몬(唐門)을 들 수 있는데, 끝이 뾰족한 박공지붕을 한 것으로 요오메이 몬(陽明門)을 지난 다음에 나타나는 문(門)이다. 이 역시 채색과 조각을 풍부하게 사용하여 디자인이 매우 화려하고 호화찬란하다.

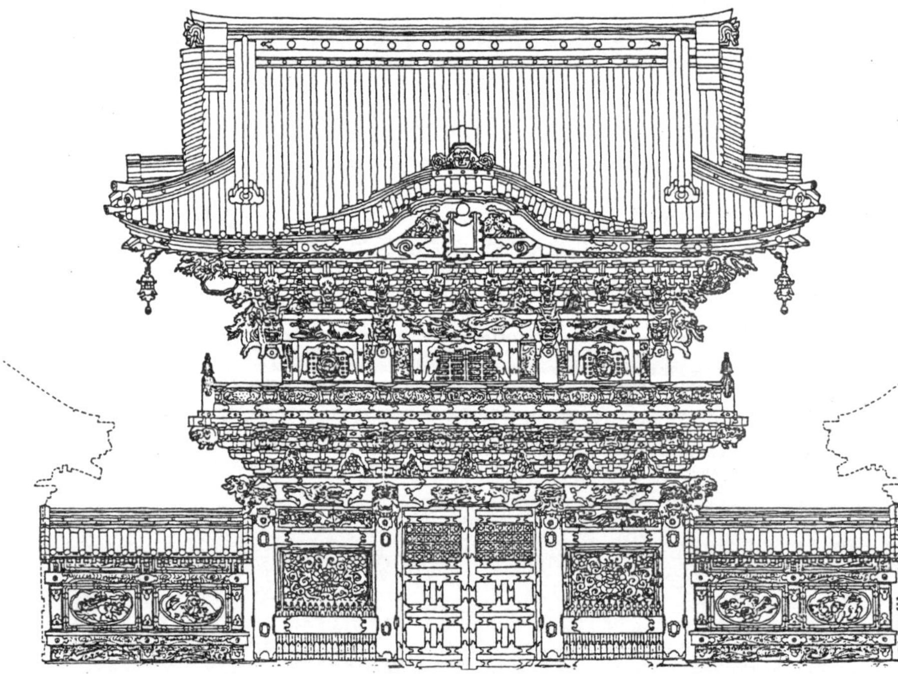

78. 日光 東照宮 陽明門

日本의 바로크(Baroque)

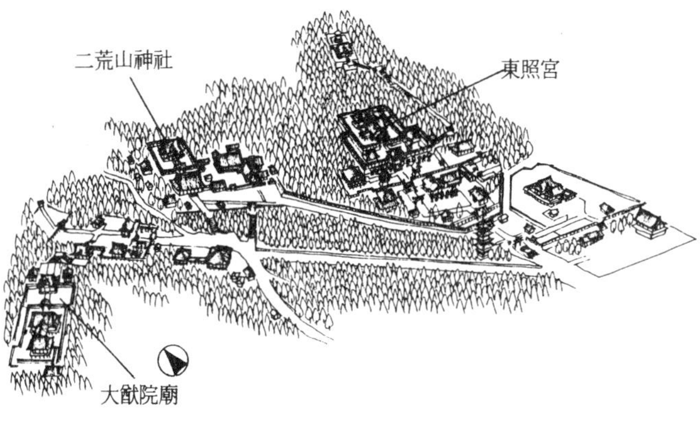

79.
日光 東照宮 唐門

80.
日光 東照宮・大猷院廟・二荒山神社

니코오(日光)의 도오쇼오 궁(東照宮)

겐와(元和) 2년(1616) 4월 17일, 패권쟁탈을 위한 마지막 대전투에서의 승리자였던 도쿠카와 이에야스(德川家康)는 순푸(駿付)에 있는 자신의 성(城, 시즈오카 현(静岡縣))에서 사망했다. 그의 시신은 시즈오카(静岡)에 있는 구노오 산(久能山)에서 장사지내졌으며, 다음 해 4월에 니코오(日光)로 이장(移葬)되어 그 1주기인 4월 17일에는 천궁(遷宮)의 의식이 행해졌다.

한편, 도쿠카와 막부(德川幕府)의 3대 장군이자 이에야스(家康)의 손자인 이에미쯔(家光, 1604~1651)는 관에이(寛永) 11년(1634)부터 대규모의 도오쇼오 궁(東照宮) 개축(改築)을 시작하여, 관에이(寛永) 13년(1636) 4월 17일에는 이에미쯔(家光)도 참가하는 천궁(遷宮) 행사를 성대하게 수행했다. 그 후에도 일부 공사는 계속되었는데 관에이(寛永) 20년 경에야 모두 완성되었다. 현재의 도오쇼오 궁(東照宮)은 이때의 공사로 완성된 것이다.

쇼오오(承應) 2년(1653)에는 이에미쯔(家光)를 모시는 다이유우인뵤오(大猷院廟)가 세워졌다. 도오쇼오 궁(東照宮)과 다이유우인뵤오(大猷院廟)는 산의 경사면에 위치한 이점을 살리고 산의 고저차를 교묘하게 이용하여 건물을 배치했다. 이 건물의 어프로치는 의도적으로 굴절되어 하나의 각(角)을 돌게 되면 그때까지와는 다른 경관이 나타난다. 경관 구성의 중요한 역할을 수행했던 것은 요소요소에 배치된 계단이다. 차례로 나타나는 건물은 풍부한 채색이나 조각을 사용하여 각자의 존재를 강하게 자랑하고 있으며 전체적인 건물군(群)으로써도 다이나믹한 효과를 나타내고 있다. 이는 충분히 일본의 바로크(Baroque)라고 일컬을 만한 것이다.

배치도 상에서 도오쇼오 궁(東照宮)과 다이유우인뵤오(大猷院廟) 사이에 있는 신사는 후타라산 신사(二荒山神社)이다.

신사건축(神社建築)에서의 장식의 증가

도오쇼오 궁(東照宮)에서 볼 수 있는 채색과 조각이 풍부한 장식은 곧이어 전국에 걸친 신사(神社)·불사(佛寺) 건축에 모방되어졌다. 그 한 예가 덴메이(天明) 3년(1783)에 세워진 도리노코산죠오 신사(鷲子山上神社)의 본전(本殿, 도찌키 현(栃木縣) 나수 군(那須郡))으로써 여기에는 오다루키(尾垂木, 역주 43 참조) 선단을 살아 있는 듯한 용(龍)으로 장식하고, 현관 지붕을 받치는 기둥이나 보(梁)도 전부 조각물로 장식하는 등 놀라운 장식적 표현을 볼 수 있다.

81.
鷲子山上神社 本殿의 세부의장

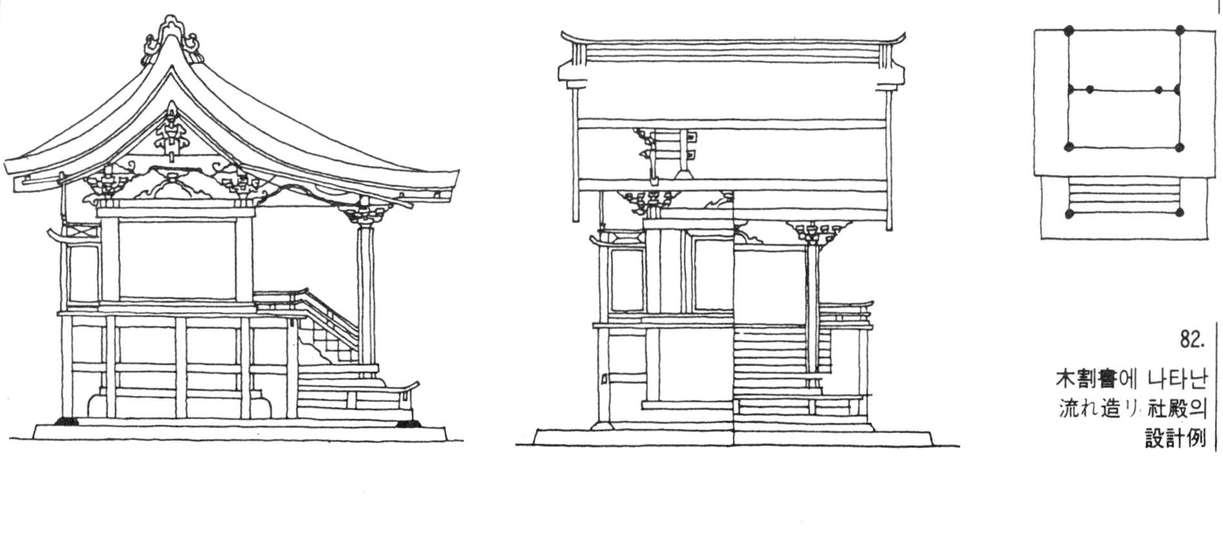

82.
木割書에 나타난 流れ造リ 社殿의 設計例

세부(細部) 디자인의 발전

신사사전(神社社殿)의 장식화 경향은 에도 시대(江戸時代)로 넘어감에 따라 점점 더 현저해졌는데, 처음에는 그 일부에만 장식을 가졌던 가에루마타(蟇股, 역주 24 참조)는 에도 시대(江戸時代) 말기에 전체가 조각화되는 경우까지도 나타났다. 가에루마타(蟇股), 기바나(木鼻, 역주 23 참조) 등 세부 디자인에 힘을 쏟은 것이 에도 시대(江戸時代) 후반의 특색이다.

기와리주쯔(木割術, modular design system)

이 당시는 세부 디자인에 정성을 기울였으나 건물 전체를 독창적인 디자인으로 계획하는 연구는 그다지 보이지 않았다. 그러나 이 시대는 기와리주쯔(木割術) 즉, '부재의 비례를 토대로 하여 건물의 디자인을 결정하는 일종의 설계기법'이 보급되었다는 것이 특징이라 하겠다. 이 표준설계법 그대로 하면 하나의 신사(神社) 디자인이 완성될 수 있었다. 즉, 기준이 되는 부재의 치수는 건물 전체의 부재와 연관되어 있었다.

기와리(木割)를 적은 서적을 기와리쇼(木割書)라고 하는데, 여기에는 나가레조(流れ造) 신사건축(神社建築)의 한 예를 그린 그림 82가 소개되어 있다. 이 그림의 비례를 그대로 적용시켜 실제로 세워지는 건물이 크면 큰 만큼 확대시킬 수 있고 작으면 작은 만큼 축소시킬 수 있다. 이것이 기와리주쯔(木割術)의 편리한 점이다.

각 부재는 목수가 실제로 각각의 크기에 따라 연구하면서 정한 것이겠지만, 이러한 설계기법의 존재가 건물 전체의 독창성을 저해하여 획일적인 디자인을 탄생하게 한 근거가 되었음은 결코 부정할 수 없다. 그러나 건물 전체의 설계에 그다지 독창성이 요구되지 않는다고 할 경우 세부(細部)에 정성을 쏟는 것은 필연적인 일일 것이다.

鎭守의 숲[51)]

83. 庶民의 場으로서의 神社와 그 境内

51.
친쥬(鎭守) : 토지나 절을 지키는 신(神). 친쥬노모리(鎭守の森)는 신사(神社)를 둘러싸고 있는 숲을 가리킴

숭배와 휴식의 장(場)

과거 일본에서는 어느 도시나 농촌을 막론하고 대개 불교사원과 같이 종교생활의 중심으로 뿐 아니라 어린이에게는 놀이터이며, 성인을 위해서는 휴식과 여가의 장(場)으로, 그리고 이웃 상호간의 접촉을 위한 신사(神社)를 지니고 있었다. 사전(社殿) 뒤쪽에 있는 숲은 먼 곳에서도 신사(神社)가 있다는 것을 알 수 있게 하는 상징물이었다. 이러한 울창한 숲과 경내의 건물이 도시의 확장으로 훼손되고 있으나, 여전히 과거의 신성한 성격을 지니고 있어 이제는 귀중한 유산이라고 하지 않을 수 없다. 근세의 신사(神社)는 단순한 종교시설이 아니고 서민의 휴식처이며 근린공동체의 장(場)이기도 했다.

신사(神社)는 오래 전부터 단순·명료한 일본문화의 상징 중 하나가 된 문(門), 도리이(鳥居)에 의해 특징지워진다. 이 도리이 문(鳥居門)을 빠져 나가면 좌우에 석재(石材)의 고마이누(狛犬, 高麗(고마)에서 온 개(犬)란 뜻. 역자 주)가 놓여 있는데, 이는 악마를 쫓아내기 위해 놓여진 개(犬)와 비슷한 한 쌍의 짐승으로서 고려문화(高麗文化)의 영향(원문에는 중국문화의 영향이라 되어 있으나 어원으로 보아 고려문화의 영향이라 판단됨. 역자주)에 의해 만들어진 것으로 보이며 옛날에는 궁중(宮中)에도 놓았다. 돌계단을 오르면 왼쪽으로 지붕이 있는 쵸오즈야(手水舍)가 있는데, 이는 신(神)을 뵙기 전에 손을 씻어 스스로를 정화(浄化)하는 곳이다. 여름의 무더울 때 이곳의 차가운 물은 더위를 식게 하고 한모금 마시면 상쾌함이 몸에 스민다고 한다.

경내의 무전(舞殿)은 제례(祭禮) 때에 춤을 추기 위한 전각이며, 또한 그때 신(神)을 모시는 데 사용되는 미코시(神輿)라는 가마는 평상시에 미코시야(神輿舍)에 두었다.

지역주민(地域住民)의 신사(神社)

이 당시 신사에는 본전(本殿) 이외에 여러 가지 시설이 배치되고, 그 배치 또는 숲의 형태에 일단의 정형(定形)은 있었으나 거의 대부분 자연의 지형을 살려 각각 독특한 것을 만들어 내었다. 이와 같이 신사(神社)가 각 도시 및 농촌 특유의 배치와 건축의장(建築意匠)을 지니게 된 것은 지역주민이 항상 친숙하게 접촉하고 소중히 여겨온 결과라 하겠다.

職人의 世界

직인(職人)[52]의 시대

근세시대의 사원과 신사를 만들었던 직인들은 목수(大工), 미장이(左官), 대장장이(鍛冶), 석공(石工), 톱장이(木挽) 등 여러 직종별 전문가들로 나뉘어져 있었다. 사실 일본역사상 근세 초기인 16세기 후반의 전국시대(戰國時代) 말엽부터 도쿠카와 막부(德川幕府)의 몰락에 이은 1868년 메이지 유신(明治維新) 때까지의 시대는 '직인 (職人)의 시대'라고도 불리우고 있다.

직인(職人)이라는 말은 중세에는 의사나 상인 등도 포함하는 넓은 의미를 지니고 있었으나 점차적으로 수공업자만을 가리키게 되었고 그 가운데서도 건축관계 직인(職人)의 활동이 눈부셨다.

52. 직인(職人) : 독립하여 수공업을 생업으로 하는 사람들의 총칭. 고대 율령제(律令制) 하의 공방(工房)에 속해 있던 수공업자는 헤이안 시대(平安時代)에 점차 독립하기 시작하여 가마쿠라 시대(鎌倉時代)에 일반화했다. 목수(番所), 미장이(壁塗), 석공(石切), 금속세공(銅細工), 대장장이(鍛冶)는 물론 음양사(陰陽師), 화가(繪師)를 포함하여 종종 사사(社·寺), 귀족을 중심으로 단체를 조직하여 농경에도 관계했다. 무로마찌 시대(室町時代) 후반에 농업에서 이탈한 쇼쿠닌(職人)은 전국대명(戰國大名)의 보호통제를 받아 성곽도시(城下町)에 집단으로 거주하면서 목수 마을(大工町), 대장장이 마을(鍛冶町) 등을 형성했다.

84. 야네후키 (屋根葺, 東京博物館模寫本 洛中洛外圖)

85. 야네후키 (屋根葺, 鍬形蕙齋 職人盡絵)

86. 다이쿠 (大工, 喜多院 職人盡絵)

직인(職人)들의 묘사

병풍(屛風), 에마키(繪巻, 두루마리 그림), 우키요에(浮世繪)[53] 등에 그려진 직인(職人)의 모습을 토대로 여기에서는 근세 초기에 직인들의 일하는 모습을 살펴보기로 한다.

그림 86을 보면 가건물 안에 기대어 놓은 판(板)에 신사(神社)가 그려져 있고, 그 그림대로 목수(大工, 다이쿠)가 사전(社殿)을 만들고 있는 듯하다. 한 목수는 상반신을 벗은 채 쵸오나(手斧)를 사용하여 각재를 깎고 있고 그 앞에는 각재에 먹줄을 튕기는 장면을 볼 수 있다. 그림 85에서 볼 수 있듯이 지붕에 올라가 나무널판을 얹고 있는 모습은 지붕공(屋根葺, 야네후키)를 나타낸다. 그림 84에 나타나는 지붕 위의 검은 점들은 지붕판재를 고정시키기 위한 돌이다. 그림 89에서 빨갛게 단 금속을 망치로 두들기고 있는 곳은 대장간(鍛冶屋, 가지야)인 듯하다. 대장장이(鍛冶, 가지)라고 하면 일단 칼이나 괭이 등을 만드는 모습이 연상되는데, 과거 건축공사에서 빼놓을 수 없었던 못도 대장장이가 하나하나 두들겨서 만들었으며, 경첩 등의 쇠 장식물(金具)도 전부 만들어낸 중요한 존재였다. 이 당시는 기계제재(機械製材)가 없었던 시대였기 때문에 건축재료인 목재를 생산해 내었던 그림 91의 톱장이(木挽, 고비키)도 빠뜨릴 수 없다. 흙을 반죽하여 경단 모양으로 만든 후 이를 전달하는 사람들과 벽에 흙손으로 칠하는 그림 88의 사람들은 미장이(左官, 사칸)들이며, 그림 92에서 돌을 쪼아내서 석재를 다듬는 자는 석공(石工, 이시쿠)이고, 그림 87에서 다다미를 만드는 사람은 다다미공(畳屋, 다다미야)이다. 그림 90의 조각가(彫物師, 호리모노시)들은 란마(欄間, 역주 17 참조)나 가에루마타(蟇股) 등의 장식물을 만들었다.

53. 우키요에(浮世絵) : 에도 시대(江戸時代)에 성행하던 유녀(遊女)나 연극을 다룬 풍속화. 주로 목판화 형식으로 만듬

87. 다다미야(畳屋, 鍬形蕙齋 職人盡絵)

88. 사칸(左官, 鍬形蕙齋 職人盡絵)

이 밖에도 그림에는 나타나지 않았지만 옻을 칠하는 도장공(塗師, 누시), 장식 금구(金具)를 만드는 세공인(詩師, 가자리시), 창호를 만드는 창호공(建具大工, 다테구 다이쿠) 등 많은 직종이 있었다.

89.
가지야(鍛冶屋, 喜多院 職人盡絵)

91.
고비키(木挽, 北齋富嶽三十六景)

90.
호리모노시(彫物師, 鍬形蕙齋 職人盡絵)

92.
이시쿠(石工, 鍬形蕙齋 職人盡絵)

近世의 造營技術

직인(職人)과 공구(工具)

여러 직종을 가진 직인(職人)들의 묘사 중 일부는 당시 화가였던 구와카타 게이사이(鍬形蕙齋, 1764~1824)에 의하여 가장 생생하고 유머스럽게 그려졌다. 분카 원년(文化元年, 1804)에 완성된 그의 그림(그림 85, 87, 88, 90, 92, 93)에는 에도 시대(江戶時代) 당시의 가장 유명했던 세 명의 작가인 요모노 아카라(四方赤良, 1749~1823), 데가라 오카모찌(手柄岡持, 1735~1815), 그리고 산토오 교오덴(山東京傳, 1761~1816)이 문장을 써 넣었는데, 이 그림은 직인(職人)에 관한 그림들 중 매우 독특한 것으로 '쇼쿠닌 주쿠시 에(職人盡繪)'라고 한다.

예를 들어 그림 93의 우측 앞에 커다란 통나무를 큰 쵸오나(手斧)로 깎고 있는 목수(大工)는 "오후 휴식 동안에 약간 자르고…"라고 중얼거리고 있다.

93. 다이쿠(大工, 鍬形蕙齋 職人盡絵)

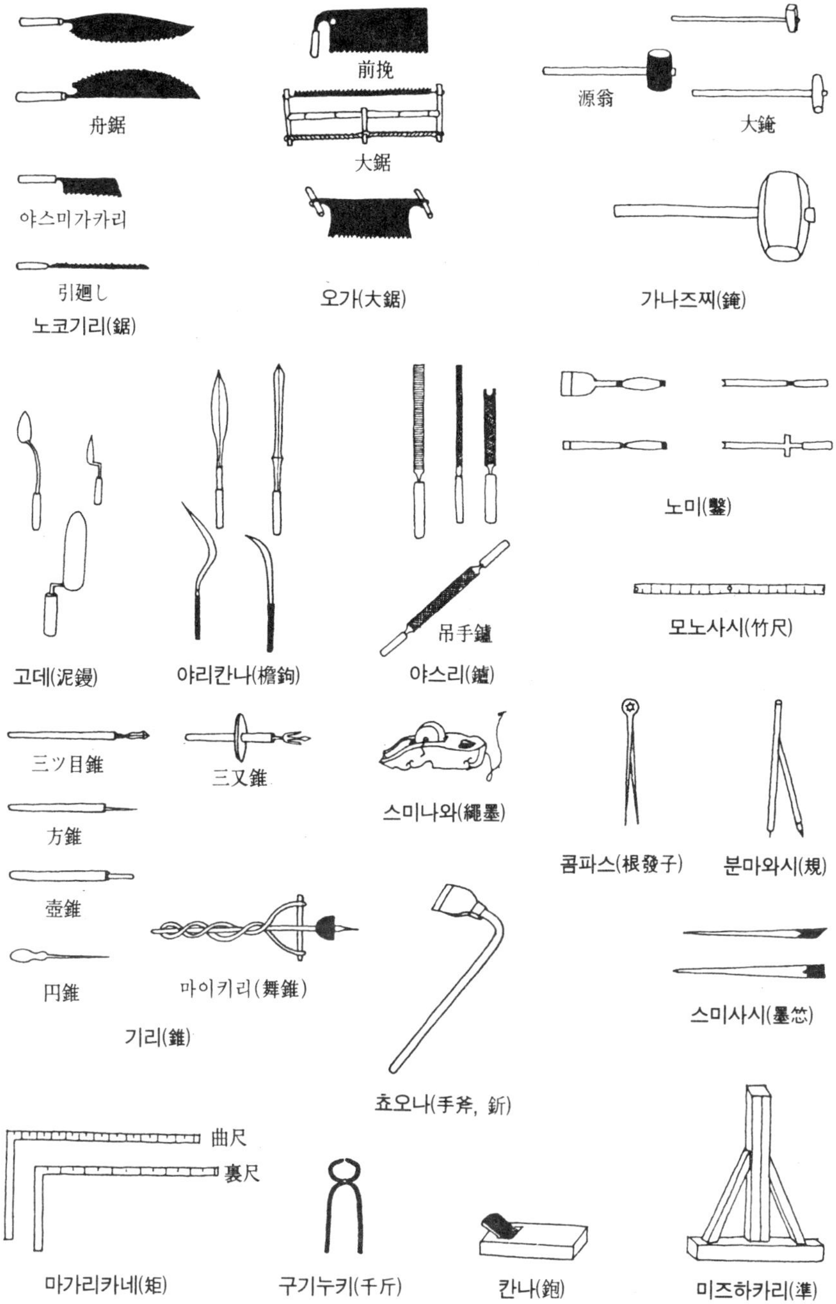

94.『和漢三才圖會』에 나타난 工具

좌측 아래에 멜대(天秤棒)를 메고 오는 사람의 바구니 속에는 점심이 들어 있는 듯한 것으로 보아 이 그림은 오후 휴식 직전의 풍경이다. 그림 중앙의 목수는 다이칸나(台鉋, 대패)를 사용하여 판재를 다듬고 있다. 이 그림을 통하여 중세 말기에 등장했던 다이칸나(台鉋)가 이 시기에는 널리 보급되어 있었음을 알 수 있다.

『와칸 산사이주 에(和漢三才圖會)』에 나타난 공구(工具)

이 시대에 사용되었던 목수의 도구로써 현존하는 것은 매우 적기 때문에, 당시에 어떠한 도구가 사용되었는가에 관해서는 그림에 나타난 모습으로밖에 알 수가 없다.

쇼오토쿠(正德) 3년(1713)에 완성된 백과사전『와칸 산사이주 에(和漢三才圖會)』에는 당시 목수가 사용하였던 도구들이 다수 그려져 있다. 쵸오나(手斧)의 그림(원도에서는 手斧자 대신 釿자를 사용하고 있다)에 보면, "釿은 手斧로써 양날(兩刀)과 한쪽 날(片刀) 등 두 가지 종류가 있다"라는 설명 등 그림뿐 아니라 해설이 되어 있다는 점도 귀중한 자료라고 생각된다. 목수는 용도에 따라 여러 가지 공구를 사용하여 정교한 이음매나 구멍을 만드는 등 정밀도가 높은 작업을 할 수 있었다.

이 외에 나가사키(長崎)의 화가였던 가와하라 게이가(川原慶賀, 1786~?)가 그린 공구에 관한 그림이 있는데, 현재 네덜란드의 국립 Leiden 민족학 박물관에 소장되어 있다. 이러한 근세(近世)의 그림을 통해 당시의 기념물을 제작했던 장인(匠人)들의 작업상황과 그들이 사용한 공구의 종류를 파악할 수 있을 뿐 아니라, 당시의 조영기술(造營技術)을 이해하는 데 도움이 될 것이다.

第2章

生　活
—住宅과 都市

第2章 生 活

－住宅과 都市－

주택(住宅)을 만들려고 할 때는 여름을 으뜸으로 생각할지어다. 겨울은 어느 곳에서도 살 수 있다. 더위에 적합치 않은 주거는 참기 어려운 일이니.

(『徒然草』)

주택(住宅)은 여름을 생각하고 만들어야 한다고 요시다 겐코오 법사(兼好法師, 1283?~1350?)는 말하고 있다. 겨울의 추위는 어떻게든 참을 수 있으나 여름에 더운 집은 당해낼 수가 없다는 요시다 겐코오의 이 주거론(住居論)은 수도(京) 헤이안(平安)의 도시주택을 대상으로 했다. 겐코오 법사(兼好法師)의 『쯔레즈레구사(徒然草)』는 가마쿠라(鎌倉) 시대 말엽(14C 초)에 완성되어, 역사와 왕실의 관습으로부터 언제나 특이한 주관성을 지닌 인간의 이상적인 심미감과 자질에 이르기까지, 인간의 경험과 관심에 대해 상당히 광범위한 범주를 역설하고 있다. 이상주거(理想住居)에 대한 그의 관점은 비록 지역적으로 한정된(즉, 눈이 많은 북쪽 지방이 아니라, 무더운 여름을 갖는 일본 열도 중심수도인 헤이안(平安)의 주거를 대상으로 하고 있다) 것이었으나, 전통적인 일본 건축사(建築史)를 통하여 중심 주제였던 주거와 자연환경의 통합이라는 강력한 설득 그것이었다.

겐코오 법사(兼好法師)보다 1세기 전(前)의 인물로서 『호오조오키(方丈記)』를 기록했던 가모노 쵸오메이(鴨長明, 1155?~1216)는 그의 관심을 자연의 건축에 돌렸다. 『쯔레즈레구사(徒然草)』보다 1세기 전인 겐랴쿠(建暦) 2년(1212)에 쓰여진 『호오조오키(方丈記)』는 건축에 대한 그의 사상이 중심을 이루는 관조적 수필이자 일종의 주거론(住居論)으로써 "강의 흐름은 끊임없고, 더우기 그 물은 항상 같지 않으니…"라고 시작하고 있다. 이 말은 변화의 영원성을 상징하고 있는 것으로 쵸오메이(長明)는 이것을 지극히 불교적인 신념으로 서술하고 있다. 쵸오메이(長明)는 수도의 남쪽 히노 산(日野山) 깊숙히 하나의 이오리(庵)[1]를 세우게 되는데, '넓이는 겨우 방장(方丈, 사방 모두 1丈)이고, 높이는 7척(尺)의 집'의 규모로 동쪽에 3척(尺) 남짓의 히사시(庇)를 붙이고, 남쪽

1. 이오리(庵) : 은둔자가 거주하는 보잘것없는 소주거(小住居) 또는 농사에 필요한 가설건물(假設建物). 여기서는 전자(前者)를 일컬음

에는 대나무로 만든 스노코(簀子)[2]를 깔았다. 이 암자를 만들기 전 쵸오메이(長明)는 수도(京)의 마찌(町)에서 살고 있었다. 그는 부계(父系)의 조모(祖母)로부터 집을 지을 대지와 담(塀)을 이어 받았으나 문조차 세울 재력이 없었으며, 대나무 기둥으로 된 수레창고(車宿) 형태의 집을 만들었지만 눈 내리고 바람 불 때마다 마음 조려야 하는 상황이었다.

그는 이 자신의 거처를 호오조오(方丈)라고 불렀는데, 이것은 인도의 승려 비말라키르티(Vimalakirti)가 살던 집의 이름을 딴 것으로, 후에 선종(禪宗) 승려 중 대승(大僧)의 주거를 가르키는 말로 사용되었다. Vimalakirti는 검소한 집에서 살고 있었는데 위대한 성인(聖人)이 방문했을 때 자신의 집을 기적적으로 크게 늘렸다고 전해지고 있으며, 선종(禪宗) 승려들은 오히려 이 설화를 Vimalakirti의 덕망과 지혜가 만들어낸 예로 여겼다고 한다.

귀족정치의 통치자들은 외형적으로 상당히 사치스러웠지만, 단순성이나 소박함이라는 측면을 일본의 전통적인 건축의 시금석으로 여겼다. 심지어 모모야마 시대(桃山時代)와 에도 시대(江戸時代)의 거대한 성(城)과 궁전의 지배자들도 외부세계의 더러움으로부터 자신들의 마음을 정화하기를 원했을 때 작은 시골풍의 찻집에서 은둔하기도 하였다.

본 장에서는 일본의 전통적인 주거건축(住居建築)을 원시시대부터 쵸오메이(長明)와 겐코오(兼好)의 시대를 거쳐, 도쿠카와(德川) 막부의 말엽에 이르기까지 살펴볼 것이며, 이들 주거(住居)가 하나의 부분을 형성했던 마을과 도시 역시 살펴 볼 것이다. 일본의 주거는 두 개의 주요 흐름으로 나누어질 수 있는데, 귀족의 주거와 서민의 주거가 그것이다.

헤이안 시대(平安時代)의 귀족들은 다음의 자료 즉, 무라사키 시키부(紫式部)의 『겐지모노가타리(源氏物語)』나 세이쇼오 나곤(清少納言)의 『마쿠라노소오시(枕草子)』에 따르면, 신덴 조(寢殿造)로 지어진 대저택에서 살았다고 전해지고 있는데, 신덴 조(寢殿造) 주택은 연못에 면해 있는 중앙의 주 건물과 부차적인 건물이 그들을 서로 연결한 복도들로 경계지어진 구성을 하고 있다. 이것은 나라 시대(奈良時代) 귀족정치가들의 저택에서 발전하였으며, 귀족주거의 두번째로 중요한 양식이자 현대의 일본 전통 주거건축에도 강력한 영향력을 미치고 있는 쇼인 조(書院造)의 선조가 되었다고 말할 수 있다. 따라서 일본의 주택들은 역사 초기부터 현대에 이르기까지 일관된 디자인의 하향적 흐름을 두드러지게 보여주고 있다. 그러나 신덴 조(寢殿造)의 건물은 하나도 현존하지 않는다.

2. **스노코(簀)** : 대나무를 공간지게 깐 바닥의 총칭. 특히, 신덴 조(寢殿造)에서 대나무나 세장(細長)한 판을 공간지게 깔아 빗물이 괴지 않게 한 툇마루 형식의 하나

한편, 일반 서민들의 주거는 어느 정도 변화의 차가 있기는 하지만 그들의 지배자들의 주거에 영향을 받았다고 할 수 있다. 나라 시대(奈良時代) 초기 지배자들의 거대한 궁전이 처음 건설되었을 때 상당수의 서민들은 여전히 원시시대의 수혈식(竪穴式) 주거에서 거의 변하지 않은 주택들에서 살고 있었다. 그러나 에도 시대(江戸時代) 후반에 와서 마을의 수장(首長)과 부유한 도시상인들은 종종 그들의 지배계급인 귀족이나 무사들이 부러워할 정도의 큰 규모를 지닌 주택에서 살았다고 한다.

초기 일본인들의 주거양식은 정확히 어떻게 생긴 것이며, 그것들이 점차 어떠한 방향으로 발전하였는가 하는 것과 무라사키 시키부(紫式部)와 세이쇼오나곤(清少納言)의 침전조(寝殿造), 쵸오메이(長明)와 겐코오(兼好)가 경험하였던 도시공간은 어떤 것이었는가가 본장의 주요 논점이다.

멀리 고대의 수혈주거(竪穴住居)에서 시작되어 인간생활의 중요한 요소로써 오랜 역사를 지닌 주공간(住空間)의 역사적인 발자취를 현존하는 것은 유구를 통해, 그리고 현존하지 않는 것은 글이나 그림 등의 자료를 토대로 하여 더듬어 보기로 하자. 주택에서는 특히 후자가 중요한 의미를 지닌다는 것에 주의했으면 한다.

繩門 · 彌生時代의 住居

원시주거(原始住居)의 형태

의(衣), 식(食)과 더불어 인간생활에 필수적인 주(住)는 인류발생과 동시에 시작되었다. 그러나 원시시대 주거의 모습은 아직 불명확한 점이 많다. 선조들은 비와 바람을 피하기 위해 바위 밑이나 천연의 동굴에서 살기도 했을 것이다. 또한 수목 등 가까운 곳에 있는 자연재료를 이용하여 비와 밤이슬만을 피하는 간단한 주거도 만들었을 것으로 생각된다. 이러한 자연주거를 만들었던 시기는 신석기 시대에 해당하는 죠오몬 시대(繩文時代) 초기 즉, 마지막 빙하기(약 9000~10000년 전) 말엽부터 야요이 시대(彌生時代, B.C. 200~A.D. 250)의 초반

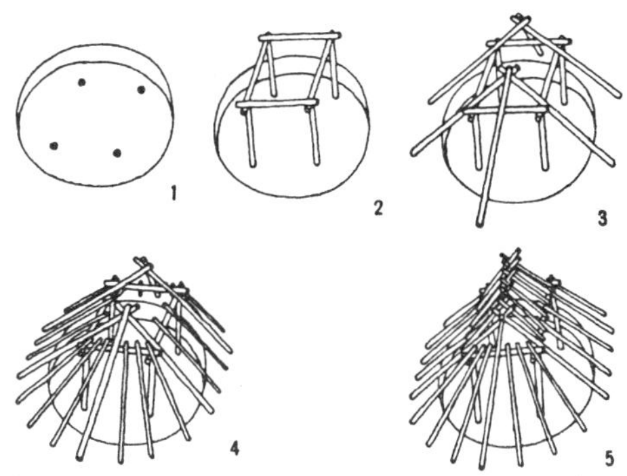

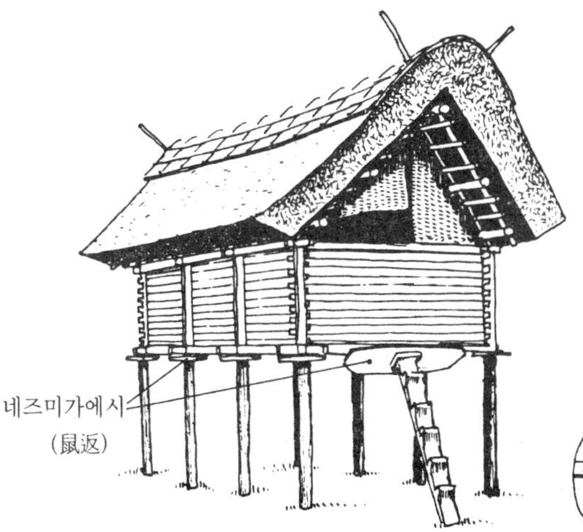

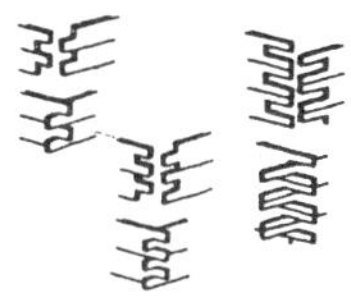

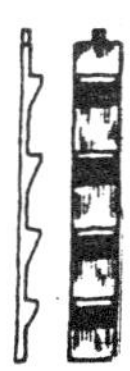

95. 復原된 彌生時代의 住居 (登呂遺跡)

96. 彌生住居의 典型(推定)

97. 復原된 彌生時代의 高床家屋 (登呂遺跡)

98. 板의 組立法(推定)

99. 高床家屋의 네즈미가에시(鼠返)

100. 高床家屋의 하시고(梯子)

까지였다.

인간이 알고 있는 최초의 주거형식은 수혈주거(竪穴住居, 다테아나 주우쿄)로서, 지면을 50~60cm 정도 파내려간 직경 5~7m 정도의 원형이나 모퉁이를 둥글게 한 방형(方形)의 구멍(이것을 竪穴이라 한다)에 지붕을 씌우고 그 속에서 사는 주거형식이다.

도로(登呂)의 주거

야요이 시대(彌生時代)는 물로 하는 쌀농사와 정교한 철기를 사용하게 되었으며, 이로 인하여 건물 축조기술에도 급속한 진전이 이루어졌다. 이 시대에는 기둥 위에 올라선 건축물이 서게 되는데 이것이 유사 이전 일본의 두번째 주거형식이었다. 야요이 시대(彌生時代) 주거단지의 가장 훌륭한 예가 시즈오카현(静岡縣)에 있는 도로(登呂)인데, 여기서 야요이 수혈주거(彌生竪穴住居)와 추측 복원된 고상가옥(高床家屋)을 볼 수 있다. 원래 이곳 주거단지에는 약 20여 개의 주거가 있었던 듯하다.

도로(登呂)의 수혈주거는 장직경(長直徑) 약 8m, 단직경(短直徑) 약 6m로 이루어진 타원형 평면을 취하고 있다. 주변에 약 30cm 정도 높이의 징두리널벽을 이중으로 세우고 그 사이에 흙을 채웠다. 바닥면이 지표면과 같은 위치에 있기 때문에 수혈식 주거(竪穴式住居)가 아닌 평지주거(平地住居)라고도 할 수 있으나, 주거공간의 모양이나 사용방식은 기본적으로 수혈주거와 같은 개념이다. 4개의 굴립주(掘立柱)에 보(梁)를 걸고 서까래를 주변의 성토한 흙에 닿도록 방사상으로 배치하였으며, 그 위에 억새풀이나 볏짚을 엮어 지붕으로 만들었다. 움푹 파인 실내에는 화로를 두었다.

고상가옥(高床家屋)은 해로운 동물로부터 내용물을 보호하기 위해 바닥을 지면에서 높게 띄우고 판재를 짜서 만든 것으로 창고 같은 건물이었다. 주거의 생김새로 미루어 벼 등의 수확물을 저장했던 곳으로 보인다. 나무를 파내어 만든 사다리(梯子)를 걸쳐 놓고, 쥐가 올라갈 수 없도록 한 네즈미가에시(鼠返, 쥐막이 판)를 달아 놓았다. 벽은 판재로 구성하여 네 모퉁이에서 짜여지도록 엮어 놓았는데 그 결구방식 역시 대단히 정교하여 당시의 가공기술과 철기의 발달상을 나타내고 있다.

彌生 · 古墳時代의 住居復原資料

고고학적 출토자료

수혈주거(竪穴住居)의 평면형태는 발굴에 의해 거의 판명되었으나, 기둥을 묻었던 구멍의 위치와 거의 남아있지 않는 부재의 조각들만으로는 지붕구조의 생김새를 정확하게 설명할 수 없다. 그러나 다행스럽게도 가가와 현(香川縣)

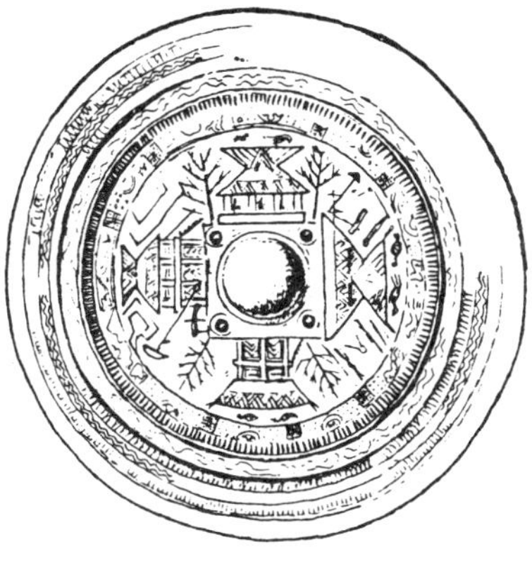

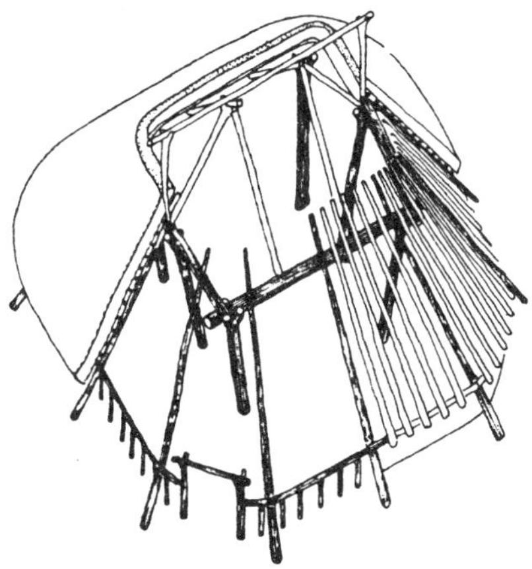

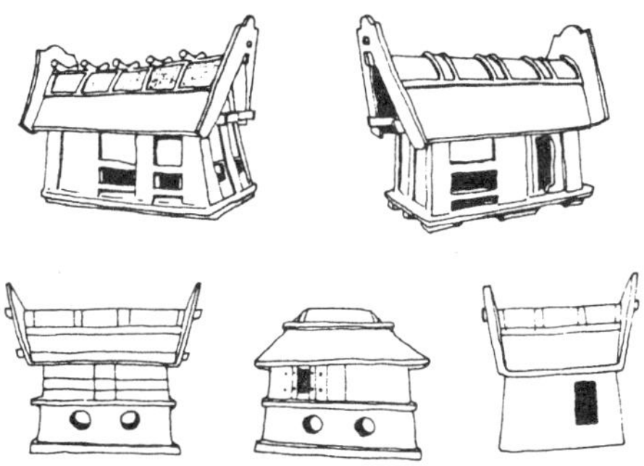

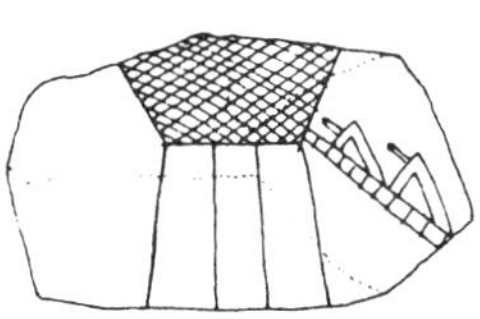

101. 家屋文鏡

102. 다타라(高殿)의 그림 (鍬山秘書)

103. 銅鐸의 文様

104. 그림 103의 확대도

105. 家形 하니와(埴輪, 赤堀茶臼山古墳出土)

106. 鐶頭家形 장식 (東大寺山古墳出土)

107. 土器에 묘사된 高床家屋 (唐古遺跡出土)

에서 출토된 동탁(銅鐸)에 활로 사냥을 하고 절구로 곡물을 찧는 그림 등이 그려져 있고, 그 중에 고상주거(高床住居)라고 판단되는 그림이 있어 지붕 등의 외관을 알 수 있는 자료가 된다. 지붕의 용마루가 두 개의 무나모찌바시라(棟持柱, 그림 70, 73 참조)에 의해 지지되어 있고 입구로 올라가는 계단도 그려져 있다. 이와 비슷한 증거는 나라 현(奈良縣)에 있는 가라코 유적(唐古遺跡)에서 출토된 토기(土器) 파편에서도 발견할 수 있다. 여기에 새겨진 고상주거(高床住居)의 그림에는 두 명의 사람이 계단을 오르고 있는 모습을 볼 수 있다.

나라(奈良)에 있는 사미다 고분에서 발견된 가옥문경(家屋文鏡)은 그 뒷면에 4개의 초기 가옥구조를 보여주고 있다. 위에서부터 시계방향으로 팔작지붕의 평지주거(平地住居), 수혈주거(竪穴住居), 그리고 두 동(棟)의 고상가옥(高床家屋)을 나타내고 있는데 그 앞 것은 맞배지붕이며 뒷 것은 팔작지붕을 하고 있다. 이러한 지붕양식상의 차이는 아마도 그 소유자들의 다른 사회적 지위를 반영하고 있는 것이 아닌가 생각된다. 예를 들어 고상가옥(高床家屋)은 창고로써 뿐만 아니라 신사(神社) 또는 마을 수령의 주거로도 사용되었는데, 그것은 식량의 관리, 신성한 규약, 그리고 일시적인 권력 사이의 관계들에 밀접히 연관되었기 때문이다. 이세 신궁(伊勢神宮)이 이들의 전형적인 혼합체였다.

군마 현(群馬縣)에 있는 차우수야마 고분(茶臼山古墳)에서 출토된 가형(家形) 하니와(埴輪)[3]는 치기(千木, 4개)를 얹어 놓은 주거(住居) 등 8개로 이루어져 있고, 가옥문경(家屋文鏡)에서 본 주거 디자인과 일치하고 있다. 나라 현(奈良縣)에 있는 도오다이지야마 고분(東大寺山古墳)에서 출토된 칼자루 끝에는 환두(鐶頭) 장식이 있는데, 이 속에 집의 형태가 포함되어 있는 것을 볼 수 있다. 이들 모두 고훈 시대(古墳時代) 주거의 외관을 알 수 있는 중요한 자료이다.

다타라(高殿)의 그림

에도 시대(江戸時代)의 제철 기술서인 『데쯔잔 히쇼(鐵山祕書)』에는 제철(製鐵)을 위한 가설 건축물인 다타라(高殿)의 그림이 그려져 있다. 4개의 굴립주(掘立柱)를 비롯하여 그 모습이 도로(登呂)의 주거평면과 잘 합치되고 있는 점으로 미루어 도로(登呂)의 주거는 이 그림을 참고로 하여 복원되었다고 할 수 있다. 또한 아이누(Ainu)족의 주거도 3개의 다리를 합한 2조(組)의 뼈대 위에 용마루를 얹어 놓은 점 등 수혈주거(竪穴住居)의 구조를 알기 위한 좋은 참고가 되리라 본다.

3. 하니와(埴輪) : 고분(古墳)의 내부에 묻거나 외부 주위에 줄지어 세워놓은 토기, 사람, 동물, 가옥, 그릇 모양의 유물을 말함

古代의 都城

나니와 경(難波京)－최초의 계획도시

일본의 궁전들은 전통적으로 각 정권의 몰락에 맞춰 새로운 정권의 순수성을 보이기 위해 재건되었다. 이에 따라 새로운 궁전 주위로 성장된 도시들도 급속하게 발전되었다. 일본에 있어 최초의 계획도시는 나니와 경(難波京)으로서, 다이카 원년(大化元年, 645) 다이카노 가이신(大化改新)[4]에 의해 인심을 새롭게 할 목적으로 옮겨진 것이다. 나니와 경(難波京)은 그때까지 도읍지였던 다이카(大化)의 땅을 떠나 현재의 오오사카(大阪)인 나니와 만(難波湾)에 접한 교통이 좋은 곳에 신도시를 건설했다. 다이카노 가이신(大化改新)은 당시 정부가 세계에서 가장 앞섰던 중국 당나라(唐祖)의 정부 형태를 본따 국가를 현대화하기 위한 법률, 경제, 그리고 사회적 변화를 일으킨 데서 비롯된 것이다. 국가를 발전시키기 위한 노력의 일환으로 수도가 나라(奈良) 밖으로 옮겨져 상업무역에 적합한 바닷가 부근에 세워진 것이다. 그러나 덴찌(天智) 6년(667) 수도는 오오쯔(大津)로 옮겨졌고, 다시 지토오(持統) 4년(690)에 나라(奈良) 지역으로 되돌아왔다. 이것이 후지와라 경(藤原京)이다.

후지와라 경(藤原京)과 헤이죠오 경(平城京)

7세기 후반 아시아 대륙과의 관계로 보아 정착된 중앙정부가 필수적이었다. 따라서 694년 커다란 도성이 현재의 나라 시(奈良市) 남쪽 우네비(畝傍), 가구(香久), 미미나시(耳成) 등 전설적인 산으로 둘러싸인 평야에 세워졌다. 이 도성을 후지와라 경(藤原京)이라 부르며, 이로써 율령국가(律令國家) 건설사업의 총 마무리가 이루어져 밝고 새로운 기운이 넘치는 하쿠호오 문화(白鳳文化)의 꽃이 개화(開花)하기 시작하였다. 야쿠시지(薬師寺)와 같은 건축적으로 중요한 사원이 이 당시에 건립되었으며, 가키노모토 히토마로와 같은 위대한 시인이 탄생된 시기이기도 했다. 수도의 도시는 직각 격자형태로 이루어져 있는데 남북으로 약 3.8km, 동서로 약 2.1km의 규모이다. 북쪽으로부터의 입구는 세 개의 도로로 되어 있으며 각각 상도(上道), 중도(中道), 하도(下道)라 불리고 있다.

후지와라 경(藤原京)은 16년 동안만 존재했으며 지리적인 여건으로 인해 와도오(和銅) 3년(710) 현재의 나라 시(奈良市)에서 북쪽으로 약 20km 정도 떨어진 헤이죠오 경(平城京)으로 옮겨졌다. 후지와라 경(藤原京)은 동쪽 끝으

4. 다이카노 가이신(大化改新) : 645년 나카노오에(中大兄) 황자와 나카토미노 카마타리(中臣鎌足) 등 혁신적인 조정호족(朝廷豪族)이 소가 대신(蘇我大臣) 가문을 멸망시키고 시작한 고대 정치사의 대개혁. 천황(天皇)을 중심으로 한 중앙집권적 국가성립의 출발점이 되었다.

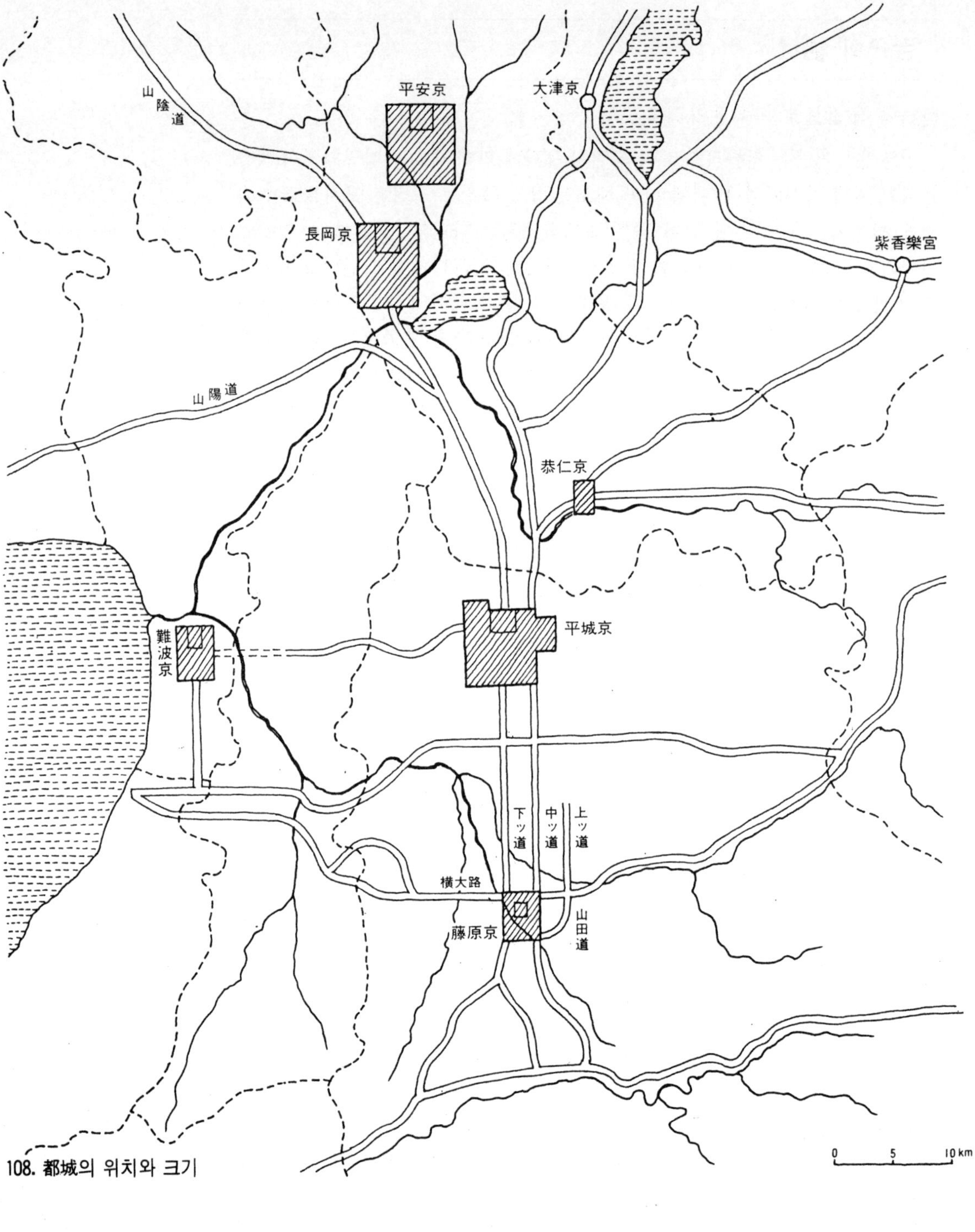

108. 都城의 위치와 크기

로 중도(中道), 서쪽 끝으로 하도(下道) 사이에 끼어 있었으나, 이와 반대로 헤이죠오 경(平城京)은 하도(下道)를 중심축으로 하여 동서 양쪽의 길이가 후지와라 경(藤原京)의 2배로 되어 있었다.

헤이안 경(平安京)

헤이죠오 경(平城京)은 710~784년 사이 약 75년 동안 수도로써 사용되었다. 쇼오무 천황(聖武天皇)은 덴뵤오(天平) 12년(740)에 구니 경(恭仁京)으로 천도(遷都)를 명령했으며, 덴뵤오(天平) 16년(744)에는 나니와(難波)로 한번 더 옮겼으나, 연속된 지진으로 인하여 1년 만에(745) 헤이죠오(平城)로 되돌아왔다. 이 시기에 그는 시가라키노미야(紫香樂宮)나 헤이죠오 경(平城京)에도 왕래하고 있었다.

간무 천황(桓武天皇)은 엔랴쿠(延暦) 3년(784)에 헤이죠오(平城)로부터 마지막 천도(遷都)를 하였다. 그는 나가오카 현(長岡縣)에 새로운 수도를 건설하였는데, 나라(奈良) 불교사원들의 증대된 영향력에서 벗어나기 위하여 북쪽으로 약 35km 정도에 위치하게 했다. 수도의 건설은 10년에 이르렀으나 불교의 영향으로 오염되지 않을까 하는 두려움으로 완성시키지 않은 채 엔랴쿠(延暦) 13년(794) 다시 훨씬 북쪽에 위치한 헤이안 경(平安京)으로 수도를 옮겼다. 이후로 이곳이 1000여 년에 걸쳐 메이지 천황(明治天皇, 1852~1912)이 수도를 에도(江戸, 1868년 이후 교오토(京都))로 옮길 때까지 일본의 도읍지가 되었다.

나니와(難波), 후지와라(藤原), 헤이죠오(平城), 나가오카(長岡), 헤이안(平安)의 각 도성을 지도상에 그려보면 전부가 대규모의 계획도시였음을 잘 알 수 있다.

平城京과 平安京의 都市計劃

헤이죠오 경(平城京)

헤이죠오 경(平城京)은 당(唐)나라와 실크로드(Silk Road)를 중심으로 했던 아시아의 국제적인 상업과 무역이 한창일 무렵 세워졌다. 중국은 일본에 뤼(Lü, 일본에서는 리쯔라 함) 종파의 대승(大僧)이었던 지안젠(일본에서는 간진이라 함, 689~763)을 파견하여 헤이죠오(平城)에 불교의 가르침을 전파했으며, 심지어는 인도의 승려까지 도오다이지(東大寺) 대불(大佛)의 완성을 기념하는 식(式)에 참가하기도 했다. 따라서 헤이죠오 경(平城京)이 중국 당(唐) 시대의 수도인 장안(長安)의 작은 축소판으로 계획되었다는 것은 놀랄만한 일이 아니었다.

헤이죠오 경(平城京)은 동서로 긴 9개의 조(條, 조오)로 나뉘고, 조(條)는 다시 남북으로 난 대로(大路)에 의해 각각 8개씩의 방(坊, 보오)으로 나뉘어진

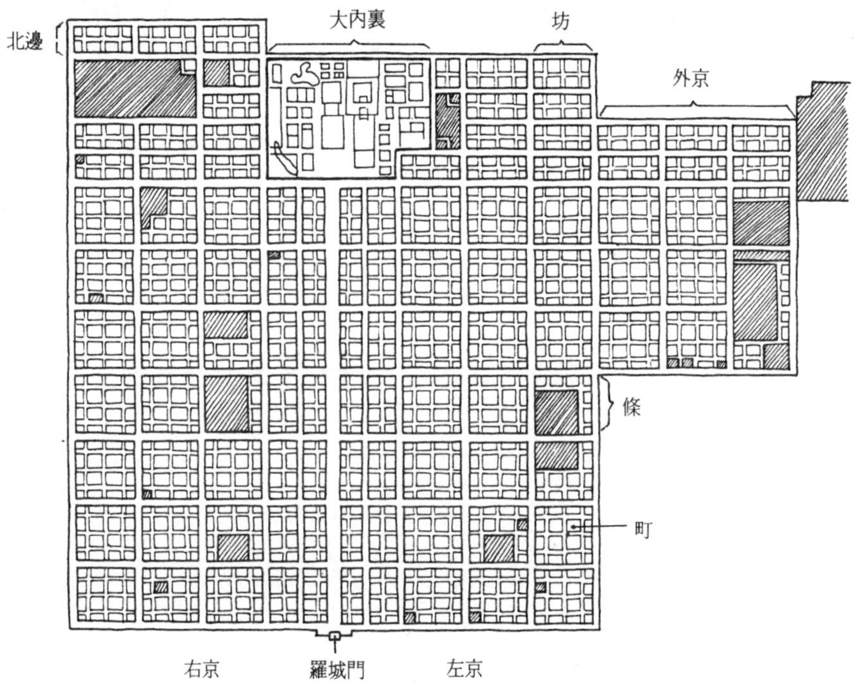

109. 平城京(奈良時代)

다. 각 조(條)의 대로(大路)는 모두 중앙의 주작대로(朱雀大路)로 모이게 되어 있는데 여기부터 먼쪽으로 방(坊)의 번호가 부여된다. 하나의 방(坊)은 다시 동서·남북 각각 3개의 도로로서 16개의 구획으로 나뉘어지는데, 그 1구획(1坊의 1/16)을 평(坪, 쯔보) 또는 정(町, 쵸오)이라 부른다. 1정(町)은 사방 약 40장(丈, 약 120m)이며, 길의 중심에서 중심까지의 거리는 45장(丈)으로 넓은 도로에 면한 곳은 그 만큼 대지가 깎여 좁아졌다. 따라서 전체적으로는 동서로 32정(町, 약 4.2km), 남북으로 36정(町, 약 4.7km)의 장방형을 기본으로 하고 있다. 또한 중앙의 주작대로(朱雀大路)를 중심으로 서쪽에 있는 것을 우경(右

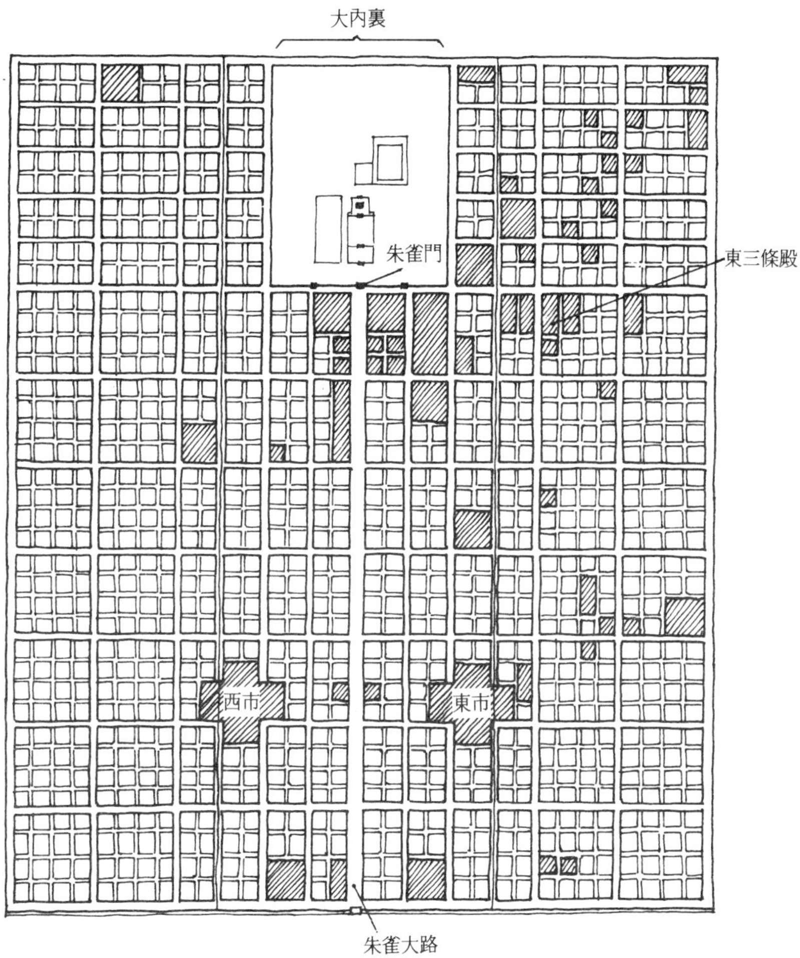

110. 平安京(平安時代)

京, 우쿄오), 동쪽에 있는 것을 좌경(左京, 사쿄오)이라고 한다(좌우의 개념은 황궁을 중심으로 했음). 우경(右京)의 북단(北端)에는 북변(北邊, 기타노베)이 있으며, 좌경(左京)의 동쪽으로 외경(外京, 게쿄오)이 있다.

나라 시대(奈良時代) 중기(中期)의 실력자 후지와라 나카마로(藤原仲麻呂, 706?~764)의 주택이었던 다무라노테이(田村第)는 4정(町)의 넓이였다고 기록되어 있어, 1방(坊)의 4분의 1을 차지하고 있었던 것이 된다. 이를 통해 본다면 당시 힘이 있었던 자나 지위가 높았던 자가 대지를 넓게 썼으며, 더구나 헤이죠오 궁(平城宮)에 가까운 편리한 대지를 부여받고 있었다는 사실을 알 수 있다. 중요한 사원(寺院) 역시 몇 개의 방(坊)을 차지하고 있었다.

헤이안 경(平安京)

헤이안 경(平安京)도 도시 전체의 계획은 헤이죠오 경(平城京)과 매우 비슷한데, 1정(町)의 크기가 도로폭과는 관계없이 전부 사방 40장(丈, 120m)으로 되어 있는 점이 다르다. 즉, 헤이죠오 경(平城京)은 도로의 중심에서 중심까지의 거리가 항상 45장(丈)으로 일정했지만 헤이안 경(平安京)은 일정하지 않았고, 반대로 1정(町)의 크기에 있어 헤이죠오 경(平城京)은 일정하지 않았으나 헤이안 경(平安京)은 일정했다는 것이 다른 점이다.

헤이죠오 경(平城京)과 마찬가지로 헤이안 경(平安京)에도 중앙이 주작대로(朱雀大路)로 나뉘어졌는데, 주작대로의 북단(北端)에 주작문(朱雀門)이 있고 그 안에 다이리(內裏)[5]와 관청 등이 위치해 있다. 그러나 현재의 교오토(京都) 천황궁전은 중국의 남북조 시대(南北朝時代) 이후의 것으로 헤이안 경(平安京) 본래의 다이리(內裏)의 위치는 아니다.

5. **다이리(內裏)** : 다이다이리(大內裏, 宮城 전체를 일컬음) 안에 있는 어전(御殿)으로 천황과 황후가 거주하고 정무(政務)를 집행하며 제례를 행하는 곳. 다이다이리(大內裏) 안의 여타 건물이 중국의 불교건축적(佛教建築的)인데 반하여 이 건물은 신도적(神道的)이었다.

寧樂의 都邑地

헤이죠오 천도(平城遷都)

나라 시대(奈良時代, 710~784)의 일본은 역사상 그 선례가 없는 사회, 문화적 융성기를 구가했다. 당시의 법률과 정부조직체계 등이 현대에 이르기까지 영향을 미치고 있으며, 이때의 예술과 건축은 일본의 고전적 규범이라는 명칭을 얻게 되었다. 여기에서는 헤이죠오 경(平城京)에 관하여 그 탄생과 구성체계를 살펴보기로 한다.

후지와라 경(藤原京)으로부터 북쪽으로 천도(遷都)하기 위한 준비는 공식적으로 와도오 원년(和銅元年)인 708년 2월 15일에 시작되었으며, 이때 겐메이 천황(元明天皇)은 후지와라 경(藤原京)에서 헤이죠오(平城)로 도읍지를 옮기는 조치를 발표했다. 같은 해 9월 20일 천황은 헤이죠오(平城) 땅으로 순행(巡幸)하였으며, 30일에는 조오헤이죠오 쿄오시(造平城京司) 장관 2명이 임명

111. 平城京(서쪽에서 바라본 그림)

되었다. 이후 2년 뒤인 와도오(和銅) 3년(710) 3월 10일에 드디어 천도가 이루어졌다.

"새들이 날아다니는(飛鳥) 고향, 아스카(明日香)를 두고 떠나니, 당신께서 잠든 곳, 볼 수조차 없겠구나……"(『万葉集』)라고 한 노래는 천도 당시 죽은 남편 구사카베 황자(草壁皇子)의 묘가 있는 마유미노오카(眞弓丘)를 바라보며 천황이 부른 것이라 한다. 새로운 도읍지로 옮기는 기쁨도 있었겠지만 동시에 오랫동안 친숙해진 후지와라 경(藤原京)을 떠나는 슬픔을 이 당시 사람이면 누구라도 느끼고 있었을 것임에 틀림없다.

신도시 조영(造營)을 위한 공사는 천도(遷都) 후에도 계속되었다. 와도오(和銅) 4년(711) 9월에는 공사에 동원된 사람들이 도망치는 것을 금지한 칙령이 선포되었다. 천도(遷都)는 제국(諸國)에서 모집된 농민 등의 노동력에 의해 유지되고 있었던 것이다.

도읍지의 선택

일본의 국가적 역사서로는 두번째 것인『쇼쿠 니혼기(續日本紀)』에는 중국의 지리역학을 기초로 하여 새로운 수도의 대지가 선택되었다고 다음과 같이 기록하고 있다.

"사금도(四禽圖)와 일치하고, 삼산진(三山鎭)을 이루며, 귀서(龜筮)[6]의 배열상태를 따르고 있으니, 훌륭한 도읍을 건설하기에 적합하도다."

사금(四禽) 즉, 네 마리의 짐승이라고 하는 것은 청룡(靑龍), 백호(白虎), 주작(朱雀), 현무(玄武)로서 각각 동쪽에는 강, 서쪽에는 긴 도로, 남쪽에는 저습(低濕)한 땅, 북쪽으로는 언덕이 있는 대지를 사신상응(四神相應)의 땅으로 삼는다는 중국의 풍수지리사상(風水地理思想)에 부합되어, 헤이조오(平城)가 수도(首都)를 건설하기에 적합하다는 것이다.

실제 남쪽으로 경사진 완만하고 넓은 평지는 도시조영(都市造營)에 아주 적합했다. 더구나 나니와(難波) 분지의 중앙 북단(北端)에 위치한 이곳은 교통의 요충지이기도 하였기 때문에 통치의 상업적, 전략적 중심지로도 적합했다.

헤이조오 경(平城京)과 헤이조오 궁(平城宮)

헤이조오 경(平城京)에는 남쪽 끝으로 현재의 나니와(難波)에 있는 고오리야마 시(郡山市)에 나성문(羅城門)을 두었고, 그곳에서 북쪽으로 약 4km 정도 직선으로 폭 85m의 넓은 도로가 뻗어 있다. 이것이 앞에서 소개된 주작대로(朱雀大路)이다. 이 주작대로(朱雀大路) 북단(北端)에는 주작문(朱雀門)이

6. 귀서(龜筮) : 귀갑(龜甲)을 불에 그을리어 그 갈라진 금을 보아 치는 일종의 점(占). 서복(筮卜)이라고도 함

있다.

이 주작문 내부가 헤이죠오 궁(平城宮) 즉, 다이다이리(大內裏)이다. 남북으로 1km, 동서로 1.25km의 궁역(宮域) 중심에는 정치와 의식(儀式)의 장소인 조당원(朝堂院)이 있으며, 그 북쪽으로는 정무공간(政務空間)인 대극전원(大極殿院)이 있다. 조당원(朝堂院)은 남쪽에 대의식(大儀式) 때 백관(百官)의 대기공간인 조집전(朝集殿)이 동·서로 배치되고, 중심축을 따라 기능별로 대칭을 이룬 12개의 당(堂)으로 구성된다. 헤이죠오 천도(平城遷都) 때에 만들어진 이 조당원(朝堂院)과 대극전원(大極殿院)은 후에 쇼오무 천황(聖武天皇)이 구니 경(恭仁京)으로 도읍지를 옮겼을 때(740년)에 해체된 듯하고, 쇼오무 천황이 745년 재차 헤이죠오(平城)로 수도를 옮기고 그 동쪽에 새롭게 조당원(朝堂院), 대극전(大極殿)을 조영했다. 처음 것을 제1, 그 후의 것을 제2의 조당원(朝堂院), 대극전(大極殿)이라 부르고 있다. 궁역(宮域)의 북쪽에는 다이리(內裏, 역주 5 참조)가 있는데, 자신전(紫宸殿)[7]과 황제의 주거공간, 그 주위로 여러 동의 부속 건물을 포함하고 있다.

앞서 언급한 대로 헤이죠오 경(平城京)은 동서로 약 4.2km, 남북으로 약 4.7km (이외에도 주작대로를 중심으로 하여 서쪽으로 우경(右京)의 북단에 북변(北邊)이 있고, 주작대로 동쪽 좌경(左京)의 동단에 외경(外京)이 있다)의 넓이를 갖고 있으며, 바둑판 형태로 도로를 배치한 정연한 도시설계가 이루어졌다. 가장 융성했었던 당시에는 수도에 약 20만 명의 사람들이 살았다고 한다.

그림 111은 궁역(宮域)부근을 서쪽에서 본 것으로써 북서쪽으로 서지궁(西池宮)이라는 정원이 있으며, 궁역의 북동쪽으로는 이와노히메-료오, 우와나베, 고나베 등의 고분(古墳)이 있다.

지하에 잠든 도읍지

엔랴쿠(延曆) 3년(784)에는 도읍지를 나가오카(長岡)로 옮겼다. 영화를 자랑했던 '나라(寧樂)의 도읍지'도 그 40년 정도 후에는 이미 논밭으로 바뀌어 버렸다.

현재 이 도성유적에서 발굴조사가 진행되고 있고, 지하에서 잠자는 도시의 모습이 점차 명확해지고 있다. 현재의 소도시 나라(奈良)는 헤이죠오 경(平城京)의 좌경(左京) 및 그 동쪽부분에 해당된다.

7. 자신전(紫宸殿) : 원래는 중국의 궁전(禁)에 있던 전사(殿舍)였으나 일본에서는 다이리(內裏)의 정전(正殿)을 일컬음. 자(紫)는 천제(天帝)의 성좌인 자미원(紫微垣)을, 신(宸)은 천제의 거처를 의미한다.

奈良時代의 住宅

호오류우지 동원 전법당(法隆寺 東院 傳法堂)

"검푸름이 가득한 땅, 나라(奈良)의 도읍지, 이제 융성하리라. 활짝 핀 꽃잎의 향기처럼……"(『万葉集』)이라고 노래한 시구와 같이 융성했었을 당시의 헤이죠오 경(平城京)은 영화(榮華)와 아름다움의 장소였다. 그러나 오늘날 나라(奈良) 당시의 단 하나 주거가 남아 있을 뿐으로, 호오류우지(法隆寺) 동원(東院)의 전법당(傳法堂)이 그것이다. 이것은 덴뵤오(天平) 11년(739)에 고오묘오

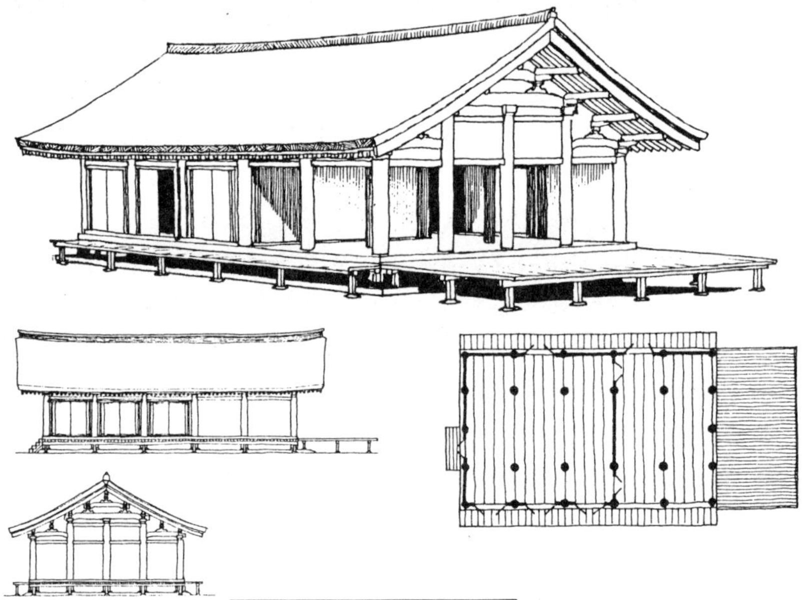

112.
法住寺 傳法堂 前身建物(淺野清 復原)

113.
法住寺 傳法堂 現在 外觀

114. 奈良 邸宅의 庭園
(平城京 左京三條二坊六坪의 遺構)

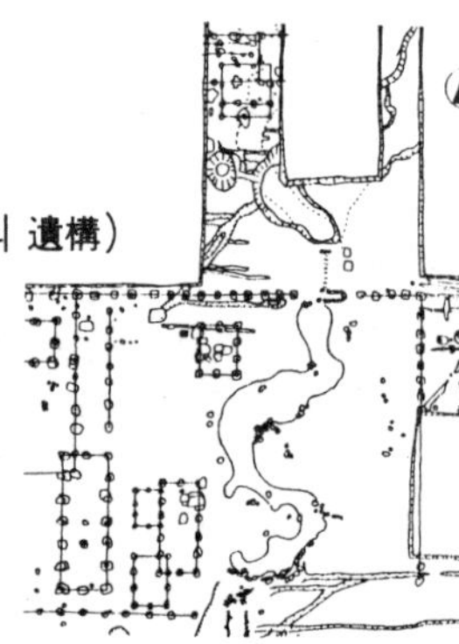

황후(光明皇后, 701~760)의 모친인 다찌바나 노미찌요(橘三千代, ?~733)의 저택을 옮긴 것으로 고오묘오 황후는 쇼오무 천황(聖武天皇)의 부인(夫人)이었다.

현재는 정면 7간(間), 측면 4간(間)으로써 기와지붕(瓦葺)을 하고 있어 이전에 주거건물이었다고는 보이지 않는다. 그러나 전법당은 마루바닥으로 되어 있어, 당시 불전(佛殿)이 마루(床)를 깔지 않은 흙바닥(土間)이었음에 비추어 전신(前身)이 주택이었음을 암시하고 있다. 더구나 해체수리 때의 조사를 토대로 하여 전신(前身) 건물이 복원되었기 때문에 과거에 주택이었다는 사실이 명백해졌다. 물론 호오류우지(法隆寺)로 옮겨 온 이후에 그 이름이 전법당(傳

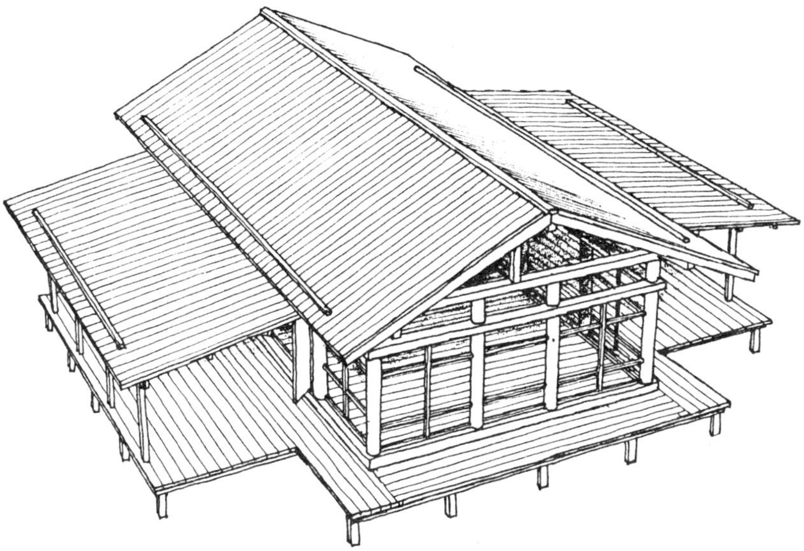

115.
藤原豊成殿
(關野克 復原)

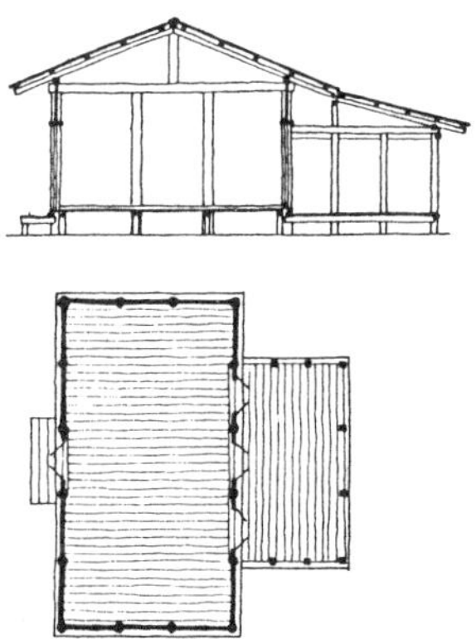

116.
藤原豊成殿
(沢村仁 復原)

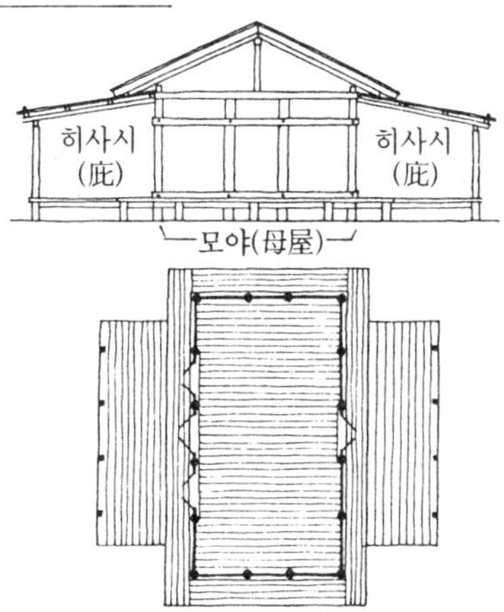

117.
藤原豊成殿
(關野克 復原)

法堂)으로 바뀌었다.

복원된 모습을 보면 지붕은 박공 형태의 노송나무 껍질 지붕(檜皮葺)이었고, 평면은 정면 5간(間), 측면 4간(間)이며, 박공쪽(妻側)에 스노코(簀子, 역주 2 참조)를 깐 넓은 툇마루가 나와 있다. 정면 5간(間) 중 3간(間)은 벽이나 문으로 둘러싸인 폐쇄적인 부분이며, 나머지 2간(間)은 한쪽에만 벽과 문이 있는 개방적인 부분으로 되어 있다. 따라서 이 2간(間)은 폐쇄적인 내부와 완전 개방적인 툇마루 사이를 연결하는 전이공간(轉移空間)의 역할을 한다.

연못정원(池庭)의 유구(遺構)

나라 시(奈良市)의 아마가쯔지(尼辻)에서 발굴된 유적(遺跡)으로는 연못(池)과 연못을 둘러싼 건물, 담장(堀), 그리고 우물(井戶) 등이 있다. 이것은 나라 시대(奈良時代) 귀족들의 저택과 정원에 관하여 많은 점을 알려주고 있다. 이 유적의 주택은 헤이죠오 경(平城京)의 좌경(左京) 3조(條) 2방(坊) 6평(坪)에 해당하는 지역으로서, 근처에는 후지와라 나카마로(藤原仲麻呂)의 저택도 있었다. 연못정원에 옥석(玉石)을 깔기도 하고 연못가에 돌을 세워 우아한 분위기를 자아내기도 했는데, 이 연못에서 귀족들이 술잔을 기울이며 시를 짓는(曲水の宴)등 여러 행사를 했으리라고 추측된다.

후지와라 도요나리(藤原豊成)의 저택(邸宅)

덴헤이호오지(天平寶字) 6년(762), 후지와라 도요나리(藤原豊成, 704?~765)의 저택(邸宅)이 오우미(近江)의 시가라키 궁(紫香樂宮) 근처에서 이시야마데라(石山寺)로 옮겨졌다. 비록 현존하지 않지만 나라 시대(奈良時代) 주거의 또하나 예인 후지와라 도요나리(藤原豊城)의 저택은 이전(移轉) 당시에 쓰여진 『쇼오소오인 몬조(正倉院文書)』의 기록을 통해서 부분적으로 복원될 수 있었다. 이 저택의 구조를 보면 정면 5간(間), 측면 3간(間)의 평면을 지니고 있으며, 실내는 간막이가 없이 마루바닥(板敷)을 깔았다. 또한 이 문서에는 하나의 개방된 툇마루만이 언급되어 있고, 사와무라 히토시(澤村仁)의 복원안은 이를 토대로 한 것이다. 그러나 세키노 마사루(關野克)는『쇼오소오인 몬조(正倉院文書)』의 내용을 오기(誤記)라 보았으며, 사방에 툇마루를 두고 전후(前後) 것은 더욱 넓고 서로 대칭이 되게 한 복원안(復原案)을 제시했다.

후지와라 도요나리(藤原豊成)는 후지와라 무찌마로(藤原武智麻呂)의 장자(長子)로서 게이운 원년(慶雲元年, 704)에 태어나 덴헤이칸호오 원년(天平感寶元年)인 749년 우대신(右大臣)에 오르는 등 자신의 동생 나카마로(仲麻呂)와 함께 조정(朝政)의 중심인물이 되었다. 그러나 동생 나카마로(仲麻呂, 또는 에미오시카쯔(惠美押勝))가 세력을 잡은 것에 반발하여 덴헤이쇼오호오(天平勝寶) 9년(757)에 나카마로(仲麻呂)를 타도할 계획이었으나 실패로 끝나게 되자 대재원외수(大宰員外帥)로 좌천되었다. 이 사건으로 인해 동생 나카마로(仲麻呂)는 고오켄 천황(孝謙天皇, 718~770)의 신임을 얻게 된 반면 도요나리(豊成)는 규우슈우(九州)에 있는 지방정부로 추방되었다. 도요나리(豊成)의 저택은 오우미 지방(近江地方, 현재의 사가 현(滋賀縣) 부근)에 있는 시가라키 궁(紫香樂宮) 근처에 세워졌다. 도요나리(豊成)는 이곳에서 741~745년까지 근무한 후 저택을 이시야마데라(石山寺)로 옮겼는데, 좌천되면서 와병중이라 하여 나니와(難波)에 은둔했을 때의 일이었다. 그 후 동생이 764년에 정치적 문제로 살해당하자 도요나리(豊成)는 다시 복권되었고 우대신(右大臣)의 직위에 재임명되었다.

신덴 조(寢殿造)의 선구(先驅)

비록 전법당(傳法堂)의 전신(前身) 건물과 후지와라 도요나리(藤原豊成)의 저택이 그 안에서 어떠한 기능과 역할을 했는지 불명확하지만, 이들은 당시 주택의 모습을 거의 알지 못하는 상황에서 여전히 역사적인 가치가 있는 중요한 자료들인 것이다. 이들 주택이 갖는 중요한 의미는 폐쇄적인 부분과 개방적인 부분으로 이루어진 평면구성, 마루바닥 깔기(板敷), 내부의 벽이 없는 중앙공간, 툇마루로 이루어진 히사시(庇) 등의 사용으로 볼 때 헤이안 시대(平安時代) 신덴 조(寢殿造)의 발달에 전조가 된다는 점이다. 또한 당시 도읍지의 좌경(左京) 삼조(三條) 이방(二坊) 육평(六坪)에 위치해 있던 연못정원(池庭)도 신덴 조(寢殿造) 연못정원(池庭)의 선구자적 존재로 볼 수 있다.

118. 室町時代 末期의 平安京(洛中洛外圖屛風)

헤이안(平安)－일본의 중심

엔랴쿠(延曆) 13년(794) 나가오카(長岡)에서 야마시로노쿠니(山背國)의 헤이안 경(平安京)으로 도읍지가 이전된 이후부터 메이지 원년(明治元年, 1868)에 에도(江戶, 현재의 東京)로 이전되기까지 천여 년 간의 오랜 기간을 헤이안 경(平安京)은 일본의 수도로 남아 있었다. 헤이안 경(平安京)은 일본 역사의 거의 대부분에 있어서 정부(政府)의 중심지였을 뿐 아니라, 학문과 예술, 그리고 일본이 현재 숭상하고 있는 모든 문화적 유산의 중심지였다.

헤이안 경(平安京)은 그 규모가 동서 약 4.5km, 남북 약 5.2km로서 헤이죠오경(平城京)과 마찬가지로 가운데의 큰 주작대로(朱雀大路)가 도읍지를 동서로 크게 양분하고 있으며, 남쪽 끝에는 그 관문인 나성문(羅城門)을 설치하였다. 나중에 좌경(左京)을 낙양성(洛陽城), 우경(右京)을 장안성(長安城)이라고 불렀으나 이들은 모두 당(唐)시대 수도의 이름에서 유래한 것들이다. 우경(右京)은 토지가 상당히 저습(低濕)하여 일찍 쇠퇴해 버렸기 때문에 인구도 우경(右京)에서 좌경(左京)으로 집중하게 되었다. 따라서 당시의 수도라 하면 좌경(左京)을 가리키는 것이었으며, 도읍지를 낙중(洛中)이라고 부르게 된 것은 여기에 기인하고 있다.

"대로(大路)를 따라 오르노라면, 푸른 버들(青柳)이 꽃인양, 푸른 버들이 꽃인양, 휘늘어진 것을 보니 지금이 한창인데, 지금이 한창인데."라고『사이바라(催馬樂)』에서 노래하고 있는 버드나무를 보면서 주작대로(朱雀大路)를 따라 북쪽으로 올라가 보면 다이다이리(大內裏)라는 궁전 영역이 있다. 이 궁전 영역은 동서로 8정(町, 약 1.1km), 남북으로 10정(町, 약 1.4km)의 땅을 차지하고 있었는데, 천황(天皇)의 주거(住居)이자 의식(儀式)의 장(場)인 다이리(內裏)가 그 가운데 있다.

현재 만찬의식에만 사용되고 있는 교오토(京都)의 천황궁전은 그 다이리(內裏)의 위치에서 동쪽으로 약 2km 정도 떨어진 곳에 자리잡고 있어 과거와는 다른 모습을 하고 있다. 다이리(內裏)는 종종 화재로 인해 소실되었는데, 재건하는 동안 섭정(攝政)[8], 관백(關白)[9] 등 주로 외척(外戚, 천황의 어머니쪽으로의 친척)의 집을 임시 다이리(內裏)로 삼았다. 이것을 사토다이리(里內裏)라고 한다. 12세기 초기까지 천황들은 이와 같은 사토다이리(里內裏)에서 장기간 거주하였으며 국가적 행사 때에만 자신의 궁전으로 되돌아오곤 했다. 한 예로 겐코오 원년(元弘元年, 1331), 고오겐 천황 (光嚴天皇)의 사토다이리(里內裏)였던 토어문동 동원전(土御門東洞院殿)이 천황의 거주지가 되어 그 이후 계속

8. 섭정(攝政) : 여기서는 섭정을 행하는 사람을 일컬음
9. 관백(關白) : 헤이안 시대(平安時代) 이후 천황(天皇)을 보좌하여 정무를 맡던 최고 위의 대신(大臣)

이곳이 황실(皇室)로써 사용되었다.

헤이안 신궁(平安神宮, 京都市)의 복원(復原)은『넨츄우교오지 에마키(年中行事繪卷)』라는 간접적인 자료들로부터 모아진 정보에 따라 수행되었는데, 이 책은 원래 고시라카와 천황(後白河天皇)의 명에 의해 1173년 경 도키와 미쯔나가가 만든 60개의 두루마리가 원본이었으며, 현재의 것은 1626년 천황 고미즈노오(後水尾, 1596~1680)가 복사를 명하여 남아 있는 복사본이다. 헤이안 신궁(平安神宮)의 복원에 관한 또 다른 자료로는 에도 시대(江戸時代) 궁전 연구가였던 우라마쯔 미쯔요(裏松光世固禪, 1736~1804)의『다이다이리 즈코오쇼오(大內裏圖考證)』가 있는데, 이는 50개 부분으로 되어 있으며 1797년에 완성된 것이다.

이들 자료를 토대로 헤이안 경(平安京)의 다이다이리(大內裏) 일부를 약 2/3로 축소하여 복원했던 것이며 이것으로 헤이안 시대(平安時代) 조당원(朝堂院)의 분위기를 상상할 수가 있다.

도시(都市)의 문화(文化)

헤이안 경(平安京)의 인구에 대해서는 여러 가지 이론이 있으나, 후지와라 가문(藤原家)의 전성기였던 10세기 경에 약 15만 정도의 사람들이 이곳에서 도시생활을 하고 있었던 것 같다. 가로에는 상점들과 주택들이 늘어서 있고, 많은 사람들과 번화함 속에서 점차 도시의 문화가 형성되었다.

미야코(都, 도읍)와 히나(鄙, 시골)를 대비시켜 도시문화를 강하게 의식한 '미야비(雅, 우아함)'라는 개념이 형성되어 갔다. 따라서 도시 중심부로부터 추방된다는 것은 상류계급의 귀족에게 있어서는 가장 불운한 운명이었다. 재산소유자들 역시 도시에 머무르려는 경향이 강하였는데 이러한 모든 경향들은 귀족들의 세련된 생활과 사상으로 유지되고 있었다.

상업(商業)의 발달

후지와라 경(藤原京)이나 헤이죠오 경(平城京)에서 볼 수 있었던 것과 마찬가지로, 헤이안 경(平安京)에도 역시 좌경(左京)과 우경(右京)에 각각 1개씩의 관영(官營) 시장(각각 東市, 西市)이 설치되어 일상용품을 판매하고 있었다. 우경(右京)이 쇠퇴하면서 함께 서시(西市)도 쇠퇴하였으며, 동시(東市) 역시 본래의 기능을 잃고 의식(儀式)을 행하는 장소로 변해 갔다. 이로 인해 상업의 중심은 마찌(町)로 옮겨지게 되었고, 거래가 확대됨에 따라 소위 무역을 위한 상호교류의 중심지가 되었다. 이들 상업지역 중 가장 번화했던 장소인 마찌(町)라는 것은 동서방향의 도로와 남북방향의 마찌도오리(町通)와의 교차점으로써 특히, 이조(二條), 삼조(三條), 육각(六角), 금소로(錦小路), 사조(四條), 칠조(七條) 부근의 각 마찌(町)가 가장 번화했다.

도시 거주자

중세 헤이안 경(平安京) 거주자들의 생활상태는 무로마찌 시대(室町時代) 말기에 그려진『라쿠츄우 라쿠가이즈(洛中洛外圖)』의 그림을 통하여 살펴 볼 수 있다. 이 그림은 아마도 오다 노부나가(織田信長) 장군에 의하여 우에수기 겐신(上杉謙信, 1530~1578) 장군에게 바쳐진 것으로 보인다. 그림 118에는 도시의 시민들이 축제 때 홍겨워하는 모습이 잘 묘사되어 있다. 기원제(祇園祭)라는 행사 때 야마보코(山鉾)[10]를 끌고 가는 젊은이들과 그 옆으로 구경꾼들이 모여들어 거리가 활기로 가득 차 있음을 볼 수 있다.

야마보코(山鉾)는 마찌(町)에서 관리했으며 그 화려함을 다른 도시와 서로 경쟁했다. 무로마찌 시대(室町時代) 말기에는 이미 마찌(町)를 구성하는 사람들의 조직이 완성되었으며, 또한 경제적으로도 이러한 정도의 축제를 행할 수 있는 힘을 갖추었던 것으로 판단된다.

10. 야마보코(山鉾) : 대(臺) 위에 산 모양을 만들고 창이나 칼을 꽂은 화려한 꽃수레. 다시(山車)라고도 함

寢殿造

헤이안 귀족(平安貴族)의 주택

헤이안 시대(平安時代)의 귀족주거는 신덴(寢殿)이라고 부르는 주 가옥을 중심으로 구성되어 있으며, 신덴 조(寢殿造)라고 하는 주거양식은 여기서 나온 것이다. 신덴(寢殿)의 문자적인 의미는 '수면을 위한 전각(殿閣)'을 가리킨다. 지금까지 알려진 모든 신덴 조(寢殿造) 양식의 주거는 각각의 독특성을 지니고 있지만 대부분 남쪽을 향하고 있으며 그 앞에 넓은 정원을 갖고 있다. 이 정원은 춤(舞)과 각종 의식(儀式) 또는 연회(宴會)를 위한 장소가 된다. 정원의 남쪽으로 연못을 파내고 그 가운데 나카지마(中島)를 만들었으며, 연못의 주변에는 쯔키야마(築山)라고 하는 언덕을 쌓고 수목을 심었다. 나카지마(中島)나 쯔키야마(築山)는 연못을 판 흙을 쌓아서 만든 것이다. 나카지마(中島)에는 다리를 설치하였으며 연못에는 배를 띄워 뱃놀이를 할 수도 있었다.

건물(建物)과 대지(垈地)

신덴(寢殿)은 주인이 거주하는 건물로써 손님을 맞이하거나 의식(儀式)을 행하는 장소이기도 했다. 정전(正殿)인 신덴(寢殿)의 동, 서, 북쪽에는 다이노야(對屋)라는 대응건물을 설치하였으며 이를 와타리로오(渡廊, 와타도노(渡廊)라고도 함. 역자 주)라는 복도로 연결하였다. 동쪽의 다이노야(對屋)를 히가시다이(東對), 서쪽에 있는 것을 니시다이(西對)라고 부른다. 그것이 동북쪽에 있으면 히가시기타다이(東北對)가 된다. 다이노야(對屋) 또는 와타리로오(渡廊)에서 남쪽으로 로오(廊)라는 복도가 연장되어 그 선단(先端)에 조전(釣殿, 쯔리도노) 또는 천전(泉殿, 이즈미도노)이 연못가에 세워졌다. 이 복도의 중간에 문을 만들어 놓았는데, 이를 중문(中門)이 있는 복도(廊)라는 뜻으로 중문랑(中門廊, 츄우몬로오)이라고 불렀으며 이것은 꽤 넓고 집안 거주자들의 사무실을 포함하고 있었다.

저택의 대지는 대개 사방 1정(町, 약 120m)이 표준으로써, 역대 후지와라 가(藤原家)의 히가시산조오 저택(東三條殿)과 같이 동서 1정(町), 남북 2정(町) 규모의 저택도 있다. 대지의 주변은 보통 두꺼운 토벽담(築地堀, 쯔지베이)으로 둘러싸여 있으며 동서쪽의 토벽(築地)에는 문을 만들었다. 동서쪽의 문 중 어느 한 쪽이 정문(正門, 세이몬)이 되고 다른 한 쪽이 후문(裏門, 우라몬)이 된다. 히가시산조오 저택(東三條殿)의 경우는 동문(東門)이 정문(正門)이다.

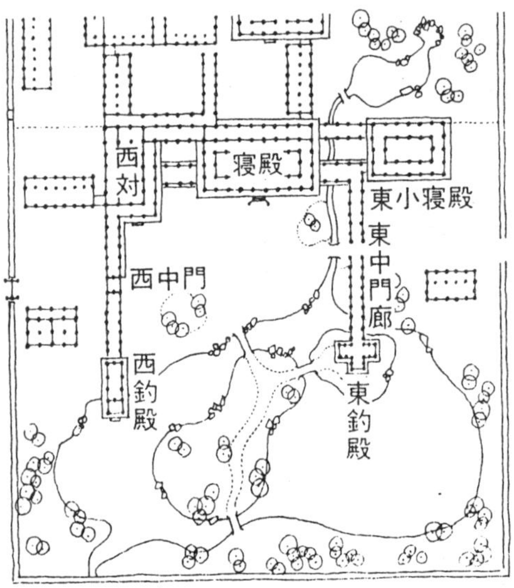

119.
法住寺殿 配置圖

120.
法住寺殿
(年中行事絵巻에 의한 復原)

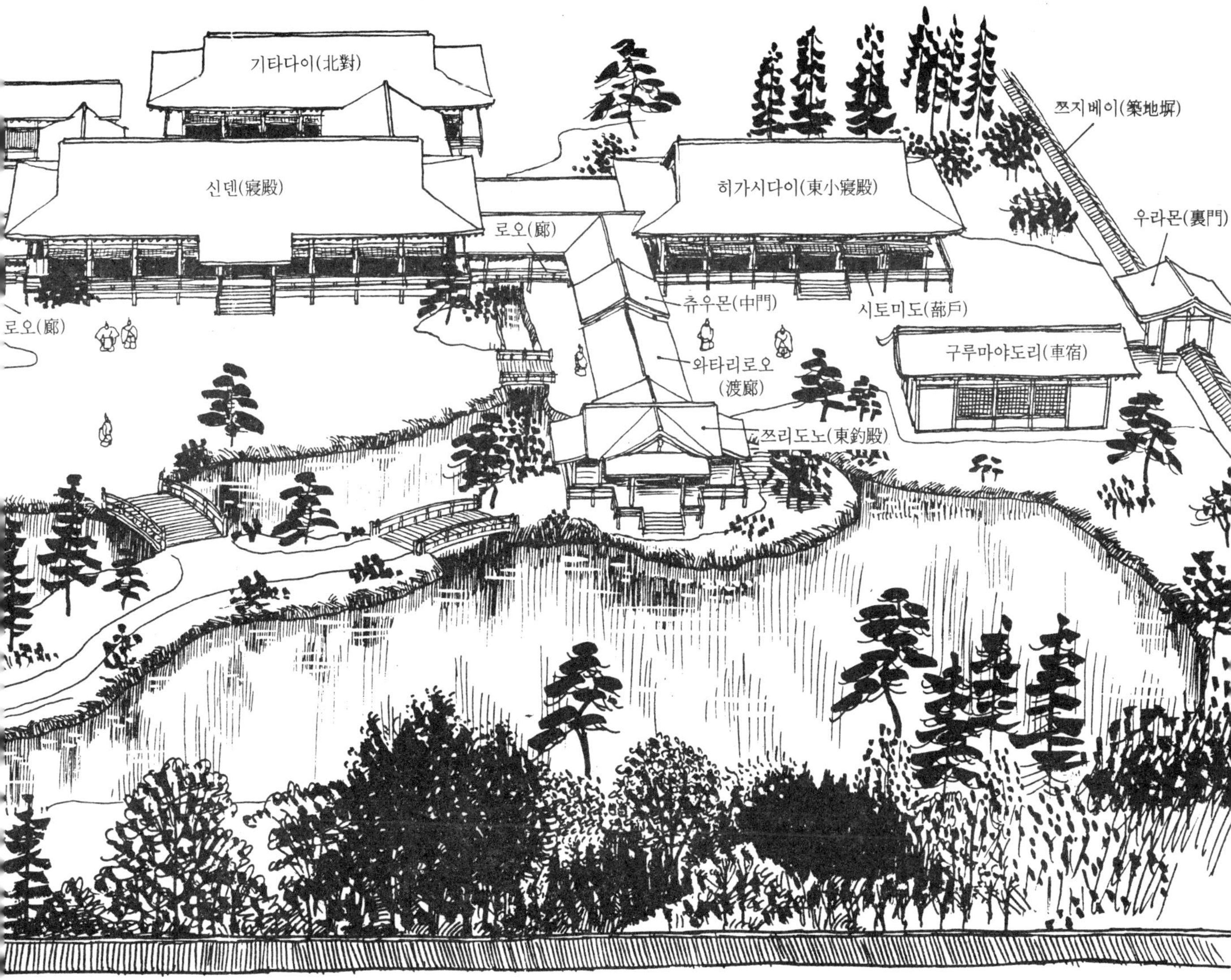
기타다이(北對)
신덴(寢殿)
로오(廊)
히가시다이(東小寢殿)
쯔지베이(築地塀)
우라몬(裏門)
로오(廊)
츄우몬(中門)
시토미도(蔀戶)
구루마야도리(車宿)
와타리로오
(渡廊)
쯔리도노(東釣殿)

문(門)의 안쪽에는 우차(牛車)를 넣는 구루마야도리(車宿)와 손님의 수행원이 사용하는 수신소(随身所)를 두었다. 이 밖에 시랑(侍廊), 히가시기타다이(東北對) 등의 건물이 세워져 와타리로오(渡廊)로 연결되었다. 대지는 완만하게 남쪽으로 경사진 경우가 많고 이로 인해 북쪽으로부터의 얕은 여울을 남쪽의 연못으로 끌어들이게 된다.

건물의 배치에 있어서 최초에는 좌우대칭을 이상(理想)으로 했다고 생각되지만, 현재 판명되어 있는 예를 본다면 좌우대칭으로 되어 있지 않다. 그 이유 중 하나로 남문(南門)을 열지 않기 위해 동서 어느 쪽인가의 문이 정문(正門)이 되면 그 정문 쪽이 정면, 반대쪽이 후면이 되어 좌우대칭이 되기 어려운 점을 들 수 있다.

호오쥬우지 저택(法住寺殿)

『넨츄우교오지 에마키(年中行事繪卷)』를 주된 자료로 하여 복원된 호오쥬우지 저택(法住寺殿)의 모습을 보면 신덴(寢殿), 니시다이(西對), 히가시다이(東對, 東小寢殿), 기타다이(北對) 등과 그 이외에 동조전(東釣殿), 서조전(西釣殿)을 갖춘 당당한 대저택이었던 것을 알 수 있다. 호오쥬우지(法住寺)는 태정대신(太政大臣) 후지와라 다메미쯔(藤原爲光, 942~992)가 자신의 딸이 죽자 불교에 입도(入道)한 후 저택을 사찰로 바꾼 것으로, 교오토 시(京都市)의 시타쿄오 구(下京區)에 있는 렌게오오인(蓮花王院, 삼십삼간당(三十三間堂)이라고도 함)의 동남쪽 부근에 있었다. 후에 고시라카와 법황(後白河法皇, 968~1008)은 이곳에 동전(東殿), 남전(南殿), 삼십삼간당(三十三間堂) 등을 세웠다.

히가시다이(東對)의 서남쪽 모퉁이에는 남쪽으로 중문랑(中門廊)이 연장되어 있고, 선단(先端)에 동조전(東釣殿)이 연못에 걸치지 않은 채 나카지마(中島) 위에 서 있다. 이 건물은 십자형의 특이한 평면을 지닌 것으로 연못과 일체가 된 우아한 세계가 사계절마다 달리 전개되고 있었다.

平安貴族의 住空間

에마키(絵巻)에 나타난 신덴 조(寢殿造)

신덴 조(寢殿造)의 건물은 현재 단 하나도 존재하지 않고 있다. 다만 발굴조사에 의해 대지와 정원 및 건물평면 등이 판명되었으나 입면이나 실내의 모습은 전혀 알 수가 없다. 이것에 관해서는 간접적인 자료에 의존할 수밖에 없는데, 아마도 그 가장 좋은 자료가 에마키(繪巻, 두루마리 그림)로 볼 수 있으며, 이것은 헤이안 시대(平安時代) 생활상 및 중세 상류계급의 연회와 교육에 관한 자료를 제공하고 있다. 길이가 10m 또는 그 이상이나 되는 에마키(繪巻)들 중 상당수는 현재 번역되어 있으며 그 대표적인 것이『넨츄우교오지 에마키(年中行事繪巻)』,『겐지모노가타리 에마키(源氏物語繪巻)』,『마쿠라노소오시 에마키(枕草子繪巻)』이다. 이들은 당시의 문학이나 불교승려의 생활, 성(聖)스러운 장소의 역사 또는 유명한 전설을 묘사하고 있다. 앞의 두 에마키(繪巻)에는 당시 신덴 조(寢殿造)에 관하여 입면, 창호, 가구 등 실내의 모습과 생활의 양상 등을 그리고 있어 귀중한 자료가 되고 있다.

『넨츄우교오지 에마키(年中行事繪巻)』의 쵸오킨 교오코오(朝覲行幸)를 묘사한 그림에는 고시라카와 법황(後白河法皇)의 호오쥬우지 저택(法住寺殿)이 그려져 있다. 쵸오킨 교오코오(朝覲行幸)라고 하는 것은 천황(天皇)이 연초(年初) 자신의 부황(父皇)이나 모후(母后)의 어전(御殿)에 공식적으로 방문하여 향연을 베푸는 행사로, 그림 121은 오오호오(應保) 3년(1163) 정월에 니조오천황(二條天皇, 1143~1165)이 부황(父皇) 고시라카와 법황(後白河法皇)의 어전(御殿)인 호오쥬우지(法住寺)에 문안하여 신덴(寢殿)의 남쪽 정원에서 춤을 관람하고 있는 정경(情景)을 묘사한 것이다.

의장(衣裝) 디자인의 경쟁

신덴(寢殿)의 중앙계단을 올라간 곳이 천황(天皇)과 법황(法皇)의 관람석이다. 에마키(繪巻)에는 두 천황(天皇)의 모습이 가려져 나타나 있지 않지만, 부분적으로 보이는 것에 의하면 장식된 자리에 앉아 있는 모습을 볼 수 있다. 일반적으로 기둥과 기둥 사이에는 시토미도(蔀戸, 역주 1-34 참조)가 있어야 하는데 구경하기에 방해가 되기 때문인지 떼어져 있다. 신덴(寢殿)의 왼편 가장자리(서쪽)와 그 서쪽의 투도전(透渡殿, 스키와타도노)[11]에는 귀족의 공가(公家, 구게)[12]들이 앉아 있다. 소쿠타이(束帶)[13]라고 불리는 의장(衣裝)을 한 그들의

11. **스키와타도노(透渡殿)** : 신덴 조(寢殿造)에서 건물과 건물을 연결하는 데 사용되는 와타리 로오(渡廊, 복도)의 일종으로 양쪽에 벽이 없이 개방된 형식
12. **공가(公家)** : 조정(朝廷)에서 벼슬하던 공경(公卿)이나 벼슬아치를 일컬음. 무가(武家)에 상반됨
13. **소쿠타이(束帶)** : 헤이안 시대(平安時代) 이후의 문무백관(文武百官)의 조복(朝服). 사모관대(紗帽冠帶)에 해당
14. **시타가사네(下襲)** : 조정의 관리가 정장할 때 밑에 받쳐 입던 옷. 뒷자락이 길게 달려 있음
15. **우찌키(袿)** : 헤이안 시대(平安時代)에 귀부인과 여관(女官)들이 입던 겹으로 된 웃옷의 한 가지

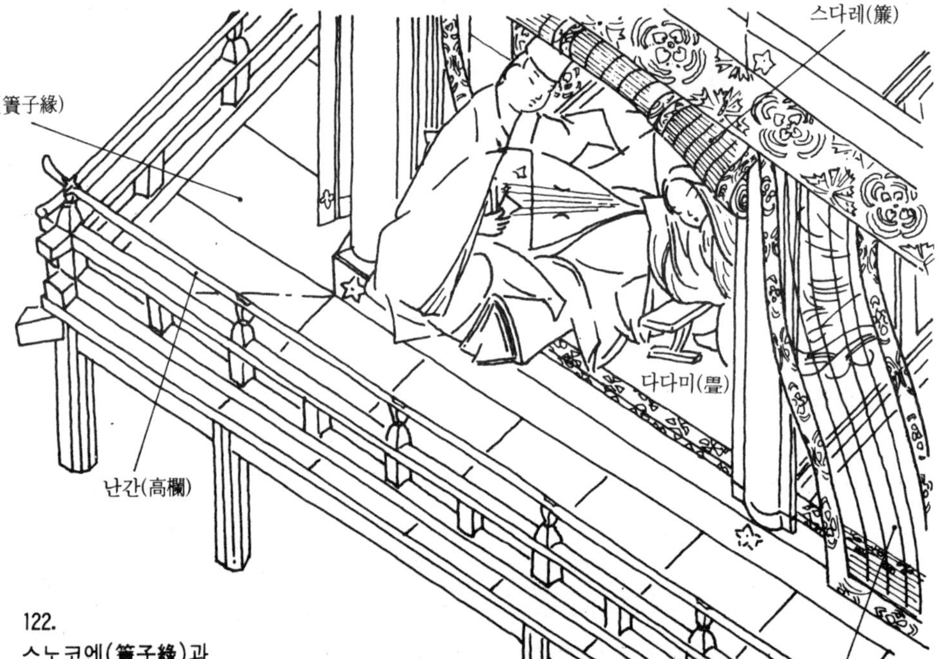

122.
스노코엔(簀子緣)과
히사시(庇)－寢殿造의 外部

121.
法住寺殿(年中行事絵巻)

123.
寢殿造의 内部

124.
寢殿造의 창호

옷자락은 뒤로 길게 늘여져 있으며 그것을 앞의 난간에 걸쳐 놓고 있다. 옷자락(裾)은 지위가 높은 자일수록 길어지며 겨울에는 흰색(白), 여름에는 스오오(蘇芳, 암홍색), 후타아이(二藍, 두 겹의 남색)로 정해져 있었으나, 그림과 같이 의식(儀式) 때에는 각자의 취향에 맞게 염색된 시타가사네(下襲)[14]를 받쳐 입도록 허용되었다. 난간에 걸친 시타가사네(下襲)는 각각의 미의식을 표현한 것으로 마치 의장(意裝) 콘테스트의 느낌을 준다.

오른편에는 미스(御簾, 비단으로 테를 두른 발. 역자 주)를 달아 놓았고 그 밑으로 여관(女官)들의 장식된 옷이 보인다. 여관(女官)들은 우찌키(袿)[15]를 몇 장이나 겹쳐 입어 색의 배합을 즐겼다. 난간의 옷자락이 남성들의 의장(衣裝) 경쟁이었다고 하면, 스다레(簾) 밑에 있는 의장(衣裝)은 여성들의 디자인 경쟁이었다. 헤이안(平安) 귀족들처럼 심미적인 감수성이 발달되었던 사회에서는 어색한 의장(衣裝)의 선택이 자신을 심미적으로 무감각한 사람으로 보이게 했으며 그것이 사회적 위치와 공식적인 업무에까지도 연장되었다.

그림 121의 왼쪽 밑부분에서는 정원의 연못에 배를 띄우고 나카지마(中島)에는 궁중음악의 공연을 위해 가설한 음악당의 지붕을 볼 수 있다. 뱃머리에 용(龍), 반대쪽에는 게키(鷁)라고 하는 날개가 하얀 상상의 수조(水鳥)의 머리 조각을 붙였는데 이를 료오토오게키스(龍頭鷁首)의 배라고 한다.

신덴 조(寢殿造)의 창호

『겐지모노가타리 에마키(源氏物語繪卷)』나 『무라사키 시키부니키 에마키(紫式部日記繪卷)』 등에는 창호나 가구 및 생활의 모습도 그려져 있어, 신덴 조(寢殿造)의 내부 공간에 관한 좋은 자료가 되고 있다.

툇마루(緣)에는 대(竹)나 판자를 발처럼 엮어 만든 스노코(簀の子)를 깔고 끝이 우아하게 휘어진 난간을 둘렀으며 실내에는 다다미를 깔았다. 다다미는 실내 전체에 깔지 않고 잠을 자거나 앉는 장소에 따라 필요한 곳에만 깔았으며, 그 테두리는 실크로 짜붙여 앉거나 기대는 데 사용하였다.

외부의 창호로는 여닫이 형식의 쯔마도(妻戸)[16], 미닫이 형식의 야리도(遣戸)[17], 그리고 쇼오지(障子)[18]가 있고, 이동식의 시토미도(蔀戸, 역주 1-34 참조)와 스다레(簾, 대나무 발)가 있는데 종종 뒤쪽에 가베시로(壁代)[19]를 두기도 하였다. 실내의 간막이는 대부분 고정식이 아니라 이동식이었으며, 병풍(屛風), 기쵸오(凡帳)[20], 쯔이다테(衝立)[21], 제쇼오(軟障)[22], 후스마(襖)[23] 등이 필요한 곳에 설치되었다. 이들은 단지 시선만을 차단하는 것으로써 방음(防音), 방한(防寒)

16. **쯔마도(妻戸)** : 신덴 조(寢殿造) 주택의 네 모서리에 설치된 두꺼운 판의 양 여닫이문(板扉). 신덴 조(寢殿造)의 벽창호가 시토미도(蔀戸)로 되어 출입에 불편하기 때문에 이것을 설치하여 출입의 용도로 하였음
17. **야리도(遣戸)** : 헤이안(平安) 후기의 신덴 조(寢殿造)에 사용되기 시작한 미닫이문(引戸)의 총칭. 히사시(庇)에 설치되며 반드시 위쪽에 가모이(鴨居, 위틀), 아래쪽에 시키이(敷居, 문지방)를 갖는다. 쇼인 조(書院造)에서 널리 사용됨
18. **쇼오지(障子)** : 헤이안 시대(平安時代)에 나타났으며, 원래는 공간을 막는 가동식 장치의 총칭(障屛具)이었으나 현재는 아카리쇼오지(明障子)나 후스마(襖)를 가르킨다. 여러 분류방식에 따라 종류가 다양하다. 즉, 개폐방식, 창살무늬, 설치위치, 고시(腰, 쇼오지 하반부의 판으로 된 부분)의 높이와 의장, 재료, 목적, 기능 등에 따라 구분함. 내외부에 모두 쓰임
19. **가베시로(壁代)** : 신덴 조(寢殿造)의 주택에서 벽의 대용으로 모야(母屋)와 히사시(庇) 사이에 상인방에서 하인방까지 늘어뜨린 장막(Curtain) 형식의 간막이
20. **기쵸오(凡帳)** : 도이(土居)라고 하는 중앙의 토대(土台)에 2개의 가느다란 기둥을 세우고 그 위에 가로대를 걸쳐 여기에 천으로 된 장막을 걸어 늘어뜨린 형식의 간막이
21. **쯔이다테(衝立)** : 헤이안 시대(平安時代) 신덴 조(寢殿造) 주택에 사용되기 시작하여 시선차단과 방풍의 역할을 하던 장치. 흑칠한 테두리(枠)를 세우고 그 양면에 그림이나 글씨를 달은 일종의 간막이
22. **제쇼오(軟障)** : 헤이안 시대(平安時代) 나타난 실내용 장막의 일종. 신덴 조(寢殿造) 주택에서 연회와 오락이 베풀어질 때 미쓰(御簾), 스다레(簾) 또는 벽에 덧달아 늘어뜨린 높이 111cm 정도, 6폭의 휘장으로 종종 고송(高松)의 묵화나 명소(名所)의 풍경이 묘사되어 있다.

등에는 큰 도움이 되지 못하였다. 이 시대의 여성들이 옷을 몇 겹이나 겹쳐서 입었던 것은 실내가 추웠기 때문이라는 설(說)도 있다. 더구나 난방구(煖房具)로는 스비쯔(炭櫃)[24]나 히바찌(火鉢)[25] 밖에 없어 겨울에는 확실히 추웠을 것이다.

『겐지모노가타리(源氏物語)』의 저자인 무라사키 시키부(紫式部)나『마쿠라노 소오시(枕草子)』의 세이쇼오 나콘(清少納言)은 이와 같은 신덴 조(寝殿造)에서 생활하면서 문학세계를 펼쳤던 인물이다.

23. **후스마(襖)** : 나무로 짠 살(骨) 양면에 종이(紙)나 천(布)을 바르고 테두리(緣)와 손잡이(引手)를 붙인 간막이 문. 후스나 쇼오지(襖障子) 또는 당지(唐紙)라고도 한다.
24. **스비쯔(炭櫃)** : 방바닥을 사각형으로 파내어 만든 고정식 난로
25. **히바찌(火鉢)** : 놋쇠, 구리, 자기 등으로 만든 이동식 화로의 일종

中世都市의 庶民住宅

125. 福岡의 町(一遍上人絵傳)

127. 奈良近郊의 町(信貴山緣起絵巻)

126. 平安京의 거리(年中行事絵巻)

서민(庶民)의 주택

근세 이전 일본의 주거(住居) 형태를 파악하기 위해서는 당시 지배계급이었던 귀족뿐 아니라 서민계급에 관한 자료도 매우 빈약하기 때문에, 병풍이나 에마키(繪卷)의 그림 및 발굴조사 성과에 의지하지 않을 수 없다.

무로마찌 시대(室町時代) 말기 교오토(京都)의 모습은『라쿠츄우 라쿠가이즈 뵤오부(洛中洛外圖屛風)』에 의해서 잘 알 수 있으나,『넨츄우교오지 에마키(年中行事繪卷)』에는 그보다 오래된 도읍지의 마찌야(町屋, 도시주거. 역자 주)가 그려져 있다.

그림에 묘사된 마찌야(町屋)는 대부분 단층 건물로써 두 부분으로 나뉘어져 있는데 오른쪽은 입구(入口), 왼쪽은 창(窓)과 벽(壁, 原書에는 店으로 표현됨. 역자 주)으로 되어 있다. 입구에는 노렌(暖簾)[26]이라는 짧은 커튼을 쳤으며, 내부 바닥은 그림에 잘 나타나지 않지만 토간(土間)에 마루(床)를 깐 부분도 있었다고 생각된다. 벽은 대나무나 얇은 판재를 망상(網狀)으로 짜서 만들었으며 그 일부는 판벽(板壁)으로 만들었다. 지붕은 판재이음(板葺)이고 판재를 고정시키기 위해 껍질만 벗긴 통나무를 얹어 놓았다.

지방의 도시

헤이안 경(平安京)으로부터 멀리 떨어진 지방도시들의 주거는 구성에 있어 훨씬 단순했다. 지방도시의 주거의 모습을 알 수 있는 한 가지 예로는 1299년에 그려진『잇펜쇼오닌 에덴(一遍上人繪傳)』으로 현재의 오카야마 현(岡山縣)인 후쿠오카 시(福岡市)를 묘사하고 있다. 잇펜쇼오닌(一遍上人)이란 일반 민중에게 불교의 새로운 진리를 전파하고자 여행하는 승려로서, 그림 125를 보면 잇펜쇼오닌(一遍上人)이 장날 활기찬 도시로 들어서자 사무라이들이 칼을 꺼내려 하면서 위협하는 장면을 볼 수 있다. 상인들의 상점은 굴립주(掘立柱)에 판자지붕을 한 간단한 구조로 판벽(板壁)이 이웃 상점과의 경계를 하고 있다. 상인들이 팔고 있는 상품으로는 옷감(布), 쌀(米), 물고기(魚), 옹기(甕) 등이며, 생선가게에서는 도마 위에 놓인 생선을 토막이라도 내려는 듯한 모습을 볼 수 있다. 긴 대나무 봉(棒)의 양단에 생선을 묶어 어깨에 메고 가는 남자도 보인다. 가게의 멍석 위에서 되(升)로 달고 있는 것은 쌀인 듯하다. 이들 점포들은 상당히 간소하게 되어 있는데 시장이 서는 날만의 가설건물이 아닌가 생각된다. 그러나 지방도시의 거리는 이러한 모습이 고작이었다고 보아도 상관없을 것이다.

26. **노렌(暖簾)** : 상점 입구의 처마 끝이나 점두(店頭)에 치는 커튼으로써 흔히 상호가 그려져 있다.

『잇펜쇼오닌 에덴(一遍上人繪傳)』의 또다른 그림은 가마쿠라(鎌倉)의 변두리를 묘사했는데, 당시 미나모토노 요리토모(源賴朝, 1147~1499) 막부(幕府)의 정치적 중심지였던 가마쿠라(鎌倉)로써는 한산한 느낌을 받는다. 그러나 교오토(京都)와 같은 상점가(商店街)가 전국에 있었다고 생각하는 것은 잘못으로 서민의 주택은 상당히 검소한 것이었다.

『신기산엔기 에마키(信貴山緣起繪卷)』에는 나라(奈良) 근교의 또 다른 마찌야(町屋)가 그려져 있다(그림 127). 오른쪽에 보이는 집은 측면을 보이고 있기 때문에 그 구조를 잘 알 수 있다. 실제 이 건물의 구조는 안 길이가 4간(間)이며 중앙의 2간(間)은 모야(母屋)로 전후에 히사시(庇)를 달았다. 지붕은 판재로 이은 박공지붕이며 통나무를 얹어 고정시켰다. 우측의 도로에 면한 곳이 정면으로 그 후면은 정원이다.

좌측의 주택은 입구에 노렌(暖簾)을 쳤고 그 안을 토간(土間)으로 했다. 높은 턱이 있는 입구가 보이며 그 뒷쪽으로는 고양이가 자고 있는 모습을 볼 수 있다. 문 옆으로는 한 남자가 창문을 열고 몸을 구부려 개들을 쫓고 있는 모습이 있다. 창(窓)은 시토미도(蔀戸)를 위로 제쳐놓은 모습을 하고 있으며 안에 격자모양의 간막이가 보인다. 그림에서 묘사된 다른 주거들의 경우와 마찬가지로 이들 주택의 기둥은 굴립주(掘立柱)이며, 지붕은 판재로 이은 박공지붕, 벽은 토벽(土壁)으로 되어 있다.

『신기산엔기 에마키(信貴山緣起繪卷)』의 완성연대는 명확하지 않아 헤이안 시대(平安時代) 말엽인 12세기의 것으로 생각되는 데, 야마토 에(大和繪)의 수법(手法)에 인물도 매우 생생하게 그려져 있다.

지금까지 소개한 바와 같이 3개의 그림에 나타난 마찌야(町屋)는 귀족을 위한 신덴 조(寢殿造)의 화려함과는 거리가 멀다. 이들은 모두 도시의 예이지만 도시 이외 지역의 서민주거는 그림에 나타난 것보다도 더욱 소박한 것이 많았다고 생각해야 할 것이다.

武士의 邸宅 - 中世에서 近世로

도읍지의 무사(武士) 주거

중세에 권력을 잡았던 장군들은 자신들의 주거를 헤이안 시대(平安時代) 귀족의 선례에 따라 체계화했는데, 실제적인 통치권력은 잃었지만 그들의 두드러진 역사와 문화적 유산으로 인해 여전히 막강한 명성을 지니고 있었다. 이렇듯 교오토(京都) 무로마찌 장군(室町將軍)들의 야카타(館,[27] 이하 저택이라 함. 역자주)는 공가(公家, 역주 12 참조)의 전통에 기인한 것으로, 신덴(寢殿)을 중심으로 한 신덴 조(寢殿造) 양식을 채택했으며 정원이 구성되어 있는 형식이었다. 그러나 신덴 조(寢殿造) 양식은 그 자체가 중세시대에서부터 변하기 시작하였다. 하나의 중요한 발전은 건물이 점차 기능에 따라 분화되어 나갔다는 점이었는데, 본당(本堂)에서의 공적(公的), 사적(私的) 공간들 사이에 고정 간막이를 이용한 분리가 행해졌으며 다른 목적을 지닌 건물은 분리해서 세웠다. 귀족의 주거에서 특히 자주 나타났던 중요한 건물은 가이쇼(會所)라는 것으로 이는 문자 그대로 '만남의 장소'를 의미하며, 무가(武家)의 대면의식(對面儀式)을 위해 만들어진 건물이다.

27. 야카타(館) : 헤이안(平安)·가마쿠라 시대(鎌倉時代)에 대신(大臣)으로 임명된 자들의 주택에 대한 존칭. 무로마찌 시대(室町時代)에는 야카타(屋形)라는 호칭이 허용된 다이묘(大名)의 저택으로 환주(丸柱)의 사용도 허용됨. 여기서는 후자의 뜻

『라쿠츄우 라쿠가이즈 뵤오부(洛中洛外圖屛風)』에는 당시 아시카가(足利) 막부(幕府)의 실세인 호소카와(細川) 가문의 관령 저택(管領邸)을 그린 그림이

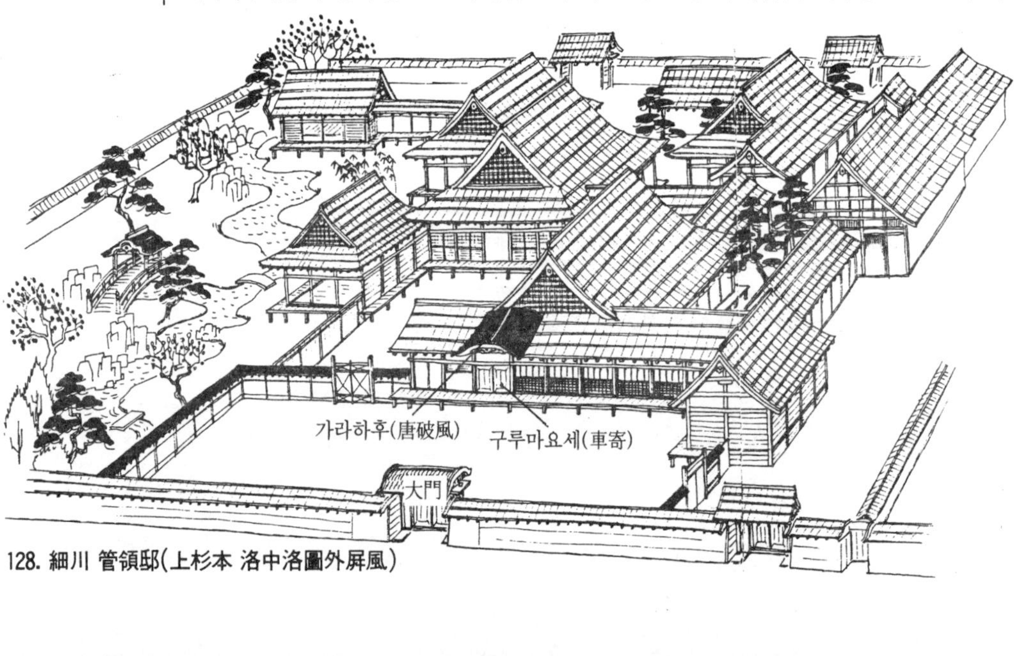

128. 細川 管領邸(上杉本 洛中洛圖外屛風)

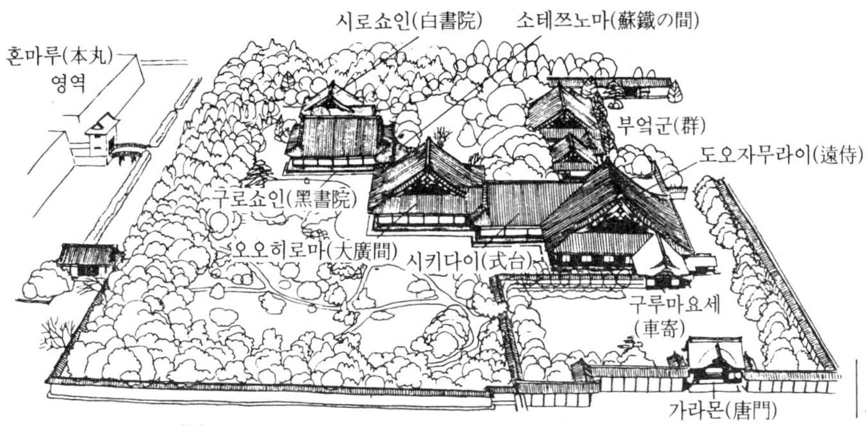

129.
二條城 二の丸御殿

있다. 그림에 나타난 저택은 대지의 서남부(西南部)를 정원으로 하고 그 동북(東北)쪽에 건물을 배치하여 그 곳에서 정원을 볼 수 있도록 되어 있었음을 알 수 있게 한다. 구로마요세(車寄)[28]와 대문은 동남쪽에 위치하고 있다.

호소카와 저택(細川邸)과 아주 비슷한 배치를 하고 있는 것이 같은 헤이안 시대(平安時代)에 지어졌던 니조오 성(二條城)의 니노마루 어전(二の丸御殿)이다. 니조오 성(二條城)은 1601년부터 1603년 사이에 지어졌으며, 니노마루 어전(二の丸御殿)은 도쿠카와 막부(德川幕府)의 세번째 장군이었던 도쿠카와 이에미쯔(德川家光)에 의하여 1624~1626년 사이에 당시의 고미즈노오 천황(後水尾天皇)의 행차(行幸)에 대비하여 부가된 것이라 생각된다. 현재는 지붕이 기와로 되어 있지만, 원래는 노송나무 껍질로 이은(檜皮葺) 지붕을 하고 있어 중세 호소카와(細川)의 저택(管領邸)과 비슷한 분위기를 갖고 있었던 것이다. 여러 건물들은 각각의 기능과 목적에 따라 배치되었다. 우측 하단부터 대문인 가라몬(唐門), 건물에 들기 위해 탈 것을 오르내리기 위한 구루마요세(車寄), 신변 호위를 하는 무사(武士)들이 머무는 도오자무라이(遠侍), 처음 손님을 맞는 장소로 시키다이(式台), 정식의 대면의식(對面儀式)을 행하는 오오히로마(大廣間), 복도 형식의 소테쯔노마(蘇鐵の間), 좀더 사적인 만남과 일상적인 업무를 행하는 구로쇼인(黑書院), 그리고 마지막으로 구로쇼인(黑書院)의 뒤쪽으로 잘 보이지는 않지만 주인의 거주공간인 시로쇼인(白書院)으로 구성되었다. 또한 도오자무라이(遠侍)의 뒤쪽에는 부엌 군(群)이 남서쪽에는 연못이 현존하고 있다.

기러기 행렬 형태의 건물배치나 정원의 모양 등도 근세(近世)가 중세(中世)의 연장선상에서 성립되었음을 잘 나타내고 있다.

28. **구루마요세(車寄)** : 신덴 조(寢殿造) 주택에서 우차(牛車)를 탄 사람이 타고 내리기 위한 장소. 동・서쪽의 처마에 가라하후(唐破風)라는 히사시(庇)를 내고 바닥에는 돌을 깔았다.

武家의 儀式空間

도쿠카와 이에야스(德川家康)의 대면의식(對面儀式)

세키가하라(關が原) 전투에서 승리한 3년 후인 게이쵸오(慶長) 8년(1603) 4월 4일, 도쿠카와 이에야스(德川家康)는 니조오 성(二條城)에서 공가(公家), 막부(幕府)의 장군들과 대면의식(對面儀式)을 행하였다. 이에야스(家康)와의 대면(對面)은 성(城)에 있는 실(室) 중에서 가장 형식을 갖춘 오오히로마(大廣間)에서 거행되었다. 이 실(室)은 조오단(上段), 츄우단(中段), 게단(下段) 등 세 개의 간(間)으로 높이 차를 두어 계획되었는데 참석자들의 위치는 자신들의 현재 직위에 따라서 정해졌다.

가장 높은 곳인 조오단(上段)의 간(間)에는 그 가운데에 이에야스(家康)가

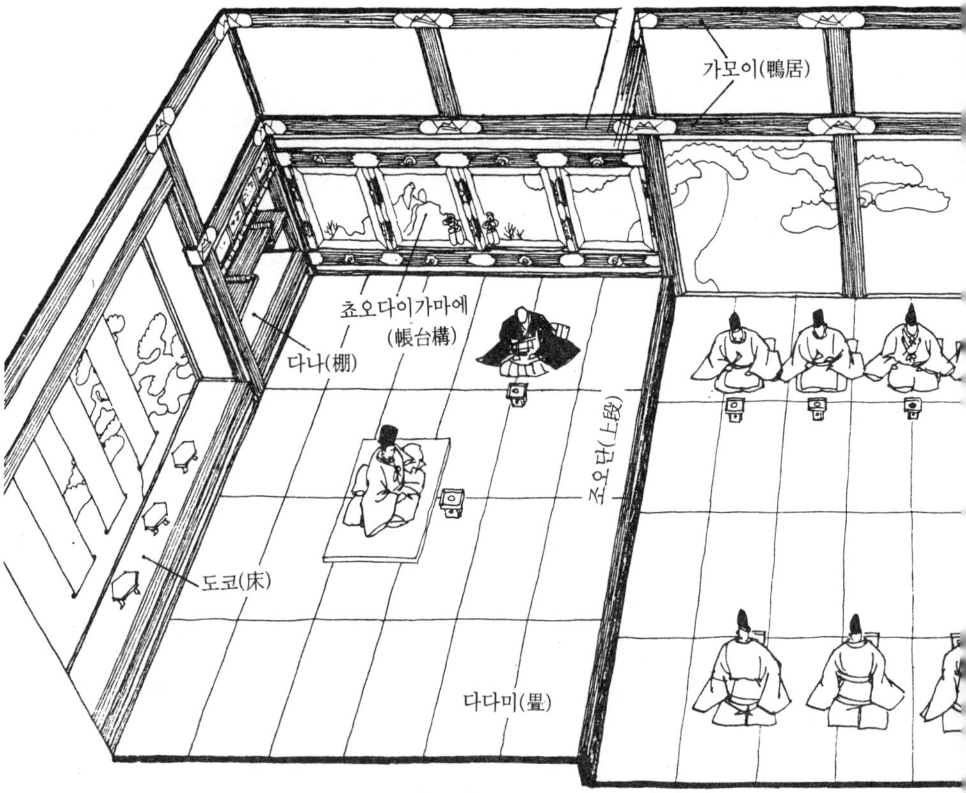

130. 公家, 大名과 對面하는 德川家康(二條城 大廣間 前身建物) (細部는 현존의 大廣間을 따른 것임

앉았고, 그 왼쪽 옆으로는 다이고지 삼보원(醍醐寺 三寶院)의 대승(大僧)이자 이에야스(家康)의 고문이었던 승려 기엔 쥬고오(義演准后, 1558~1626)가 자리하고 있었다. 그 아래의 좌석배열은 기엔(義演)의 일기(日記)뿐 아니라 야마시나 도키쯔네(山科言經)의 일기(日記)에도 기록되어 있어 좌석배열과 같은 문제들이 그 당시에 얼마나 신중하게 다루어졌는가 하는 점을 알려주고 있다.

츄우단(中段)의 간(間)에는 이에야스(家康)의 오른쪽으로 가라스마루 미쯔노부(烏丸光宣, 1544~1606 ; 權大納言, 서예가, 正二位, 55세), 히로하시 가네카쯔(廣橋兼勝, 1558~1623 ; 權大納言, 正二位, 46세), 아스카이 마사쯔네(飛鳥井雅庸, 1569~1615 ; 參議, 서예가, 시인, 학자, 從三位, 35세), 가쥬우지 미쯔토요(勸修寺光豊, 1575~1612 ; 參議, 從三位, 29세), 교오고쿠 다카쯔구(京極高次, 1563~1609 ; 參議, 從三位, 40세) 등 5인이 앉았고, 그 왼쪽으로 히노 데루스케(日野輝資, 1555~1623 ; 權大納言, 正二位, 49세), 야마시나 도키쯔네(山科言經, 1543~1611 ; 前權大納言, 서예가, 일기

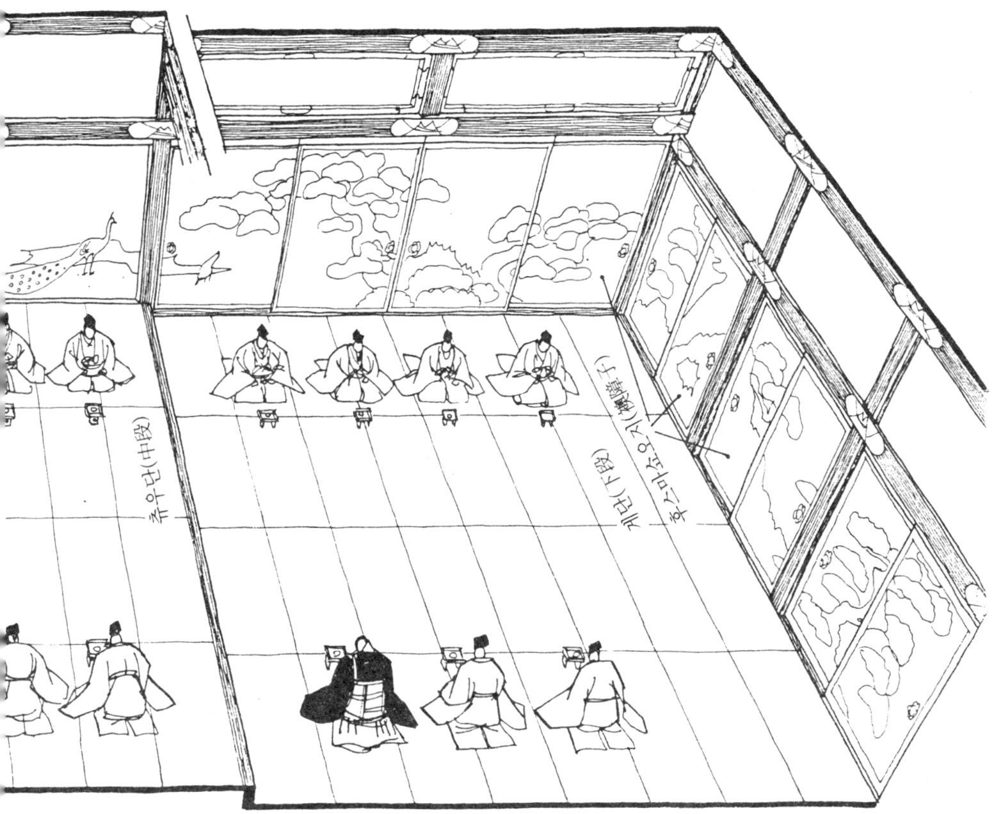

작가, 正二位, 61세), 마에다 토시나가(前田利長, 1562~1614 ; 中納言, 從三位, 41세), 마쯔다이라 다다요시(松平忠吉, 1580~1607 ; 侍從, 從四位下, 21세), 모리 데루모토(毛利輝元, 1553~1625 ; 中納言, 從三位, 50세), 호소카와 다다오키(細川忠興, 1563~1645 ; 參議, 예술가, 시인, 다인, 從三位, 40세) 등 6인이 앉았다. 관직이나 연령을 보면 알 수 있듯이 좌석의 위치는 그 인물이 차지하고 있던 지위를 여실히 드러내고 있다. 관직, 품계가 높은 사람이 상석(上席)에, 같은 경우에는 고령자가 상석(上席)에 앉게 하였다. 마쯔다이라 다다요시(松平忠吉)와 같이 자리가 바뀐 것은 그가 도쿠카와 가문(德川家)의 일족(德川의 四男)으로서 품계나 연령을 무시하고 윗자리를 부여받았기 때문이다.

츄우단(中段)의 아래부분인 게단(下段)의 간(間)에는 가장 서열이 낮은 7명의 관료들이 자리하고 있었는데 이들의 전체적인 좌석배열도 당시의 관직, 품계, 연령 등에 따른 위계성(位階性)을 명확히 나타낸다. 이에야스(家康)의 오른쪽 3인은 각각 無瀨親具(入道, 52세), 中山慶親(權中納言, 從三位, 38세), 京極高知(侍從, 從四位下, 31세)이며, 그 왼쪽으로는 池田輝政(侍從, 從四位下, 39세), 福島正則(侍從, 從五位下, 42세), 毛利秀元(參議, 正三位, 24세), 最上義光(侍從, 從四位下, 53세)의 4인이 앉았다.

앞에 언급했듯이 자리배열은 열석(列席)해 있는 사람 중 기엔(義演)과 야마시나 도키쯔네(山科言經)가 상세히 기록한 일기(日記)에 의해 판명된 것으로 당시 무가(武家)의 가장 중요한 의식이었던 대면(對面)의 모습을 잘 알 수 있게 해 준다.

대면(對面) 이후 이에야스(家康)는 게단(下段)의 간(間)으로 내려가게 된다. 게단(下段)의 간(間) 앞에는 노오 무대(能舞臺)가 있는데 노오(能)의 공연을 보기 위한 것이었다. 이때 대면(對面) 참석자들도 전부 게단(下段)으로 내려가 구경한다. 이 노오(能)는 당시의 공가(公家)나 무가(武家)의 중요한 접대방식이었으며 그들의 후원하에 예술적 성숙도에 이른 일본 고유의 가면 음악극이다.

자리배열의 위계성(位階性)

회의에 참석하는 각자의 관직, 품계, 그리고 연령에 의해 좌석의 배열이 결정될 뿐만 아니라 회의에 필요한 여러 가지 다른 세부사항 등도 결정된다. 그 한 예로 각자의 앞에는 요리나 선물을 얹은 네모진 상(台)이 놓이는데 그 상 밑에 달린 장식된 다리의 수에 따른 구별이다. 조오단(上段)에 앉아 있는 이에야스

(家康)와 기엔(義演)의 앞에는 시호우(四方), 츄우단(中段)에 앉아 있는 사람들 앞에는 삼보우(三方), 그리고 게단(下段)에는 아시쯔키(足付)라는 상(台)이 놓였다. 삼보우(三方)란 전(前)・좌(左)・우(右)측 3방향에 구리가타(刳形, 가구의 돌출부나 모서리를 깎아서 만든 곡선. 역자 주)가 있는 판(板)으로 된 다리가 붙은 상(台)이며, 시호우(四方)는 사방(四方)에, 그리고 아시쯔키(足付)는 좌우 2방향에만 다리가 붙어 있는 상(台)이다. 물건을 올려놓는 상(台)을 이와같이 자리배열(席次)에 따라 구별하고 있는 것이다.

니조오 성(二條城)

니조오 성(二條城)은 게이쵸오(慶長) 6년(1601)부터 1603년까지 이에야스(家康)가 구축한 것으로, 현존하는 니조오 성(二條城)의 니노마루 어전(二の丸御殿)의 위치에 해당한다. 현재의 니조오 성(二條城)은 관에이(寛永) 3년(1626) 고미즈노오 천황(後水尾天皇)의 행차(行幸)에 대비하여 관에이 원년(寛永元年)부터 공사를 행한 것으로, 이에미쯔(家光)는 건물기둥 등의 구조부재를 그대로 이용하여 크게 개조하였다. 현재 2실(室)의 구성 즉, 조오단(上段), 게단(下段)만으로 되어 있는 오오히로마(大廣間)는 기둥에 남아 있는 흔적에서 과거에는 츄우단(中段)을 포함하는 3실(室)이었다는 것이 판명되었으며, 그 전신(前身)은 이에야스(家康)가 게이쵸오(慶長) 8년에 대면(對面)을 행하였던 방이었다.

비록 원래의 성곽 중 성벽(城壁)만이 남아 있지만 현존 니노마루(二の丸) 궁전은 성역(城域)에 덧붙여진 보기드문 예이다. 또한 그것은 쇼인 조(書院造) 건축의 가장 인상적인 대표작이며 금색 등의 다채로운 색으로 그려진 간벽(間壁)의 그림(障壁畵), 각 인방의 복잡한 조각, 소란반자(小欄盤子) 식의 천정, 도코(床) 등은 권력의 경외감을 고취시키는 상징물이자 당시 건축가들의 훌륭한 기술을 반영해 주는 것이라 하겠다.

書院造 - 근세의 주거건축

쇼인 조(書院造)의 기원과 특징

일본 주거건축에 있어서 쇼인 조(書院造)는 신덴 조(寢殿造) 이후 무로마찌 시대(室町時代, 1338~1573) 동안 점진적으로 발달되었다. 초기 쇼인 조(書院造)의 특징들은 특히 신덴 조(寢殿造)의 가이쇼(會所)와 선종(禪宗) 사원에서 대승(大僧)의 거주영역인 호오조오(方丈)에서 자주 발견되고 있다. 쇼인(書院)이란 문자 그대로 '글쓰는 곳'을 의미하며, 선종(禪宗)의 대승(大僧)을 위한 거주영역에서 공부나 대화를 위해 사용했던 그들의 구석방에 붙여졌던 이름이었다. 현존하는 쇼인 조(書院造)의 가장 초기 예는 지쇼오지 동구당(慈照寺 東求堂)의 동인재(同仁齋)이며 묘오신지 영운원(妙心寺 靈雲院)도 초기의 범주에 속한다. 쇼인 조(書院造)는 근세 초기에 하나의 양식으로 확립되어 널리 사용되게 되었다.

일반적으로 쇼인 조(書院造)란 주실(主室)에 도코노마(床の間), 찌가이다나(違棚), 쯔케쇼인(付書院), 쵸오다이가마에(帳台構) 등을 갖춘 건물양식을 일컬으며 이들 장식요소를 통틀어 자시키카자리(座敷飾リ, 이하 내부장식이라 함. 역자 주)라 한다. 그러나 반드시 위의 4가지를 완비하지 않은 도코노마(床の間)만의 경우를 쇼인 조(書院造)라 부르기도 한다. 이 밖에 기둥은 네 모퉁이를 조금 깎아낸 각주(角柱, 이것을 면(面)을 친다고 한다)로 하였으며, 바닥 전체에 다다미를 깔고 천정은 활모양으로 들어가거나 우물천정으로 하였다. 내부 간막이로 후스마(襖, 역주 23 참조)라는 미닫이식 장막문, 외부로는 쇼오지(障子, 격자의 문살에 반투명한 창호지를 바른 문. 역자 주)를 두었으며, 그 밖으로 아마도(雨戶)라는 널문을 달아 밤이나 궂은 날씨에 대비하는 등의 특징적 요소들이 있다.

주실(主室)의 내부장식(座敷飾リ)

쇼인 조(書院造)의 4가지 구성요소에 대한 발전과정을 알아보기 위해서 또다시 두루마리 그림을 살펴 볼 필요가 있다. 하나의 좋은 자료는『보키에(慕歸繪)』로써 승려 가쿤요(1270~1351)의 일대기를 그린 것이다. 이 그림은 10개의 두루마리가 1351년에 최초로 그려진 것이라는 데 특별한 가치가 있으나, 1번과 7번의 두루마리는 후에 상실되어 1482년에 다시 그려졌으며, 내부 장식요소의 시대적 비교를 할 수 있게 해주는 자료이다.

도코(床)는 그림에 의하면『보키에(慕歸繪)』에 묘사된 마에즈쿠에(前机,

131. 마에쯔쿠에(前机, 押板의 전신)와 쵸오다이가마에(帳台構)(慕歸絵)

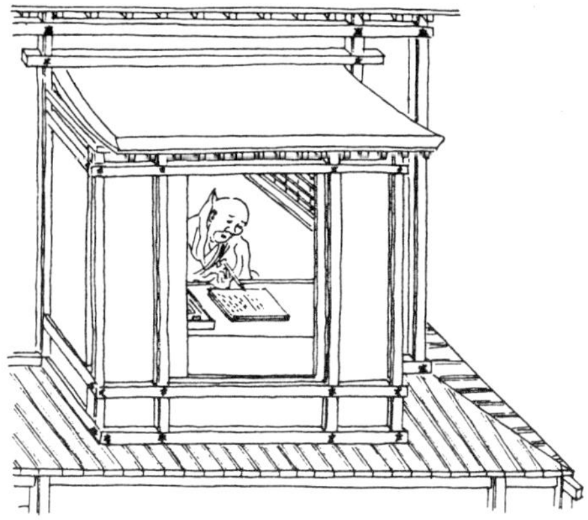

132. 이다시후즈쿠에(出文机, 法然上人絵傳)

벽에 불화를 걸고 그 앞에 마에즈쿠에(前机)를 놓고 향로, 화병, 촛대 등 세 가지 물건 즉, 미쯔구소쿠(三具足)를 얹어 놓았다)의 형식이 붙박이 형식으로 변한 것임을 알 수 있다. 관오오(觀應) 2년(1351)에 그려진 『보키에(慕歸繪)』에는 아직 붙박이로 되어 있지 않았으나, 분메이(文明) 14년(1482)에 다시 그려진 그림에는 붙박이 형식의 도코(床)가 그려져 있어 늦게나마 이 무렵에는 붙박이 형식이 출현하였음을 알 수 있다. 현재는 일반적으로 도코노마(床の間)라 부르고 있으며 다다미 한 장 정도 크기를 가진 것이 많지만, 도코노마(床の間)라는 것은 원래 도코(床)가 있는 방이라는 의미였던 것으로 안길이도 현재보다는 짧아 60cm 정도의 판(板)을 깐 것이 많다. 이것을 오시이타(押板)라고 부른다.

다나(棚)도 처음에는 이동식 선반으로써 실내에서 필요한 곳으로 옮기기도 하였으나, 14세기에 그려진 『가스가곤겐 겐키 에(春日權現驗記繪)』에는 고정식으로 설치된 그림을 볼 수 있다. 다나(棚)를 찌가이다나(違棚)라고도 하는데 이 명칭은 높이가 다른 판(板)이 서로 엇물려 있는 것에서 유래하고 있다.

쯔케쇼인(付書院)은 책상을 붙박이로 하여 실외로 내밀게 한 것으로 이를 특히 이다시후즈쿠에(出文机)라고 부른다. 여기에는 아카리쇼오지(明障子)라고 하는 창을 다는데 이는 빛을 얻기 위해 실외에 설치한 창이다. 『호오넨쇼오닌 에덴(法然上人繪傳)』에는 툇마루로 돌출되어 있는 이다시후즈쿠에(出文机)에서 승려가 붓을 들어 글을 쓰고 있는 모습이 그려져 있다.

쵸오다이가마에(帳臺構, 침실의 장식문. 역자 주)는 '침실의 입구'라는 뜻으로 『보키에(慕歸繪)』에는 주변을 폐쇄적으로 하고 작은 입구를 한 곳만 만든 방이 그려져 있다. 내부에 칼이 한 자루 세워져 있는데 폐쇄적인 방이기 때문에 물건

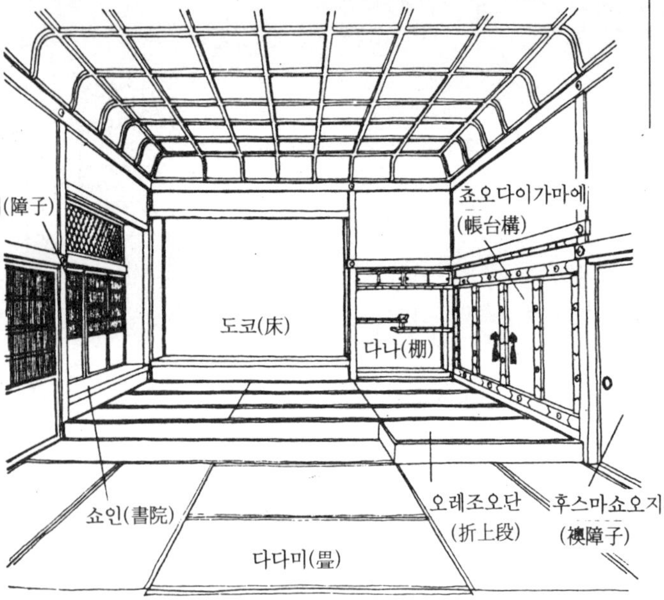

133. 마에쯔쿠에 (前机, 押板의 전신)(慕歸絵)

134. 오시이타 (押板, 慕歸絵)

135. 西本願寺 白書院

136. 찌가이다나 (違棚, 春日權現験記絵)

137. 난도(納戸)와 마에쯔쿠에 (前机, 押板의 전신)(慕歸絵)

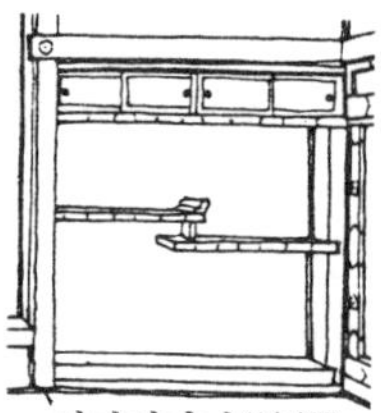

찌가이다나(違棚)

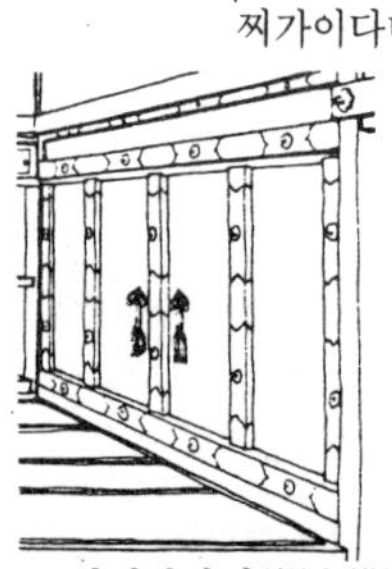

쵸오다이가마에(帳台構)

을 수납해 두기에 적합하며, 중요한 물건을 보관해 두는 곳으로도 사용되었다. 쵸오다이가마에(帳台構)를 난도가마에(納戸構)라고도 부르는 것은 침실이 난도(納戸, 의복, 가재도구를 수납해 두는 방. 역자 주)로도 사용되었기 때문이다.

미쯔구소쿠(三具足)

도코(床), 다나(棚), 쇼인(書院)에는 그림이나 기물(器物)을 일정한 틀로 장식했다. 도코(床)에는 2폭(幅), 3폭, 4폭을 1조(組)로 하는 그림을 걸고 그 앞에는 중앙에 향로, 좌우에 화병과 촛대를 놓았다. 이 3가지를 미쯔구소쿠(三具足)라고 한다.

니시혼간지 백서원(西本願寺 白書院)

니시혼간지 백서원(西本願寺 白書院)의 건축연대는 명확하지 않으나 근세 초기의 것으로 보이며, 니노마루(二の丸) 궁전과 함께 쇼인 조(書院造)의 특징적 형태를 지닌 진수로 꼽힌다. 이미 주실(主室)의 내부장식(座敷飾リ)을 완비하였고 회화나 조각으로 장식된 호화스러운 디자인이다. 도코(床)의 앞쪽에 있는 10장의 다다미만은 바닥의 높이를 한단 높게 하여 이것을 조오단(上段)이라 부르고 있다. 특히 다다미 한 장이 게단(下段) 쪽으로 돌출해 있는 것을 오레조오단(折上段)이라고 하는데 과거의 양식임을 보여주고 있다.

바닥을 높게 하는 것은 그곳에 앉을 사람의 신분이나 계층의 지위를 나타내기 위해서일 것이다.

書院造와 木割

권학원(勸學院) · 광정원(光浄院)의 객전(客殿)

초기 쇼인 조(書院造) 양식으로 가장 잘 알려진 것은 아마도 오오쯔 시(大津市)에 있는 온조오지(園城寺)의 두 개 부속사원인 권학원 객전(勸學院 客殿)과 광정원 객전(光浄院 客殿)이라 할 수 있다. 권학원 객전(勸學院 客殿)은 게이쵸오(慶長) 5년(1600)에 세워졌으며 광정원 객전(光浄院 客殿)은 다음 해인

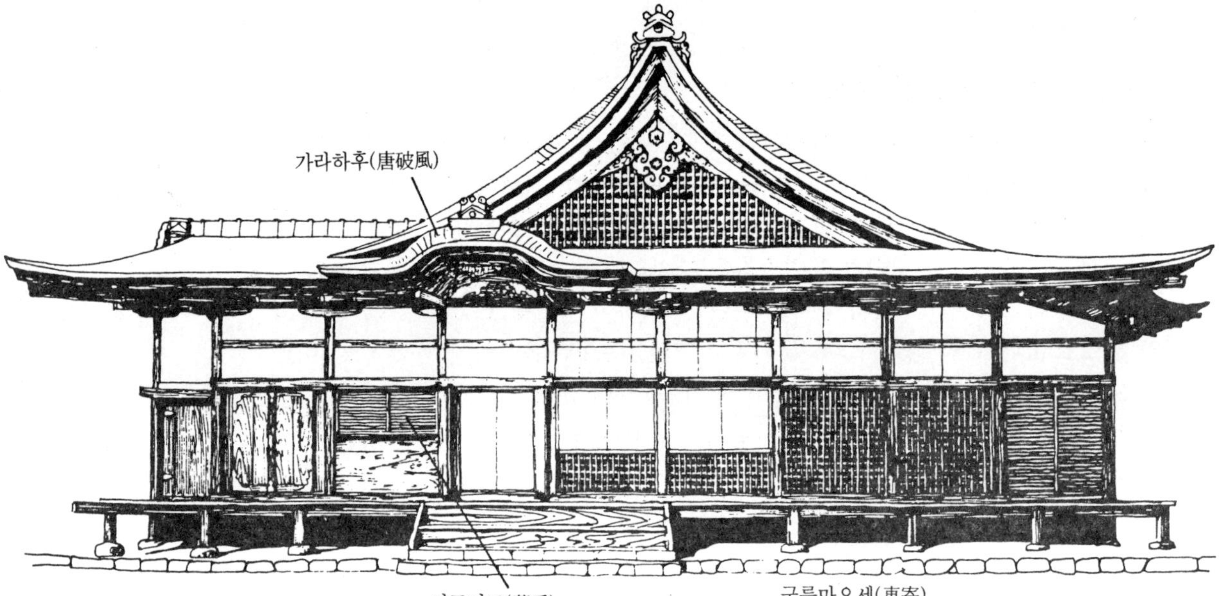

138.
園城寺 光浄院 客殿

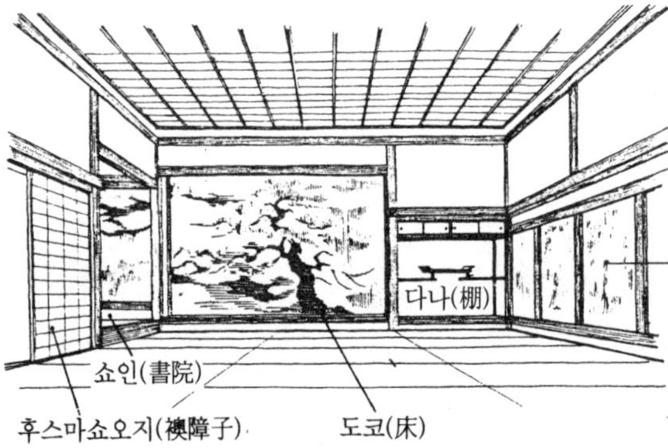

139.
園城寺 光浄院
客殿 上座の間

140.
園城寺
光浄院 客殿

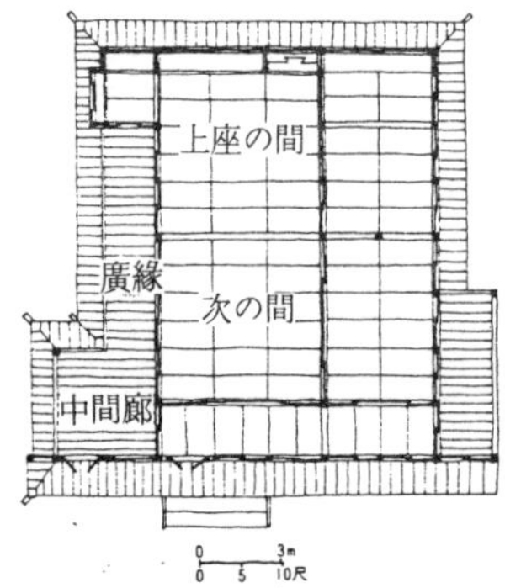

게이쵸오(慶長) 6년(1601)에 세워졌다. 두 건물 모두 주실(主室)에 커다란 도코(床)를 가지고 있으며 권학원(勸學院)은 2.5간(間)의 폭을, 광정원(光浄院)은 2간(間) 폭을 지니고 있다. 두 건물의 정면(동쪽) 형태는 서로 밀접하게 닮아 있으며 두 건물 모두 천정, 전부 다다미를 깐 바닥, 각주(角柱), 남쪽의 넓은 툇마루(緣), 후스마쇼오지(襖障子)를 사용하는 면에 있어서 쇼인 조(書院造)의 전형적인 형태를 취하고 있다. 남쪽에는 돌출한 츄우몬로오(中門廊)와 시토미도(蔀戸)가 있고, 동쪽에는 구루마요세(車寄, 역주 28 참조)가 있으며 계단과 가라하후(唐破風, 곡선 모양의 박공. 역자 주)가 나와 있다. 이들은 두 건물에 공통된 쇼인 조(書院造)의 세부 의장이며, 이 중 츄우몬로오(中門廊)와 시토미도(蔀戸)는 신덴 조(寢殿造)의 잔재로써 쇼인 조(書院) 양식의 초기수법을 나타내 준다.

두 건물의 상이성은 방의 구성이나 주실(主室)의 내부장식에 의해 구별되는데, 권학원(勸學院)은 내부가 도코(床)만으로 구성되어 있으나 광정원(光浄院)은 도코(床), 다나(棚), 쇼인(書院), 쵸오다이가마에(帳台構) 등 4가지의 쇼인 조(書院造) 요소로 장식되어 있다. 이들 초기 단계의 쇼인 조(書院造) 건물들은 종종 주실(主室)을 의미하는 '주전(主殿)'으로 세분되기도 한다.

주전(主殿)의 기와리(木割)와 기와리쇼(木割書)

에도 막부(江戸幕府)에서 대동량(大棟梁)이라는 목수 관직을 맡고 있던 헤이노우찌 가(平内家)에는 옛부터 전해 내려오는『쇼오메이(匠明)』라는 책이 있는데, 여기에 '석육간 칠간의 주전지도(昔六間七間の主殿之圖)'라는 제목의 도면이 있다. '육간 칠간(六間七間)'이라는 것은 평면의 크기가 6간(間)×7간(間)이라는 의미이고, '석(昔)'이라는 글자는『쇼오메이(匠明)』책이 만들어진 게이쵸오(慶長) 13년(1608)보다 앞선 것임을 의미한다. 그림의 평면은 광정원 객전(光浄院 客殿)의 평면과 잘 일치하고 있으며, 이 시대 전형적인 평면 패턴의 한가지였던 것으로 생각된다.

『쇼오메이(匠明)』는 기와리쇼(木割書)이다. 기와리(木割)란 기둥의 굵기둥을 기준으로 하여 건물 부재의 치수(寸法)를 비례로 나타낸 것으로써, 이것을 서적의 형태로 정리한 것이 기와리쇼(木割書)이다. 이 책에 나와 있는 기와리(木割)에 따라 설계했을 때 뛰어난 비례감을 지니는 건물로 건축될 수 있게 하는 것이 목적이었다.

기와리(木割)는 무로마찌 시대(室町時代)에 발생하여 유명한 대공(大工)

의 가계(家系)에 비전(祕傳)하여 온 것으로, 에도 시대(江戸時代) 중기가 되면서 목판인쇄한 것이 출판되어 널리 보급되었다. 그러나 에도 시대(江戸時代)의 건축이 전부 기와리(木割)를 토대로 하여 세워졌다고는 할 수 없다. 기와리(木割)는 단지 하나의 규범에 지나지 않는 것이기 때문이다.

정비된 기와리쇼(木割書)로서 가장 오래된 것이 『쇼오메이(匠明)』이며 문기

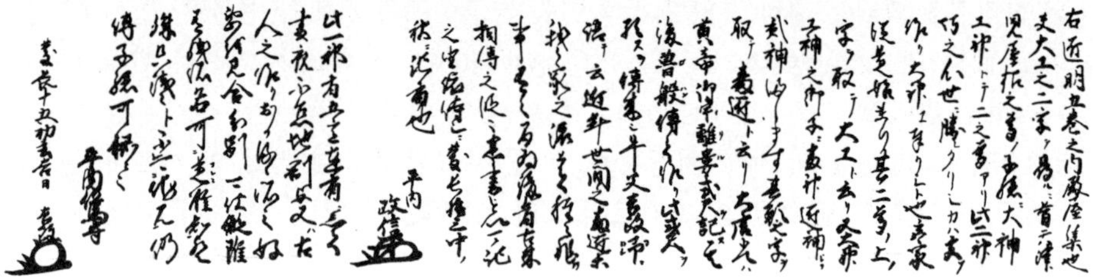

「匠明」奥書

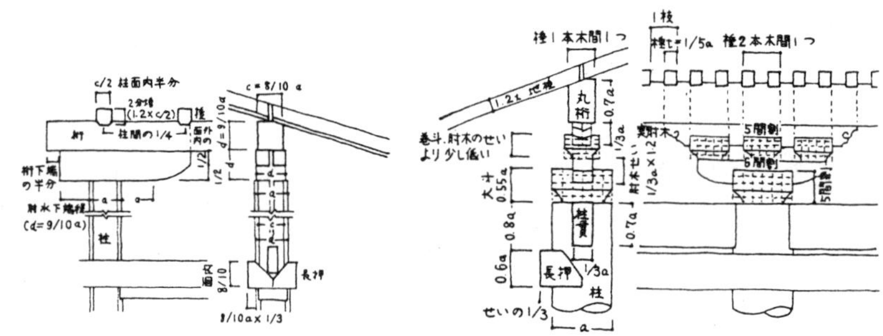

141.「匠明」에 의한 처마와 공포의 木割

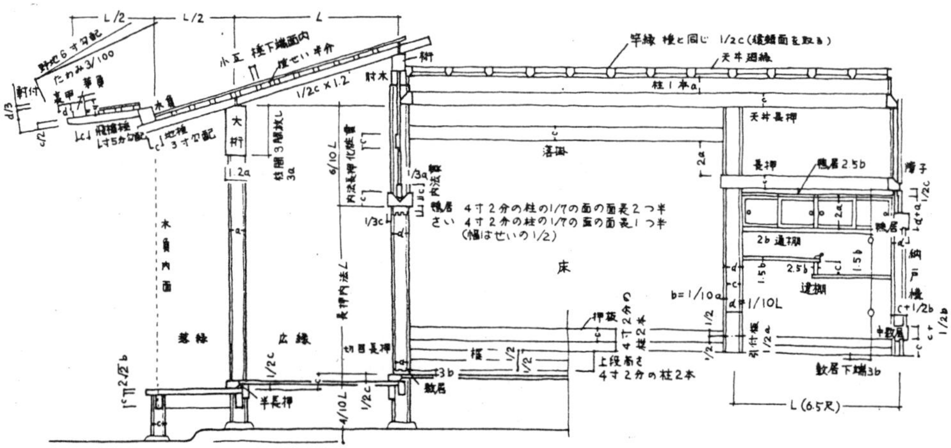

142.「匠明」에 의한 書院의 木割

집(門記集), 사기집(社記集), 탑기집(塔記集), 당기집(堂記集), 전옥집(殿屋集)의 5권으로 구성되어 있다. 각기 문(門), 사전(社殿), 탑(塔), 불당(佛堂), 주택(住宅)의 기와리(木割)가 기재되어 있으며 주전(主殿)의 도면은 전옥집(殿屋集)안에 그려져 있다.『쇼오메이(匠明)』의 저자는 헤이노우찌 요시마사(平內吉政)와 그의 아들 마사노부(政信)로서, 간기(刊記)에 보면 게이쵸오(慶長) '13년(1608) 가을'과 '15년(1610) 봄'이라는 연기(年紀)가 적혀 있다. 현존하는 것은 원본이 아닌 사본으로써 내용으로 보아 원본 이후 약 1세기 뒤에 만들어졌던 것으로 생각된다.

부재(部材)의 비례(比例)

상호의존적 모듈에 의한 디자인 원리는 다음과 같이 작용한다. 기둥 중심에서 기둥 중심까지의 주간거리(柱間距離)를 L(당시는 6尺 5寸이 보통)이라 한다면 도코(床)의 폭이 2L, 그리고 옆의 찌가이다나(違棚)의 폭이 L이 되며, 나게시우찌노리(長押內法, 시키이(敷居, 문지방)와 가모이(鴨居, 위틀) 사이의 안길이를 가리키며 이 높이를 우찌노리다카(內法高)라고도 한다. 역자 주)의 치수(寸法)도 L이 된다. 또 기둥 폭을 a로 표시한다면 a는 (1/10)L이 되며, 기둥 모서리면의 폭은 (1/7)a 또는 (1/10)a(이것을 7면치기, 10면치기라 한다) 등으로 결정되고 있다.

내부의 조화에 기여하는 또 하나의 모듈로는 다다미(畳)가 있는데, 쇼인 조(書院造)의 다다미는 보통 약 1m×2m의 크기로 직사각형을 이루고 있다. 방의 면적은 일반적으로 방에 깔려있는 다다미의 수로써 표현된다. 비록 다다미의 크기가 지역에 따라 다소 변하기는 하지만 보통 단일구조로 된 실(室)에서는 모두 일정하며, 역시 기둥간격(span)을 기준으로 하여 건물 전체에 통일된 비례감을 부여한다.『쇼오메이(匠明)』에는 이러한 비례가 도면(圖面)이 아닌 문장(文章)으로 표시되어 있기 때문에 이것을 읽어 가면서 설계하게 된다. 그러나 실제 이대로 설계되었다고 생각하기보다는 설계교육에 사용되었다든가 또는 이러한 설계규준을 비전(祕傳)으로 갖고 있는 것 자체에 의미가 있다고 생각해야 할 것이다. 당시의 목수들은 이와 같은 책으로 교육받은 후 이를 창조적으로 응용하였을 것이다.

당시 헤이노우찌 요시마사(平內吉政)는 책의 간기(刊記)에서 대공(大工)은 설계뿐만이 아니라, 견적(見積)이나 손작업에도 능하고 그림에도 재능이 있어야 하며 조각도 할 수 있어야 한다고 서술하고 있다. 아마도 당시 대공(大工)의 이상적인 상(像)을 여기에서 볼 수 있을 것이다.

公家의 別莊建築 - 數寄屋

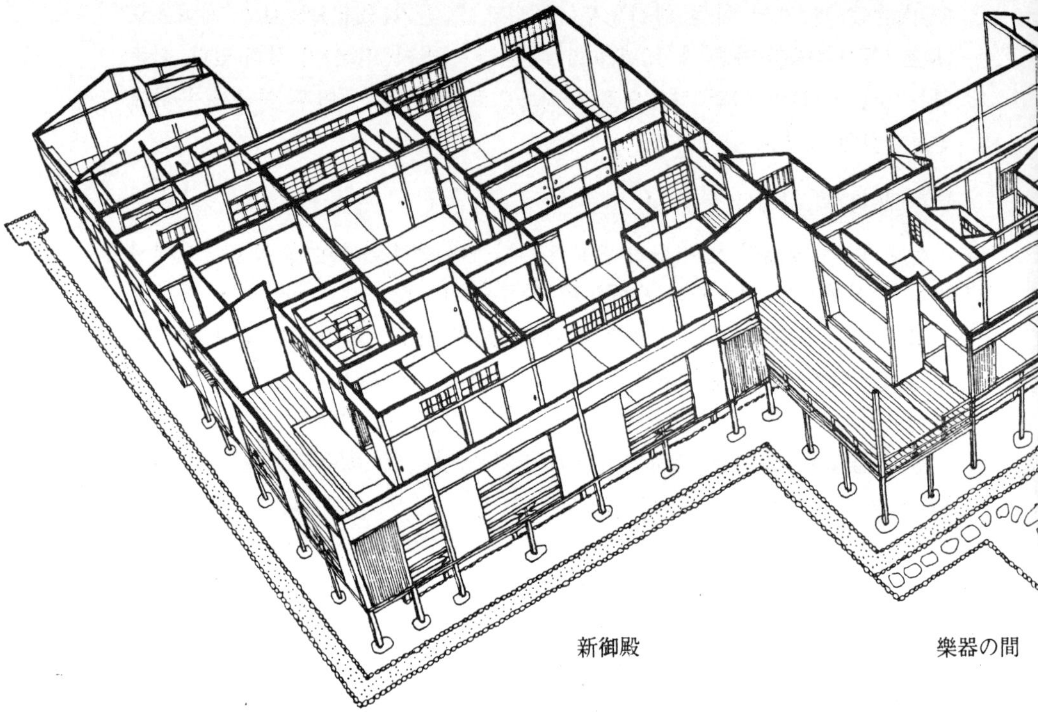

143. 桂離宮

경쾌 우아한 디자인

쇼인 조(書院造) 양식의 특징적인 형태는 니조오 성(二條城)의 니노마루 궁(二の丸宮)에서 볼 수 있는데, 이 장소는 웅대한 대면의식(對面儀式)을 위한 장소로써 사용되었다. 각주(角柱)를 사용하였으며, 나게시(長押, 역주 1-18 참조)를 설치하고, 벽이나 창호에 채색화를 그린 쇼인 조(書院造)는 대면의식(對面

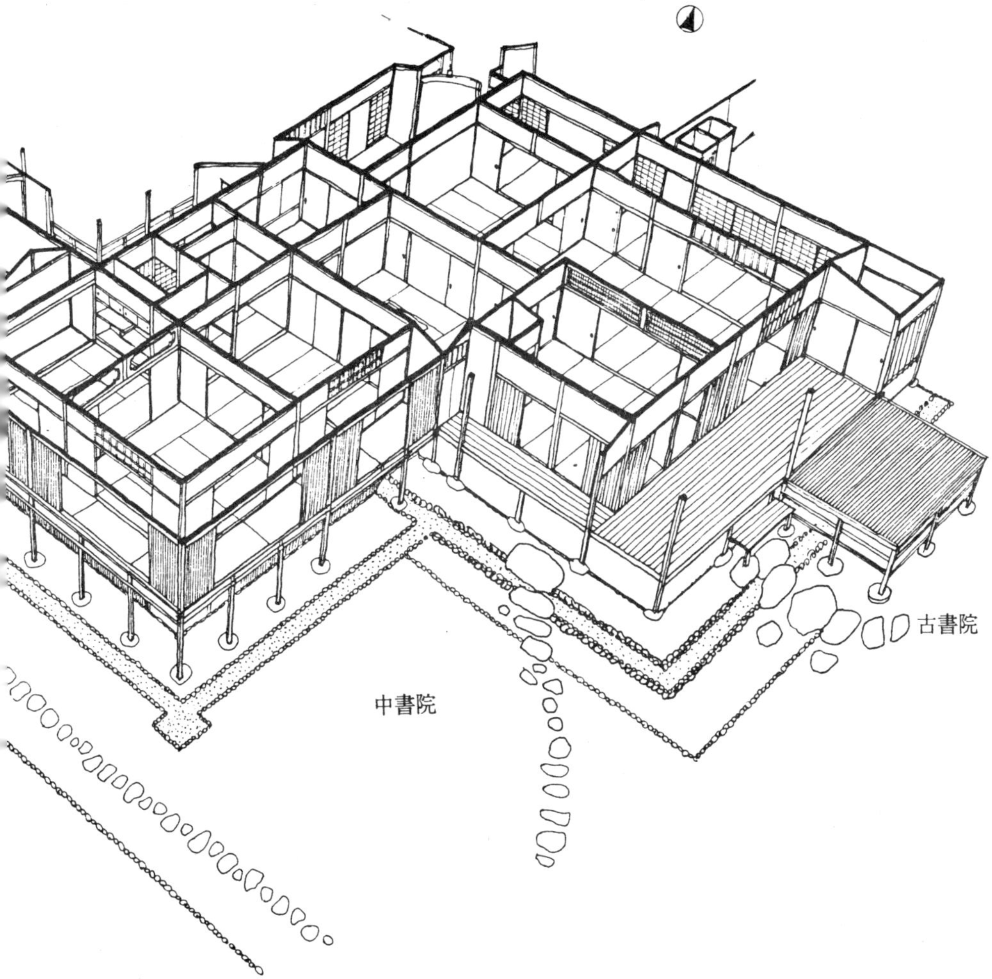

儀式)에는 적합했지만 평상시의 주거(住居)로는 그리 적합하지 않았다.

이러한 상태에서 원래의 쇼인 조(書院造)를 기초로 한 새로운 쇼인(書院) 양식이 발전하였는데, 기둥은 각주(角柱)가 아닌 면피주(面皮柱, 통나무의 4면을 수직으로 깎아내고 네 모퉁이에 둥근 부분이 남게 한 기둥)로 하고, 섬세한 구조부재와 절제된 장식을 사용하여 실내를 친근감 있고 무의식적이며 경쾌 우아한 분위기로 함으로써 당시의 귀족들이 즐겨 세우게 되었다. 일반적으로 이것을 스키야 조(數寄屋造) 또는 스키야쇼인 조(數寄屋書院造)라고 부른다.

차문화(茶文化)가 중세에 성행하게 되어 차의식(茶儀式)을 위한 독자적인 건축공간인 다실(茶室)이 만들어졌는데, 그 디자인을 쇼인 조(書院造)가 받아들여 스키야 조(數寄屋造)가 완성되었다고 하는 견해가 있으나, 그와는 달리 중세 교오토(京都)에서 성행하던 귀족 은둔자들의 한거(閑居) 또는 그 풍정(風情)을 토대로 하여 성립된 공가(公家)들의 독자적인 주거양식이었다는 견해도 있다.

계리궁(桂離宮)

계리궁(桂離宮)은 하찌조오노미야 도시히토 친왕(八條宮智仁親王, 1579~1629)과 그의 아들 도시타다 친왕(智忠親王, 1619~1662) 등 2대(代)가 조영(造營)을 시작한 것으로, 일본식 건축의 정수라고 일본인들을 비롯한 서구 비평가들로부터 자주 찬사를 받고 있다. 계리궁(桂離宮)은 교오토의 남서쪽에 위치해 있고 고서원(古書院), 중서원(中書院), 악기실(樂器間), 신어전(新御殿)이 기러기 행렬의 형상을 이루며, 정원에는 월파루(月波樓), 송금정(松琴亭), 소의헌(笑意軒), 상화정(賞花亭), 원림당(園林堂)이 배치되어 있다.

고서원(古書院)과 정원의 일부는 도시히토 친왕(智仁親王)에 의해 겐와(元和) 2년(1616) 경에 만들어졌으며, 그의 아들 도시타다 친왕(智忠親王) 시대에 중서원(中書院)이 증축되었고 정원도 확장되었다. 중서원(中書院)은 관에이(寬永) 18년(1641) 무렵에 조영(造營)된 것으로 보이나 정확한 증거는 없다. 악기실(樂器間)과 신어전(新御殿)은 고미즈노오 법황(後水尾法皇)의 어행(御幸)에 대비하여 덧붙여진 것으로, 후스마(襖) 장막에서 '만지(万治) 3년(1660)'이란 연기(年紀)가 발견된 것으로 보아 그것보다 후에 완성되었으리라 생각된다.

어전군(御殿群)과 정원이 현재와 같은 모습으로 정비된 것은 17세기 후반의 일이다. 고서원(古書院)만이 있던 시대에는 그 뒤쪽에 부엌(台所), 욕실(湯殿), 화장실(便所) 등이 있었고, 그 후 중서원(中書院)이 증축되었던 시기에도 뒤쪽에 이와 비슷한 기능이 있었다고 생각된다. 또한 신어전(新御殿)과 악기실(樂器間)을 증축하여 현재의 모습을 갖추어서도 이러한 기능을 지닌 것으로 보아 수일간의 체류에도 적합하게 계획된 시설임을 알 수 있다.

정원과 어전(御殿)의 일체화

계리궁(桂離)은 귀족의 개인 별장이었으며 자연 속에서 한적한 휴식을 즐기기 위해 교외에 건설되었다. 도시히토 친왕(智仁親王)과 도시타다 친왕(智忠親王) 및 그들의 객(客)들은 정원에서 봄에는 벚꽃, 가을에는 단풍을 감상하였으며, 넓은 연못에서 뱃놀이를 하고, 어전(御殿)에서는 요리나 차(茶)를 즐겼다. 즉, 정원과 어전(御殿)을 일체화(一體化)하여 사용했다는 점에 특징이 있으며 넓은 연못, 적재적소에 위치한 돌, 잘 가꾸어진 나무와 숲으로 이루어진 정원은 단지 건물에서 바라보는 대상일 뿐만 아니라 돌아다니면서 즐기는 대상이기도 했다.

가쯔라(桂)의 다옥(御茶屋)

하찌조오노미야 가(八條宮家)의 일기에서는 이곳을 가쯔라 다옥(桂御茶屋)이라 부르고 있으며, 이 외에 미사사기무라(御陵村)와 가이덴무라(開田村)에도 그들의 다옥(御茶屋)이 있었다. 가이덴(開田)은 가이덴 천만궁(開田天滿宮) 즉, 현재의 나가오카 현(長岡縣)에 있는 천만궁(天滿宮) 바로 근처였으며, 신사에 참배(社參)할 때나 송이버섯(松茸)을 따러 갈 때는 이 다옥(御茶屋)을 사용했다.

이러한 분위기의 건물은 교외의 별장뿐만 아니라 하찌조오노미야 가(八條宮家) 등 다른 공가(公家)들의 저택에도 세워져 있었다. 학문을 하거나 요리나 차(茶)를 즐기며 자연의 아름다움을 감상하는 건축물로 사용되었던 것이다.

數寄屋의 技法

스키야(數寄屋)의 특징

스키야(數寄屋)라는 말 자체는 '세련된 주거'라는 의미이며, 이 양식의 가장 두드러진 특징은 전형적인 쇼인 조(書院造)의 우아함에 개인적 기호를 살린 부드러운 분위기와 예술적인 특이성을 결합한 것이다. 각각의 스키야(數寄屋) 구조는 독특한 형태를 나타내고 있지만, 전체적으로는 공통된 특징들을 지니고 있다. 이 특징들 중 가장 중요한 것은 차문화(茶文化)의 분위기에서 차용한 소박함과 불규칙성일 것이다. 그러나 가장 훌륭한 스키야(數寄屋)는 사회의 엘리트들에 의해 만들어졌으며, 그 소박한 분위기는 가장 세련되고 우아한 세부 디자인과 더불어 이루어졌다. 특히 쇼인 조(書院造)의 구성을 기본으로 하면서도 면피주(面皮柱)의 사용, 쯔케쇼인(付書院, 붙박이 책상)의 가토오마도(花頭窓)와 그 쇼오지(障子)의 구성, 란마(欄間, 교창)와 구기카쿠시(釘隱し)[29]의 의장(意匠), 다나(棚, 선반)의 투각(透刻) 등을 사용한 점이나 쵸오다이가마에(帳台構, 침실의 장식문)만을 사용하지 않은 점 등은 스키야 풍(數寄屋風) 특유의 요소라 할 수 있다. 기본적으로는 쇼인 조(書院造)이기에 '스키야 풍(數寄屋風) 쇼인(書院)'이라고도 한다. 정식 쇼인 조(書院造)의 기풍을 잃지 않으면서도 엄격함을 떠나 일상적 거실의 분위기를 만들어 내고 있다.

만수원(曼殊院)

스키야(數寄屋) 양식의 전형(典型) 중 하나가 만수원(曼殊院)으로서 교오토(京都)의 북동쪽 산기슭에 위치하고 있다. 이것은 황족(皇族)의 일원인 한 승려를 위해 지어진 것으로써 메이레키(明曆) 2년(1656)에 완성되었고, 그 후 궁전의 북쪽으로부터 사지(寺地)를 현재의 위치로 옮기고 이때 서원(書院)도 완성했다.

만수원(曼殊院)은 2개의 서원(書院)을 갖고 있었는데, 대서원(大書院)과 소서원(小書院)이 그것이다. 이들은 둘 다 스키야 풍(數寄屋風)의 경쾌 우아한 디자인으로 구성되어 있다. 더욱 유명한 소서원(小書院)의 주실(主室)은 다소 가레노마(黃昏の間)이며, 전통적 쇼인 조(書院造)의 창조적인 응용을 잘 보여주고 있다. 이곳에는 2장의 다다미를 깐 조오단(上段)이 있는데, 그곳에 도코(床)와 쯔케쇼인(付書院)을 설치하였고, 툇마루로 돌출한 이 쇼인(書院)에는 가토오마도(花頭窓)를 만들었다. 도코(床)의 좌측에는 즈시(廚子)[30]를 조립한

29. 구기카쿠시(釘隱し) : 못대가리를 감추기 위해 그 위에 씌우는 쇠붙이 장식
30. 즈시(廚子) : 장식이 행해진 두 개의 문짝이 달린 궤 또는 장

144.
曼殊院 書院

145.
曼殊院 小書院 黃昏の間

146.
曼殊院 小書院

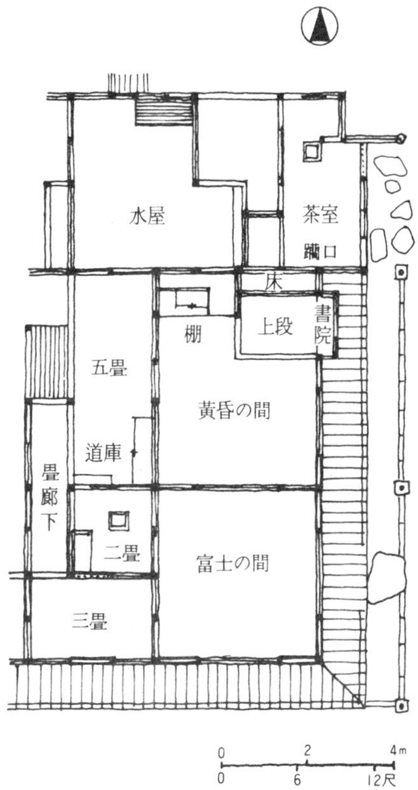

독특한 디자인의 다나(棚)가 있다. 이상의 설명으로 보면 쇼인 조(書院造)의 설명과 유사하겠지만, 조오단(上段)에 단지 2장의 다다미만을 깔은 점, 그 조오단(上段)에 다나(棚)가 포함되지 않은 점, 소란(小欄)을 불규칙하게 두른 천정을 조오단(上段)의 상부에만 설치한 점, 다나(棚)의 독특한 형태 등으로 미루어 그 응용성을 엿볼 수 있다 하겠다. 이 다소가레노마(黄昏の間)의 옆에는 8장의 다다미가 깔려 있는 후지노마(富士の間)가 있으며, 독창적 디자인의 란마(欄間)에 의해 다소가레노마(黄昏の間)와 구분되어 있는데, 란마(欄間)의 디자인은 그물모양의 격자 사이에 황족의 문장(紋章)인 국화(菊花) 무늬가 조각되어 있다. 그 서쪽에 다다미 수에 따라 이름을 붙인 다실(茶室)을 설치하였고, 다소가레노마(黄昏の間)의 뒷쪽에는 하찌마도세키(八窓席)라고 부르는 다실(茶室)을 구비하고 있다.

이상에서 언급한 2개 실(室)의 세부–다나(棚)의 즈시(廚子) 장식, 란마(欄間)의 국화무늬 조각, 후지산(富士山) 모양으로 만들어진 구기카쿠시(釘隱し) 등–는 세심한 계획의 결과라 할 것이다.

니시혼간지 흑서원(西本願寺 黑書院)

니시혼간지 흑서원(西本願寺 黑書院)은 메이레키(明曆) 3년(1657) 즉, 만수원(曼殊院)이 지어진 바로 이듬해에 세워진 것으로 대면소(對面所)와 백서원(白書院)의 뒤에 위치해 있다. 주실(主室)인 이찌노마(一の間)에는 정면 우측에 1간반(間半)의 폭을 가진 도코(床)를 설치하였으며 기둥은 면피주(面皮柱)를 사용했다. 도코(床)의 좌측에 쇼인(書院)을 설치하였으며 여기에 가토오마도(花頭窓)를 만들어 달았다. 그 좌측 앞으로 쇼오지(障子)가 있고 약간 떨어져

147. 西本願寺 黑書院 一の間

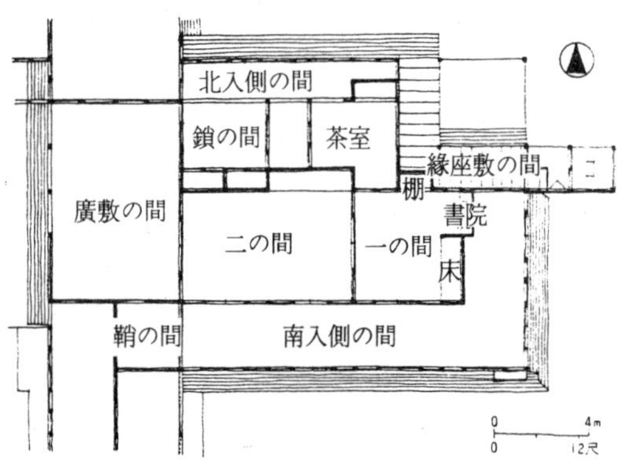

148. 西本願寺 黑書院

서 다나(棚)를 달았으며, 흑서원(黑書院)에는 조오단(上段)이 없다. 다나(棚)의 판재와 뒷판의 구성은 투각(透刻)으로 디자인하여 매우 정성들인 디자인임을 알 수 있다.

이찌노마(一の間)와 노노마(二の間) 사이의 경계를 이룬 오시이(鴨居)에 얹힌 란마(欄間)의 디자인이라든가 식물을 모티브로 하는 구기카쿠시(釘隱し) 등도 재미있다. 지붕 용마루 양끝의 귀면와(鬼面瓦)에는 혼간지(本願寺)의 상징적 무늬(紋)인 등꽃(藤花)을 새겼다.

149. 구기카쿠시(釘隱し)

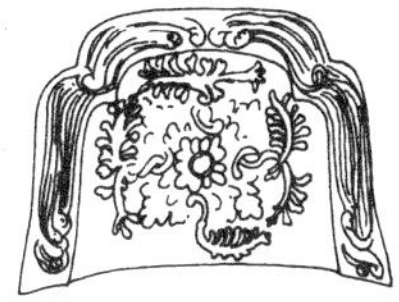

150. 오니가와라(鬼瓦)

151. 란마(欄間)

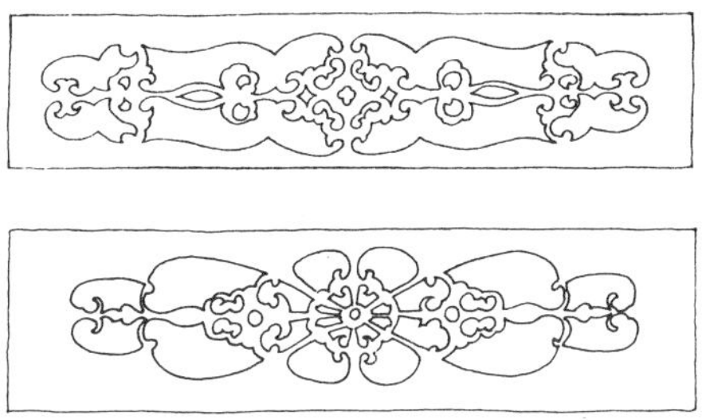

152. 다나 판(棚板)의 透刻

153. 다나(棚)

154. 쯔케쇼인(付書院)

가문(家門)과 디자인에의 영향

메이레키(明曆) 2년(1656)에 완성된 만수원(曼殊院)과 그 다음 해에 완성된 흑서원(黑書院)은 디자인적인 면에 있어 유사성이 매우 많다. 그 이유는 단지 그것들이 거의 같은 시대의 소산물이기 때문만은 아니다. 만수원(曼殊院)은 계리궁(桂離宮) 고서원(古書院)의 건축자이자 초대 왕인 하찌조오노미야 도시히토 친왕(八條宮智仁親王)의 차남 료오쇼오 왕자(良尙王子, 1622~1693)에 의해서 세워졌다. 반면 흑서원(黑書院)은 승려인 료오뇨(良如, 1612~1662)에 의해서 세워진 것으로 그의 부인은 도시히토 친왕(智仁親王)의 딸 우메노미야(娘梅宮)였다. 이런 인연으로 해서 도시히토 친왕(智仁親王)의 장남인 도시타다 친왕(智忠親王)과도 교제가 있었다. 도시타다 친왕(智忠親王)은 부친인 도시히토 친왕(智仁親王)의 뒤를 이어서 계리궁(桂離宮)의 조영에 힘을 기울이고 있었는데, 그 계리궁에 료오쇼오 왕자(良尙王子)와 료오뇨(良如), 우메노미야(娘梅宮) 부부도 방문했었다고 한다. 당시 계리궁(桂離宮)은 고서원(古書院)과 중서원(中書院) 이외에는 만들어지지 않은 상태였으나, 그곳에서의 디자인 방법에 대한 구분과 대화가 만수원(曼殊院)이나 흑서원(黑書院)에 상호 영향을 주었다는 것은 충분히 생각해 볼 수 있다.

기타의 스키야 풍(數寄屋風) 서원(書院)

그 밖의 스키야 풍(數寄屋風)의 서원(書院)으로는 다음 4가지의 예를 들 수 있다.

후시미이나리 다이샤(伏見稻荷大社)의 다옥(御茶屋)은 교오토 시(京都市)에 있는 것으로 관에이(寬永) 18년(1641)에 사용되고 있지 않던 어전(御殿)을 하사(拜領)받은 것이라 전해지고 있다. 고킨덴주노마(古今傳授の間)는 구마모토 시(態本市)에 있는 것으로 하찌조오노미야 도시히토 친왕(八條宮智仁親王)의 저택 내부에 위치한 학문소(學問所)를 관에이 연간(寬永年間, 1624~1644) 가이덴무라(開田村)에 있는 자신의 다옥(茶屋)으로 옮겼으며, 이후 메이지 시대(明治時代)에 현재의 위치로 옮겨 온 것이다. 미나세 신궁(水無瀨神宮)의 등심정(燈心亭)은 오오사카시(大阪市)에 있는 것으로, 관에이(寬永)의 고미즈노오 법황(後水尾法皇)의 어행(御幸) 행사 때 세워진 것이다. 산케이엔(三溪園)의 임춘각(臨春閣)은 요코하마 시(橫浜市)에 있는 것으로 원래 와카야마 도쿠카와 가(紀州德川家)의 별장으로써, 게이안(慶安) 2년(1649)에 지어진 것이다.

民家의 造形

민가(民家)의 다양한 의미(意味)

민가(民家, 민카)라는 말 자체는 문자적으로 '백성들의 주거'를 의미하며, 마을의 촌장(村長)이나 부유한 상인(商人)들의 대저택에서부터 가장 가난한 농민(農民)과 어민(魚民)의 주거에 이르기까지 다양한 주거형태를 일컫고 있다. 이 말은 심지어는 신토오(神道)의 신관(神官)이나 계급이 낮은 무사(武士)들, 그리고 하위 궁중관리들의 주거에까지 적용된다. 간단히 말해 근세 일본에 있어 매우 높은 사회적 지위를 지닌 궁중 귀족인 공가(公家)와 무사(武士)들의 주택을 제외하고는 모든 민가(民家)에 속한다고 할 수 있어 엄밀한 정의(定義)는 어렵다 하겠다.

민가(民家)의 형식은 그 소유자들만큼이나 다양하며 인간생활을 포함하고 있는 것이므로 대부분이 사는 사람이나 그 생활상에 따라서 변화한다. 즉, 생활상 불편한 부분은 거주자의 필요에 의해서 손질이 가해지고 좁으면 증축을 하기도 했다. 주택이 오래되어 낡아지게 되면 다시 지었기 때문에 옛 것을 남기기가 어려웠다. 현재 남아 있는 오래된 민가(民家)의 대부분은 당시 마을의 신분이 높은 사람이나 부유한 서민들의 것이어서 규모가 크고 훌륭하게 계획되었기 때문에 그것만으로는 서민주택(庶民住宅)까지를 포함하는 실제적 의미에서의 민가(民家)를 체계화하기가 어렵다고 할 수 있다. 그러나 현존하는 민가(民家)를 보면, 그 토지의 기후나 풍토에 따라 여러 가지 연구를 거듭했던 당시 서민들의 지혜를 알 수 있다. 즉, 소박한 가운데 조형상의 궁리를 짜내어 평범하게 보이면서도 고도로 세련된 디자인의 흔적이 각지의 민가(民家)에 남아 있는 것이다.

요시무라 가(吉村家)의 주택

현재 오오사카 현(大阪縣)의 하비키노 시(市)에 있는 요시무라 가(吉村家)는 전통 민가(民家)의 가장 훌륭한 예로서, 단순한 생동감(生動感)과 역동성(力動性)을 보존하고 있을 뿐만 아니라 정교함과 우아함도 지닌 건물이다. 요시무라 가(吉村家)는 현재도 여전히 그 주택을 소유하고 있다. 덴쇼오(天正)19년(1591)의 문서에 선조(先祖) 시찌에몬(七衛門)이 "만도코로(まん所)"[31]라는 호칭으로 그 서두에 기록되었으며, 분로쿠(文祿) 3년(1594)의 토지대장(檢地帳)에는 "쇼오야 히찌에몬(庄屋七衛門, 여기서 쇼오야(庄屋)는 村長을 뜻함. 역자 주)"

31. 만도코로(まん所) : 원래는 政所라 하여 가마쿠라(鎌倉)·무로마찌(室町) 시대 막부(幕府)에서 정무를 행하던 곳. 正廳이라고도 함. 헤이안(平安) 이후 三品 이상 귀족의 가정에서 사무를 보던 곳. 여기서는 감독이라는 의미

과 같은 명칭이 보이는 등 요시무라 가(吉村家)는 유서깊고 훌륭한 가계(家系)를 자랑하고 있다. 이 가계(家系)의 수장(首長)들은 1868년 도쿠카와 막부(德川幕府)의 몰락까지 하내국(河內國) 단북군(丹北郡) 도천촌(嶋泉村)에서 쇼오야(庄屋)로서의 지위를 유지하고 있었다.

거의 모든 민가(民家)들과 같이 요시무라 가(吉村家) 주택도 건조연대를 명확히 나타내주는 사료(史料)는 없지만, 도쿠카와 이에야스(德川家康)가 세키가하라(關ガ原) 전투에서 승리를 거둔 15년 후인 겐와 원년(元和元年, 1615),

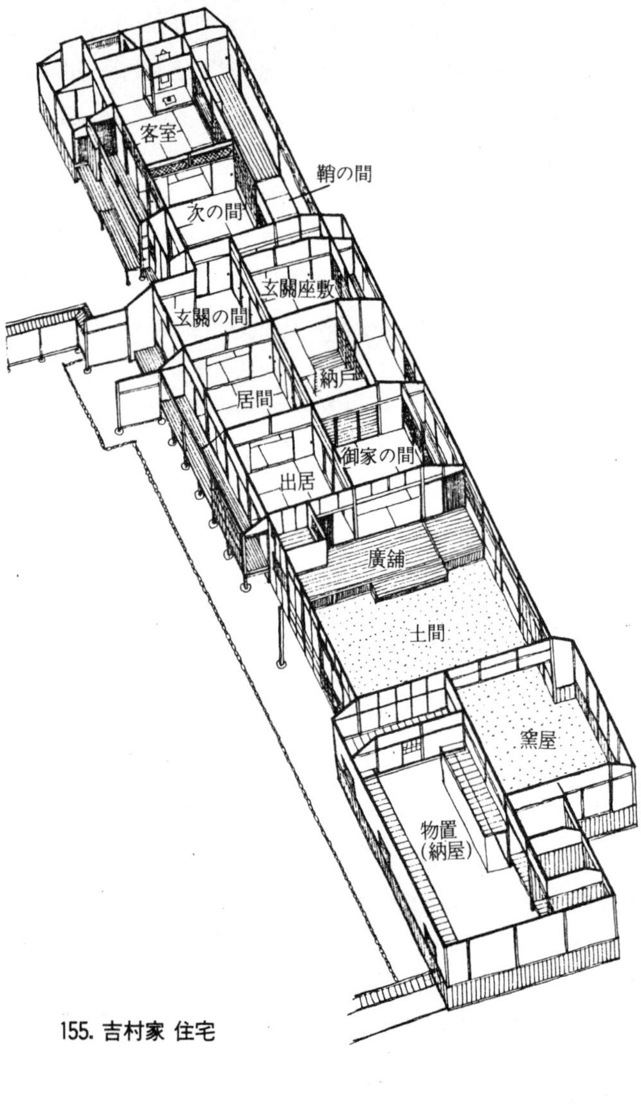

155. 吉村家 住宅

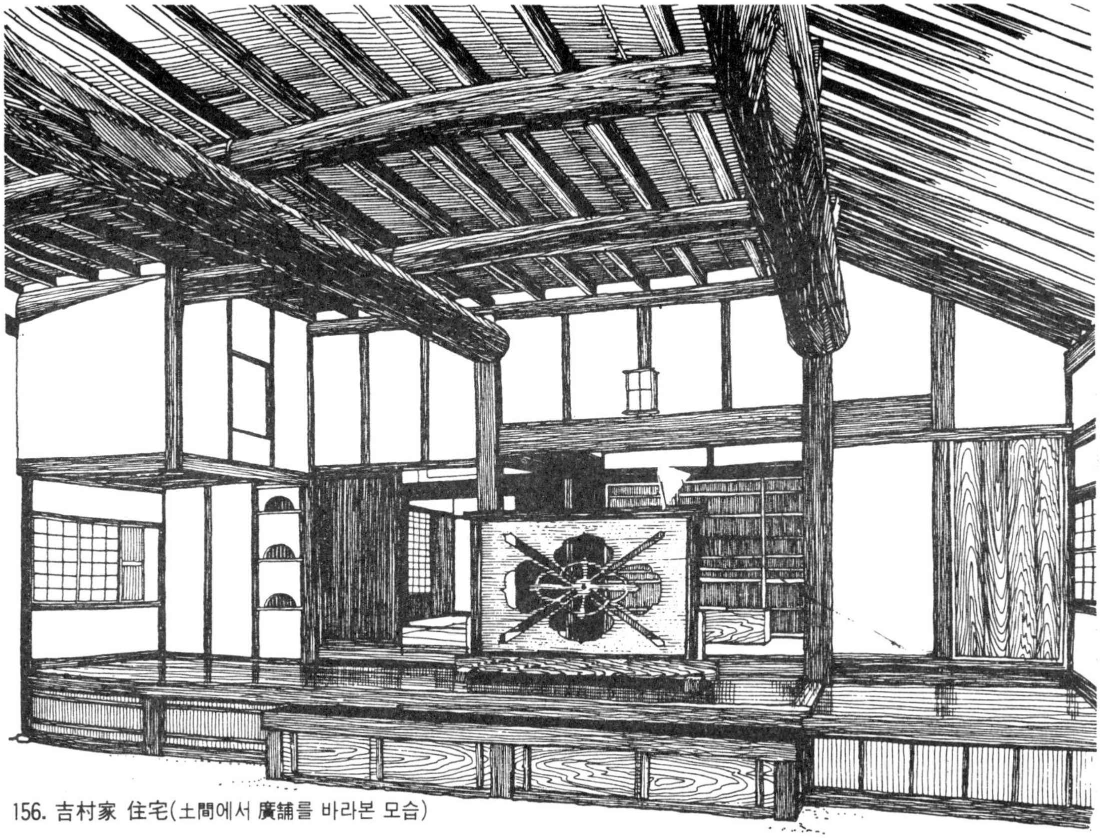

156. 吉村家 住宅(土間에서 廣舖를 바라본 모습)

자신의 마지막 저항세력을 평정키 위한 오오사카(大阪)의 여름 전쟁에서 소실되었다고 전해지고 있다. 그 이후 요시무라 가(吉村家)의 본채(主屋)가 곧바로 재건되었으며, 객실(客室) 부분은 그것보다 약간 늦게, 그리고 동쪽의 헛간(物置)과 가마야(竈屋)[32]는 1798년 이후에 증축되었다고 판단된다.

요시무라(吉村) 주택의 중앙부분은 토방(土間)과 한단 높은 다다미 방으로 나누어진다. 이 두 부분 사이의 전이(轉移)는 히로시키(廣舖)라는 내부 마루부분에서 이루어진다. 넓은 토방(土間)에서 위를 올려다 보면 지붕 밑에 종횡(縱橫)으로 걸쳐진 크고 거친 보(梁)가 보이고, 그 위로 대나무를 길게 잘라 연속적으로 붙여 놓은 스노코 덴조오(竹簀子天井)가 대비(對比)를 이루는 세련된 개념의 디자인이다.

히로시키(廣舖)의 남단에 천정에서부터 내려 달았던 중층의 방은 아마도 요시무라(吉村) 가계와 같은 유명한 집안에서나 있음직한 하인들 특히, 하녀들

32. 가마야(竈屋) : 민가에서 본채(主屋)와 별동으로 지어진 취사(炊事) 전용의 소규모 건물(小屋). 바닥은 토방(土間)이며, 가마(窯) 또는 화로(爐)를 설치함. 불의 깨끗한 사용을 중시하는 사상에서 비롯되었다고 함

을 위한 방이었다고 전해진다. 이 방에 오르기 위해서는 벽에 만들어진 반달형의 사다리를 이용해야 했다. 히로시키(廣舗) 위에 서 있는 우아하게 디자인된 나무판은 토방(土間)을 막고 있었던 벽면 상부의 란마(欄間)에 들어 있었던 것으로 복원공사 때 철거되어 토방(土間)과의 간막이 역할을 하고 있다.

히로시키(廣舗)의 서쪽에는 데이(出居)[33]라고 부르는 과거에 응접실로 사용되었던 여섯 장 다다미의 방과 주인이 기거하는 방인 오이에노마(御家の間)가 있고, 다시 그 서쪽으로는 거실인 이마(居間)와 나무바닥의 창고방인 난도(納戸)[34]가 늘어서 있다. 봉건시대에는 대부분의 방문객들이 토방(土間)에 있는 문을 지나 다녔으나, 귀빈들은 겐칸노마(玄關の間)를 통하여 토방(土間)의 뒤쪽 부분이나 서쪽 끝에 있는 객실로 안내되었으며, 이 현관의 앞쪽에는 시키다이(式台)라는 마루가 깔려 있다.

정식의 객실구역은 두 개의 주요 실(室) 즉, 객실(客室)과 대기실인 쯔기노마(次の間)로 이루어졌으며 투각(透刻)으로 장식된 란마(欄間)에 의해 분리되어 있다. 객실(客室)은 스키야(數寄屋) 양식의 장식적인 도코(床)와 다나(棚)를 포함하고 북쪽의 복도에 면해 있으며, 가토오마도(花頭窓)를 갖는 쇼인(書院)이 설치되어 있다. 또한 객실(客室)의 세부를 보면, 방의 귀기둥(隅柱)을 제외하고 기둥은 면피주(面皮柱)로 하였고 고시다카 쇼오지(腰高障子, 역주 1-36 참조)를 달았으며, 쇼오지(障子)·후스마(襖)·벽 등에는 그림이 그려져 있다. 이 밖에 구기가쿠시(釘隱し), 손잡이의 금구(金具), 투각(透刻)의 란마(欄間) 등으로 보아 공들인 디자인임을 알 수 있다. 이 실은 막부의 지방관(代官) 등 관리를 접대하는 장소로 쓰였으며 북쪽 뒤에는 연못과 언덕을 갖춘 정원이 있었다.

토방(土間)의 동쪽으로는 헛간(物置 또는 納屋)과 가마야(竈屋)가 접속되어 있는데 이 부분은 에도 시대(江戸時代) 중기인 관세이(寬政) 10년(1798) 이후에 개조된 것이다.

요시무라 가(吉村家)의 전성기인 에도 시대(江戸時代)에는 본채(主屋) 이외에도 나가야몬(長屋門, 대문), 토장(土藏, 토벽의 저장실), 반쇼(番所, 초소) 등 많은 부속 건물이 있었으나, 현재는 본채(主屋)와 나가야몬(長屋門, 表門)을 비롯하여 도로변의 부분만이 남아 있다. 그러나 넓은 대지는 매우 양호한 상태로 남아 있으며, 호쾌장대한 본채(主屋)와 스키야 풍(數寄屋風)의 디자인을 보이고 있는 객실(客室) 등이 에도 시대(江戸時代) 쇼오야(庄屋, 村長)들의 주거(住居) 모습을 잘 전해주고 있다.

33. **데이(出居)** : 민가에서 본래는 손님을 응접하기 위한 기능이 주된 것이었으나, 신을 모신 선반(神棚)을 갖추어 신관(神官)을 영접하는 방 등으로 전용(轉用)되기도 했다.

34. **난도(納戸)** : 민가에서 초기에는 부부의 침실로 쓰이다 차차 침실 일반을 가리키는 명칭이 됨. 또한 귀중품이나 의류 등을 보관하기도 함

民家의 地域的 特性

민가(民家)의 특성

민가(民家)는 각 지방(地方)마다 독특한 형태를 취하고 있다. 각 지역이 갖고 있는 기후, 풍토 그리고 생활양식에 따라 평면 또는 외관상 독특함을 보이고 있는 것이다.

동북지방(東北地方)

일본 동북지방 건물양식의 특성 중 하나는 중문(中門) 양식으로서, 후쿠시마 현(福島縣)의 남쪽으로 아키타(秋田)와 야마가타(山形) 양 현(兩縣)에 걸쳐 분포되어 있으며, 중문(中門)이라 불리우는 부분이 주거의 본채(主屋)에서 돌출되어 있어 츄우몬 조(中門造)로 불리우고 있다. 이 중문(中門)은 쇼인 조(書院造)와 초기 주거들에서 같은 이름으로 사용된 돌출된 복도로부터 발전해 왔다. 보통 이러한 주거형식은 정면에 입구를 두고 있으며 토방(土間), 마굿간, 변소, 그리고 눈오는 겨울철 이들 지역으로 접근할 수 있는 지붕 덮인 통로로 이루어져 있다.

이와테 현(岩手縣)의 구 남부번령(舊南部藩領) 지역에는 '남부(南部)의 마가리야(曲屋)'라고 불리는 평면형식이 있는데, L자형으로 구부러진 평면 형식이어서 마가리야(曲屋)라고 하였으며, 도오노 시(市)의 기쿠찌 가(菊池家) 주택이 그 좋은 예이다. 이 형식의 주거는 일반적으로 마굿간과 토방(土間)만을 갖고 있으며 입구는 정면이 아니라 측면에 위치해 있다.

동북지방 민가(民家)의 또다른 예로써는 시부야 가(澁谷家)의 주택이 있는데, 원래는 야마가타 현(山形縣)의 히가시타가와 군(東田川郡) 다무기마타(田麥俣)에 있었던 것으로, 메이지 시대(明治時代) 이후에 성행한 누에치기의 영향으로 2, 3층에 커다란 창을 내었다. 이 지역은 눈이 많았던 곳이기 때문에 창을 높게 한 것은 그에 대한 배려이기도 했으며 누에치기의 작업이 2, 3층에서 이루어졌기 때문이기도 했다. 누에치기 산업은 이 주택이 지어졌던 1822년에 이 지역에 있어 유행했던 가내 수공업이었다. 지붕은 가부토야네(兜根) 양식이며 이는 일본 무사들이 쓰던 투구인 가부토(兜)와 비슷한 모양을 하고 있었기 때문에 붙여진 이름이었다.

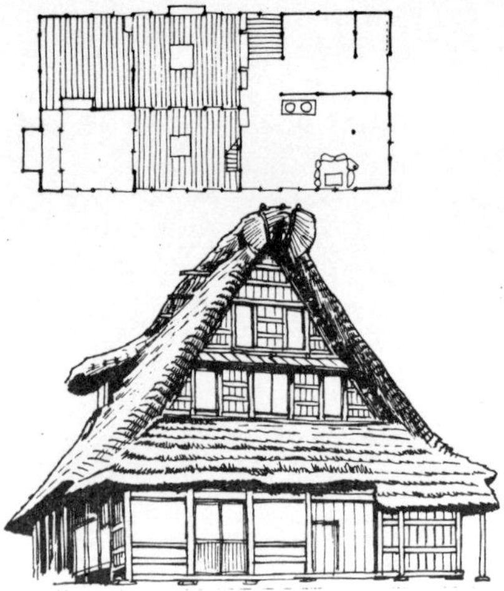

157. 江向家 住宅
(18세기 중기, 富山縣 東砺波郡 上平村)

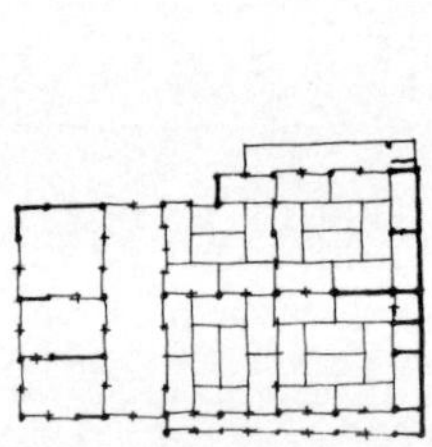

158. 川打家 住宅平面
(18세기 초기, 佐賀縣 多久市 西多久町)

159. 多久의 구도 조(竈造) 住宅外觀(佐賀縣)

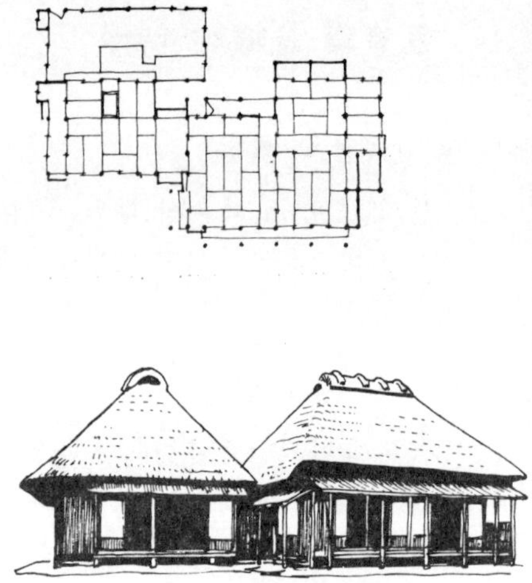

160. 二階堂家 住宅
(19세기 중기, 鹿兒島縣 肝屬郡 高山町 大字新富)

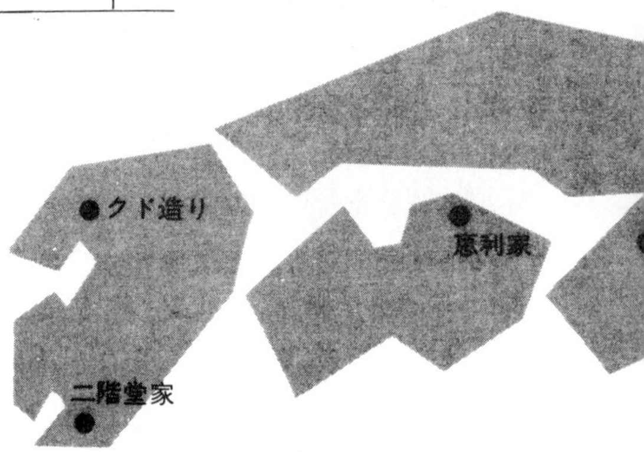

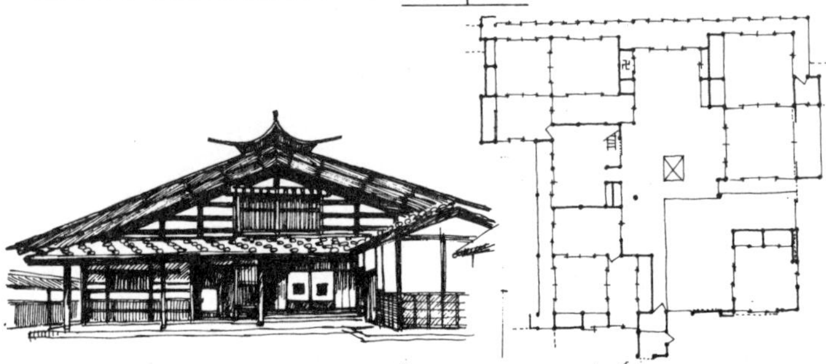

161. 堀内家 住宅(19세기 전기, 長野縣 鹽尻市 堀内)

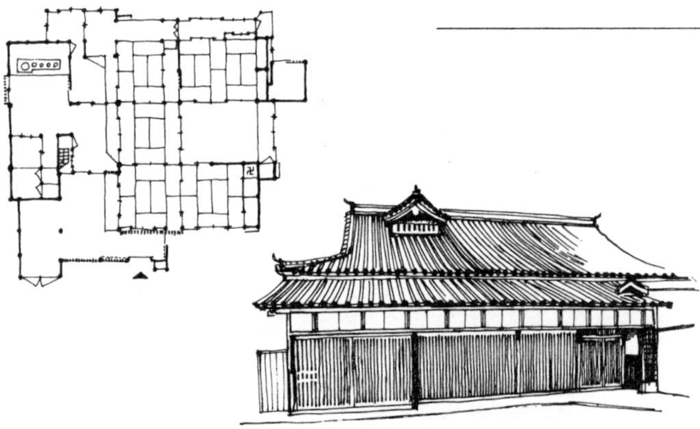

162. 栗山家 住宅(慶長 12년, 1607, 奈良縣 五條市 五條)

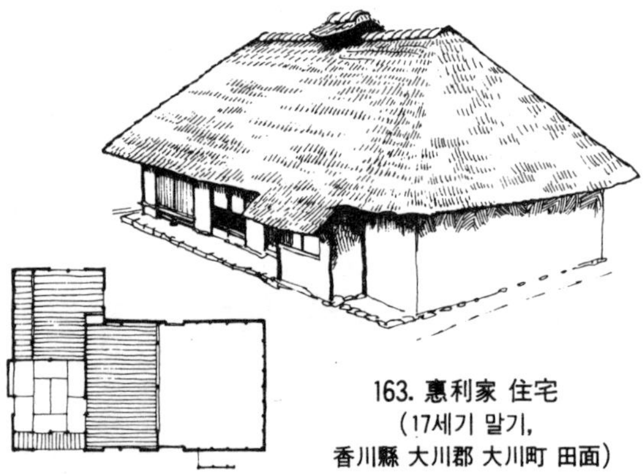

163. 惠利家 住宅
(17세기 말기,
香川縣 大川郡 大川町 田面)

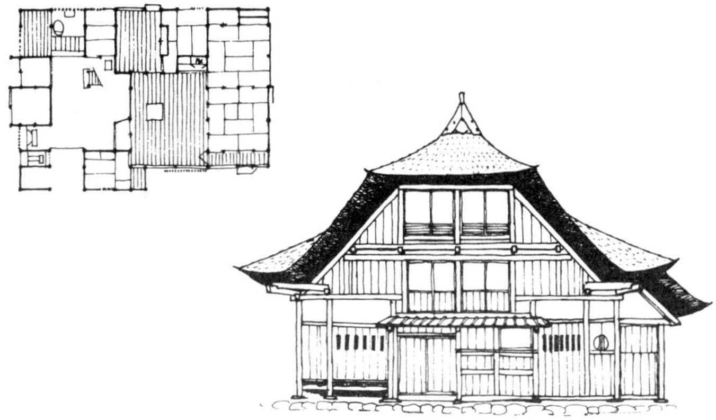

164. 澁谷家 住宅(文政 5년, 1822, 山形縣 東田川郡 朝日村 田麥俣)

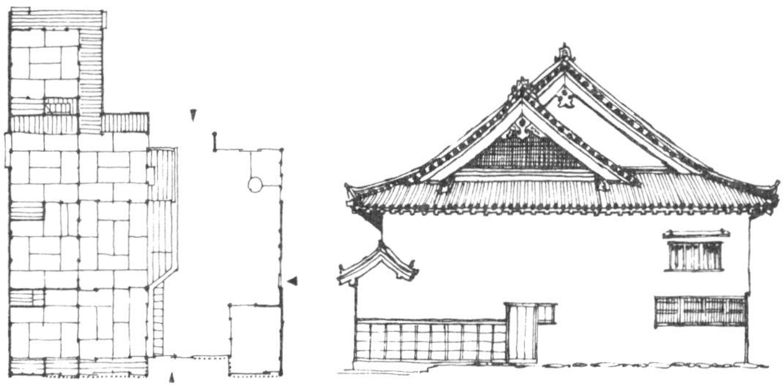

165. 今西家 住宅(慶安 3년, 1650, 奈良縣 橿原市 今井町)

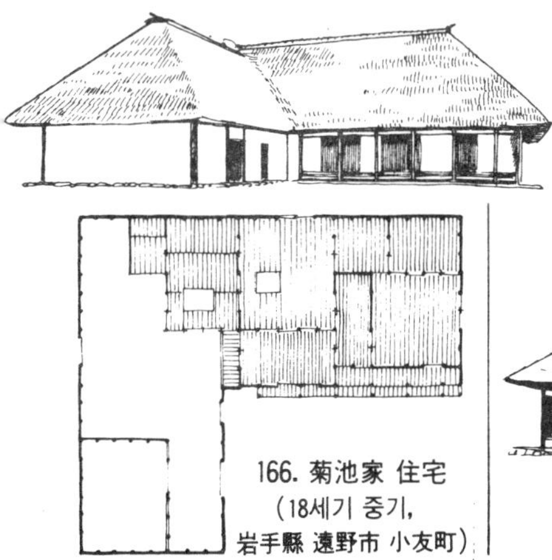

166. 菊池家 住宅
(18세기 중기,
岩手縣 遠野市 小友町)

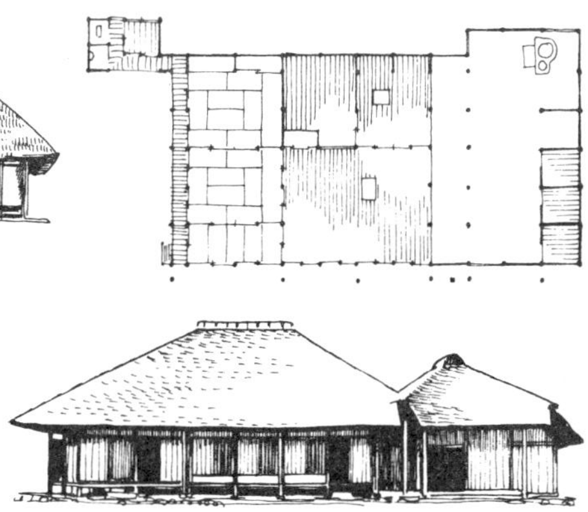

167. 作田家 住宅
(17세기 말기, 千葉縣 山武郡 九十九里町)

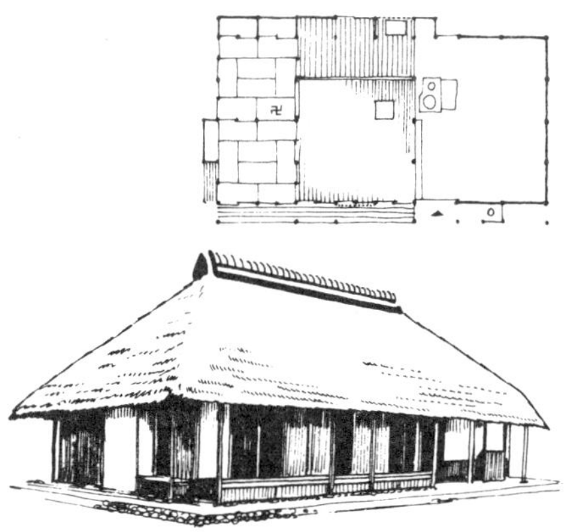

168. 北村家 住宅
(貞享 4년, 1687, 神奈川縣 秦野市)

관동(關東) · 중부지방(中部地方)

이바라기(茨城), 찌바(千葉), 그리고 미야기(宮城)의 각 현(縣)에 분포된 많은 민가(民家)들은 본채(主屋)의 다다미 바닥부분과 토방(土間)을 별동(別棟, 지붕도 별개로 함)으로 하는 분동형(分棟型)의 평면을 갖고 있었다. 사쿠타가(作田家)의 주택은 구주우쿠리(九十九里) 지역(현재 찌바 현(千葉縣)의 해안) 선주(船主)의 주택으로써 커다란 동(棟)이 본채(主屋), 오른쪽 작은 지붕의 것이 토방(土間)이다. 기타무라 가(北村家) 주택은 이 지역에 있어 매우 오래된 주거로 가나가와 현(神奈川縣) 하다노 시(秦野市) 변두리의 단자와 산(丹澤山) 기슭에 위치한 농가(農家)이다. 이 주택의 특징은 히로마(廣間)라는 주실(主室) 다다미방의 3/4 정도에 대나무 스노코(竹簀子)를 깔았다는 점이다.

도야마 현(富山縣)과 기후 현(岐阜縣) 일대에는 갓쇼오 조(合掌造)라 불리우는 독특한 지붕의 민가(民家) 형식이 있는데 이는 손바닥을 합장한 모양의 사스(扠首, 합장재의 일종) 형태에서 유래된 것이며, 그 대표적인 예가 도야마 현(富山縣) 쇼오가와 유역(庄川流域)의 가미타이라무라(上平村)에 있었던 에무카이 가(江向家) 주택이다. 이 형식의 민가(民家)는 시부야가(澁谷家) 주택과 마찬가지로 3층 구조로 되어 있으며 역시 누에치기를 위해 사용되었다.

나가노 현(長野縣)은 혼무네 조(本棟造)의 주택으로 잘 알려져 있다. 그림에 나와 있는 예는 시오지리 시(鹽尻市)에 있는 호리우찌 가(堀內家)의 주택으로 그 지역을 감독했던(그 직책을 오오조오야(大庄屋)라 했음. 역자 주) 유력한 지방 가문(家門)을 위한 주택이었다. 이 주택은 거의 정방형의 평면으로써 건물에 스즈메오도리(雀おどり)[35] 또는 스즈메 오도시(雀おどし)라고 부르는 장식을 달고 있으며, 경사가 완만한 기리즈마야네(切妻屋根, 맞배지붕), 박공벽(妻壁)의 목조 뼈대(貫, half-timbered) 등과 함께 독특한 외관을 구성하고 있다.

근기(近畿) · 중국 지방(中國地方)

나라 현(奈良縣) 교오하라 시(橿原市) 이마이쵸오(今井町)에 있는 이마니시가(今西家) 주택은 게이안(慶安) 3년(1650)에 지어졌다고 기록되어 있는 무나후다(棟札)[36]가 있어 그 건조연대를 알 수 있으며, 이와 같이 건조연대가 명확한 것으로는 구리야마 가(栗山家)와 나카무라 가(中村家)의 주택(고세 시(御所市), 관에이(寬永) 9년(1632))이 있다. 이 주택들은 복잡한 구성과 호화스런 지붕을 갖고 있는데 이를 야쯔무네 조(八棟造)라 부르고 있다. 이마이쵸오(今井町)는 주변

35. **스즈메오도리(雀おどり)** : 주로 나가노 현(長野縣)의 판재지붕(板葺)으로 된 민가(民家)에 있어서 지붕에 얹혀진 판조(板造)의 장식을 일컬음

36. **무나후다(棟札)** : 상량(上梁)하거나 수리할 때 공사의 내역, 건축의 연월, 건축자와 시주자의 이름, 기원문 등을 붓으로 기록하여 마룻대에 박아두는 패

에 해자(濠)를 두른 지나이쵸오(寺內町)[37]이며, 이마니시 가(今西家)는 이 마을의 지도자였다.

고조오 시(五條市)의 구리야마 가(栗山家)는 기와지붕(本瓦葺)의 이리모야야네(入母屋屋根, 팔작지붕)이며 화려하게 채색된 외관을 보여주는 상가(商家)이다. 게이쵸오(慶長) 12년(1607)이라는 기록이 있는 무나후나(棟札)가 있어 연대가 명확한 것으로써는 가장 오래된 민가(民家)이다. 연대는 명확하지 않으나 구리야마 가(栗山家)보다 오래 되었다고 판단되는 민가(民家)의 예로써는 고오베 시(神戸市)의 하코기 가(箱木家) 주택과 효오고 현(兵庫縣)의 후루이 가(古井家) 주택이 있다. 둘 다 '천년가(千年家)'라고 불리우며 무로마찌 시대(室町時代) 말엽의 것으로 판단된다.

시코쿠(四國)·규우슈우 지방(九州地方)

가가와 현(香川縣)의 동부평야(東部平野)에는 유난히 넓은 토방(土間)을 갖고 있고 급하게 경사진 지붕을 한 요세무네 조(寄棟造, 우진각 지붕)의 주거들이 널리 분포되었다. 에리 가(惠利家)의 주택은 그 좋은 예로써 외벽을 육중하게 하여 폐쇄적인 외관을 갖고 있다. 또한 사가 현(佐賀縣), 나가사키 현(長崎縣)에는 구도 조(竈造)라고 부르는 凹형태의 독특한 지붕을 지닌 주택이 분포되어 있다. 이 지붕은 가마솥(竈)의 형태와 비슷하다고 해서 그 이름이 붙여졌다고 전해지고 있으며, 태풍이 많은 지역이기 때문에 강풍에 대처하기 위해서 생긴 형식이 아닌가 하는 설(說)도 있다. 가와우찌 가(川打家)의 주택은 바로 그 예이지만 평면은 후세에 변경된 것이다. 이 평면은 구도(竈) 양식의 대표적인 초기 주거형태를 보여주고 있다.

가고시마 현(鹿兒島縣)의 남부에는 분동형(分棟型, 棟은 용마루를 뜻함. 역자 주)의 민가(民家)가 몇 개 있는데, 니카이도오 가(二階堂家)의 주택은 그 대표적인 예로써 동서방향의 용마루를 지닌 '오모떼'와 남북방향의 '나카에'로 이루어져 있다.

37. 지나이쵸오(寺內町) : 무로마찌(室町) 시대 중기 이후 정토진종(浄土眞宗)의 혼간지 파(本願寺派) 신도들이 건설한 일련의 집락(集落)으로 군사적 성격을 강하게 지닌다. 고보오(御坊)라는 절(寺)을 중심으로 그 주위에 농민신자들의 대기소(結所)인 다야(多屋)가 둘러져 있다. 대부분 바둑판 모양으로 가로가 형성되며 토거(土居), 해자(濠)로 둘러져 있다.

169. 쯔마고(妻籠)의 거리 모습

군(群)을 이룬 민가(民家)의 유형

노오손(農村), 미나토마찌(港町, 이하 항구도시라 함. 역자 주), 사원(寺院)이나 신사(神社) 주위로 형성된 몬젠마찌(門前町)[38], 교통의 요로(要路)를 따라 발달된 슈쿠바마찌(宿場町, 이하 역참도시라 함. 역자 주), 조오카마찌(城下町, 이하 성곽도시라 함. 역자 주) 등 민가(民家)의 집락(集落)들은 각각 다른 목적에 따라 군(群)을 이루며 발달하였다. 예를 들어, 도야마 현(富山縣)의 도나미 평야(砺波平野)에는 방풍용(防風用)의 숲(屋敷林)으로 둘러싸인 집들이 산재해 있어, 언뜻 보기에는 서로 떨어진 개개의 존재로 보이지만 조금 시야를 넓혀 바라보면 그러한 형태로 집락(集落)을 구성하고 있음을 알게 된다. 이것을 산거집락(散居集落)이라고 부르고 있다.

효오고 현(兵庫縣) 이보 군(揖保郡)의 미쯔쵸오(御津町)는 옛날부터 전형적 항구도시인 무로쯔(室津)를 일컫는다. 일찌기 다이묘(大名)들이 머물렀던 혼진(本陣)[39]등 항구도시의 면모를 전해주는 거리 모습이 남아 있다.

후쿠시마 현(福島縣) 미나미아이즈 군(南會津郡)의 시모고오마찌(下鄕町)에 있는 구(舊) 오오우찌 역(大內宿)에는 역참(宿場)이었던 건물들이 아이즈(會津)의 니시카이도오(西街道) 양쪽으로 연속하여 서 있다. 길 양쪽에 있는 도랑에는 물이 흐르는데 여행객들이 피로를 풀었을 역참도시(宿場町)의 풍정이 떠오른다.

쯔마고(妻籠)의 주거군(住居群)

쯔마고(妻籠)는 현재의 나가노 현(長野縣)으로 나카센도오(中仙道 또는 기소카이도오(木會街道)라고도 함)[40]를 따라 형성되었으며 에도 시대(江戶時代) 번성했던 67개 역참도시(宿場町) 중 하나였다. 현재도 혼야마(本山), 나라이(奈良井), 미도노(三留野), 그리고 가장 유명했던 쯔마고(妻籠) 등 옛 모습을 남기고 있는 도시가 적지 않다.

쯔마고(妻籠)는 산간(山間)에 위치해 있었기 때문에 농업으로 인한 수확은 그다지 기대할 수 없었고 젊은 사람들이 도회지로 떠나버려 과소화(過疎化) 현상이 염려가 되었다. 이로 인해 도시 전체의 가로변을 따라 있는 건물의 보존을 추진하면서 가로(街路)에 면한 외관(facade)을 막부시대(幕府時代) 말기의 모습으로 복원하여 예전의 역참도시의 모습으로 재현시켰다. 도로에 있는 전신주(電身柱)를 보이지 않는 곳으로 옮기는 등의 노력이 결실을 맺어 현재에는 많은 사람들이 에도(江戶)의 옛 모습을 그리며 방문하고 있다.

38. 몬젠마찌(門前町) : 사원(寺院) 또는 신사(神社)의 門前(신사의 경우 鳥居前이라고도 한다)에 참배자를 대상으로 성립한 집락(集落). 넓은 의미에서 지나이쵸오(寺內町), 샤케마찌(社家町), 온시마찌(御師町) 등이 포함되며, 사사(寺社)와 관계를 맺고 성립한 종교적 집락 전반을 이르는 경우도 있다. 일반적으로 참도(參道)에 연하여 나란히 배열되며 주로 여관, 상점, 음식점이 들어서 시장적 성격을 갖는 것도 있다.

39. 혼진(本陣) : 에도 시대(江戶時代) 역참도시인 슈쿠바마찌(宿場町)에 설치된 막부 지정의 숙박시설. 다이묘(大名), 공가(公家), 막리(幕吏), 칙사(勅使) 등의 숙박과 휴식을 위해 사용되던 곳. 통상 마찌야(町屋)와 같은 형식의 본채와 현관, 도코노마(床の門), 찌가이다나(違棚), 조오단노마(上段の間) 등을 포함하는 쇼인 조(書院造) 건물로 이루어지며 종종 대문과 정원을 갖추고 있다.

40. 나카센도오(中仙道) : 에도 시대 고카이도오(五街道)의 하나로 관동(關東)·중부(中部) 산악지대를 지나 교오토(京都)에 이른다. 참고로 고카이도오(五街道)는 1659년 설치되어 에도 막부의 道中奉行이 지배하던 5개의 주요 간선도로와 그 부속도로로 에도와 다른 도시를 연결한다. ① 東海道(江戶～京) ② 中山道(江戶～草津) ③ 日光道中(江戶～日光) ④ 奧州道中(白澤～白川) ⑤ 甲州道中(上高井戶～上諏訪)
위의 道中奉行은 이들 가도(街道)와 역참(宿場)의 轉馬·旅宿·飛脚 등 사무를 관장했다.

3~4m 폭의 도로 양측으로 판재지붕(板葺)이나 돌을 올려 놓은 지붕(石置き屋根)을 지닌 주택들이 늘어서고, 격자 형태의 문(格子戸)이 연속적으로 전개되고 있다. 연속된 주택들의 외관이 역참도시다운 분위기를 만들어 내고 있다.

도시 주거군(住居群)의 디자인

그림과 같은 거리의 모습은 예전에는 어느 도시에서나 볼 수 있었다. 개개의 주택은 그 존재를 과시하지 않고 평범한 외관을 보여준다. 그러나 연속하여 바라볼 때 그곳에 그 '도시의 얼굴'이 나타난다. 그 얼굴은 주민들이 오랜 시간을 들여 시행착오를 반복하면서 만들어낸 것이다. 에도(江戸)의 봉건시대에는 개개의 주택에 개성의 주장이 허용되지 않았는데 이는 대공(大工)이 똑같은 것을 반복적으로 세웠던 결과 그렇게 된 것에 불과한지도 모른다. 그러나 단순히 우연의 소산이라고만 생각하는 것은 옳지 않다. 사람들의 미의식(美意識) – 그것을 특히 의식(意識)했는지는 별개로 하고– 이 반영된 것임에 틀림없고, 목수들의 기술과 디자인 센스(design sense)가 그러한 결과를 가져온 것이라는 사실도 잊을 수 없는 일이다.

사람들이 집단으로 생활할 때 자연히 규칙을 필요로 하는 것과 같이 주택이 군(群)으로 존재할 때 어떻게 있어야 하는지에 대해 사람들은 오랫동안 모색해 왔다. 거리배열이나 집락(集落)에서 현대인이 찾아내는 미(美)야말로 선인(先人)들이 주거군(住居群)의 건축적 규칙에 대해 어렵게 획득한 해답이었다. 도시 주거군(住居群)의 건축적 계획에 대한 새로운 해답을 추구하고 있는 현대에도 시사하는 바가 적지 않다.

日本의 近世都市

성곽도시(城下町)

대부분의 일본도시는 근세의 중앙 성곽(城郭) 주변에 세워진 성곽도시(城下町)를 기반으로 하고 있다. 예를 들어 일본의 수도인 도오쿄오(東京)는 도쿠카와 막부(德川幕府) 장군들의 근거지였던 성곽이 있는 에도(江戸)가 그 전신(前身)이었으며, 오오사카(大阪)에는 도요토미 히데요시(豊臣秀吉)나 도쿠카와 이에야스(德川家康) 이래의 오오사카 성(大阪城)이, 그리고 나고야(名古屋)에는 도쿠카와(德川) 일족(一族)이었던 오와리 마쯔다이라 가(尾張松平

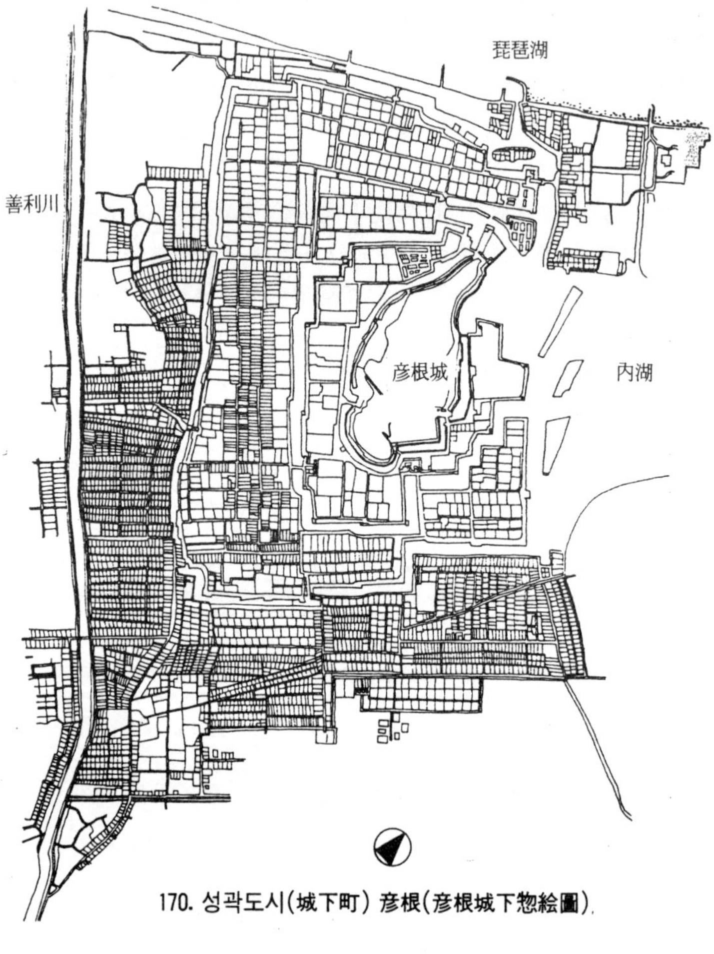

170. 성곽도시(城下町) 彦根(彦根城下惣絵圖).

家)의 성(城)이 있었다.

히코네(彦根)

히코네(彦根)는 현재의 자가현(玆賀縣)으로 게이쵸오(慶長) 9년(1604)에 이이나오카쯔(井伊直勝) 장군이 자신의 주거로 정한 이래 성곽도시로써 현재에 이르고 있다. 성(城)은 현재 비와 호(琵琶湖)부근의 약간 높은 구릉인 히코네산(彦根山)에 위치하고 있는데, 주변을 이이 가(井伊家)에서 높은 봉록을 받는 가신(家臣, 大名 등을 섬기는 무사. 역자 주)들의 저택이 둘러싸고 있으며, 그 외측으로는 100~1000 고쿠(石)[41]의 봉록(俸祿)을 받는 가신(家臣)의 저택과 일반 도시민들의 주거인 마찌야(町屋)가 펴져 있다. 성(城) 밖의 외호(外濠) 주위로 사찰(寺刹)이 배치되어 있는 것은 당시 성(城)의 방어를 고려해서 배치한 것이다.

성곽도시의 대부분은 계획적으로 배치가 이루어졌다. 가신(家臣)들의 저택이나 상인(商人), 직인(職人)들의 주택이 우선적으로 건립되었으며, 해자(堀)나 도로 또는 용수(用水)의 배치도 주의깊게 고려되었다. 히코네(彦根)의 경우 겐분 원년(元文元年, 1736)에 기록된『히코네 조오카소오에즈(彦根城下惣繪圖)』라는 지도에 의해 당시의 모습이 거의 정확하게 판명되었으며, 그 이외의 성곽도시들도『조오카에즈(城下繪圖)』나『조오에즈(城繪圖)』라는 그림이 있어 초기의 모습을 알 수 있게 해주는 자료가 된다. 특히, 쇼오호오 원년(正保元年, 1644)에 도쿠카와 막부(德川幕府)의 지시에 의해 만들어진 도시도(都市圖)는『쇼오호오즈(正保圖)』또는『쇼오호오조오에즈(正保城繪圖)』라고 불리는 것으로 여러 도시의 그림이 다수 존재하고 묘사 내용의 정확성, 묘사 방법에 통일성이 있어 서로간의 비교가 가능한 점 등 자료로서 그 가치가 매우 높다고 할 수 있다.

항구도시(港町) 나가사키(長崎)

나가사키(長崎)는 항만이 깊은 천연의 항구로서 겐키(元龜) 2년(1571)에 도시 조성이 행해졌으며 남만선(南蠻船, 서양의 문물을 실은 배. 역자 주)이 출입하는 무역항(貿易港)으로 발전했다.

관에이(寬永) 13년(1636)에 데지마(出島)라는 섬이 축조되어 막부(幕府)는 포르투갈 상인들을 강제로 이 곳에서 살게 했다. 그 3년 뒤인 관에이(寬永) 16년(1639)에는 포르투갈 선박의 출항을 금지하는 포고령을 내리게 되는 이른바

41. 고쿠(石) : 곡물 단위로는 10말을 나타내는 단위이며, 옛날 일본 무가(武家) 시대의 봉록의 단위이기도 했음. 이 양은 이론적으로는 한 해 동안 한 사람이 먹고 사는데 필요한 양이기도 함

쇄국정책이 이루어졌다. 그 뒤 관에이(寛永) 18년(1641)에는 네덜란드 상관(商館)을 히라도(平戸) 섬에서 데지마(出島) 섬으로 옮기게 했고, 이때부터 나가사키(長崎)는 19세기 중엽 메이지 유신 때까지 일본의 유일한 '서양으로의 관문'이 되었으며, 사상이 자유로운 젊은 사람들은 이곳을 통해 유럽의 과학과 기술의 비밀을 배우기 위해 긴 여행을 하기도 하였다. 이 도시는 유럽과 중국에서 영향을 받아 이국적인 풍물이 넘치는 장소로 알려져 왔다.

간분(寛文) 12년(1672) 내항(來航)한 영국선을 그렸기 때문에『간분 나가사키 뵤오부(寛文長崎屛風)』라고 불리는 그림에는 축제 때 모여든 사람들이나 정박한 배 등 항구도시 나가사키(長崎)의 모습을 생생하게 그려 놓았다.

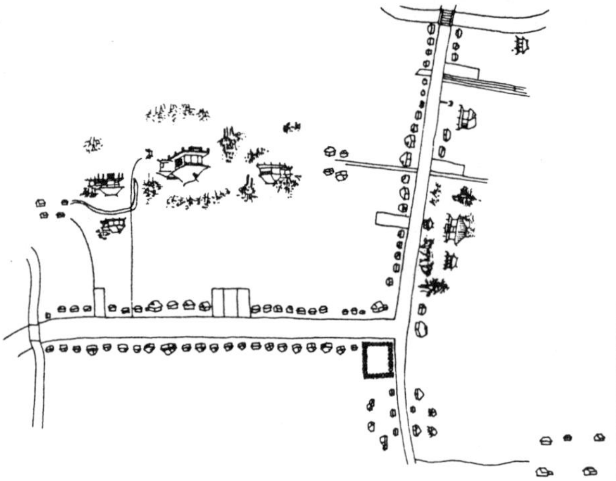

171. 역참도시(宿場町)
中仙道守山宿(守山絵圖)

172. 항구도시(港町)
長崎(寛文長崎屛風)

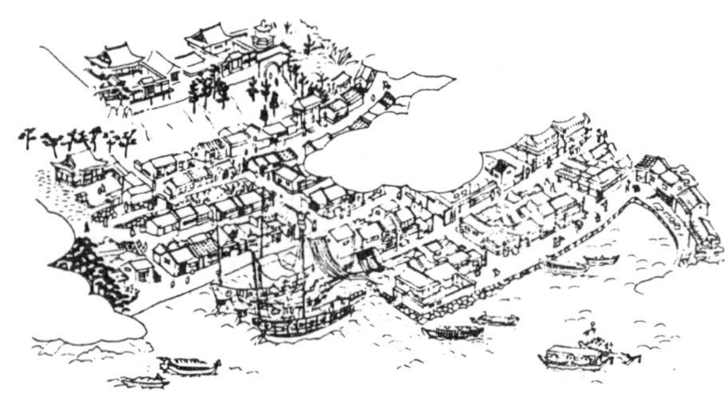

173. 守山宿
(廣重木曾街道六十九次)

174. 몬젠마찌(門前町)
琴平(金毘羅参詣案内絵圖)

몬젠마찌(門前町) 고토히라(琴平)

도쿠가와 막부 시대(德川幕府時代)인 에도 시대(江戶時代)에는 여행이 정부에 의해 규제되었기 때문에 참배행사는 집을 떠나 밖으로 나갈 수 있는 유일한 기회였다. 이 당시 특히 유명했던 참배지는 고토히라(琴平)에 있는 곰피라 신(金毘羅神)의 사전(社殿)이었다. 고토히라 궁(金刀比羅宮)의 문앞(門前)으로 이어진 중심도로에는 선물을 파는 가게들이 늘어서 있어 매우 호화롭게 보인다. 당시에 만들어진『곰피라산케이 안나이에즈(金毘羅參詣案內繪圖)』는 에도 시대(江戶時代)의 고토히라 궁(金毘羅宮)과 주변도시의 모습을 생생하게 전해준다.

역참도시(宿場町) 모리야마(守山)

비와 호(琵琶湖)의 동쪽 연안에 있는 나카센도(中仙道)의 역참도시(宿場町) 모리야마(守山)에는 가도(街道)를 따라서 주택이 늘어서 있고, 길이 거의 직각으로 꺾인 위치에 고오사쯔바(高札場)[42]가 있다. 도시의 동서 양단은 강에 설치된 다리로 구획되어졌으며, 당시의 상황을 묘사한『모리야마 에즈(守山繪圖)』에 의하면 이 가도(街道)의 남서쪽에 47채(軒), 북동쪽에 30채(軒)의 주택이 있었음을 알 수 있다.

목판 미술가였던 안도 히로시게(安藤廣重, 1979~1858)가『기소카이도오 로쿠쥬우큐우쯔기(木曾街道六十九次)』에 그린 모리야마(守山) 도시는『모리야마에즈(守山繪圖)』에 묘사된 그림과 비교해 볼 때,도시의 어느 부분을 그린 것인지는 확실하지 않고 양(兩) 그림의 구성상 각색이 있었는 듯 하지만 역참의 분위기는 잘 전해지고 있다.

성곽도시(城下町)가 성(城)을 중심으로 퍼져가는 평면적 구성(平面的 構成)의 도시라고 한다면, 역참도시(宿場町)는 가도(街道)를 따라 길게 연장된 선적 구성(線的構成)의 도시였음을 잘 알 수 있을 것이다.

42. **고오사쯔바(高札場)** : 명령이나 방문(榜文) 등을 내걸어 일반 대중에게 알리기 위한 게시판을 고오사쯔(高札)라 하며, 고오사쯔바(高札場)는 그 게시판이 있는 장소를 말함

江戸의 都市

이에야스(家康)의 도시건설

도쿠카와 이에야스(德川家康)는 도요토미 히데요시(豊臣秀吉)의 지배를 받고 있었으나, 일본 북부 중앙지역 대부분을 제패하고 덴쇼오(天正) 18년(1590) 8월 1일 에도 성(江戸城)에 입성(入城)했다. 에도(江戸)는 수십 년 안에 일본 전역에서 가장 큰 도시 중의 하나가 되었고, 그 지역이 교오토(京都)로 다시 불려지게 된 이후에도 명성을 유지하여 1868년 메이지(明治) 정권의 중심 지역이 되기도 하였다.

그러나 이에야스(家康)가 처음 입성(入城)했을 때에는 에도 성(江戸城)에 석담(石垣)조차 없었으며, 혼마루(本丸, 성의 중심이 되는 건물군. 역자 주)의 바로 밑에까지 에도 만(江戸湾, 日比谷入江)의 밀물이 철썩대고 밀려 올 때면 건물은 비가 새는 상황이었다. 이에야스(家康)가 에도(江戸)를 본거지로 삼은 것은 도요토미 히데요시(豊臣秀吉)의 권유에 따른 것이었다고 전해지고 있다. 그러나 단순히 그것만이 이유라고는 할 수 없다. 에도(江戸)라는 지역은 당시에 육상 교통편이 좋았으며, 에도 만(江戸湾)을 끼고 있어 해상수송에 적합하였던 곳이었고, 관동평야(關東平野) 전체를 장악하기에도 적합한 위치에 있었다는 등 여러 가지 이점을 이에야스(家康)가 평가하였음에 틀림없다.

이에야스(家康)는 혼마루(本丸)를 확장하는 등 성(城)을 정비함과 아울러 에도(江戸)의 도시조성에도 착수했다. 그는 히비야이리 강(日比谷入江)을 메우고 도오산(道三)에 해자(堀)를 팠으며, 현재의 스루가다이(駿河臺)에 있는 간다 산(神田山) 주위를 깎아내는 등 대규모적인 토목공사를 차례로 행하여 도시로서의 체제를 정비해 갔다.

에도(江戸)의 도로계획(道路計劃)

에도(江戸)의 도로계획(道路計劃)에서는 멀리 후지 산(富士山)과 쯔쿠바 산(筑波山)이 중요한 역할을 했다고 여겨진다. 예를 들어, 도시의 간선도로인 혼쵸오(本町) 도로는 후지 산(富士山)과 도키와바시(常盤橋)를 연결하는 선상(線上)에 만들어져 있었고, 니혼바시(日本橋)에서부터 교오바시(京橋)에 이르는 일정목(一丁目), 사정목(四丁目), 니카바시히로 소로(中橋廣 小路) 등의 도로는 쯔쿠바 산(筑波山)을 향하는 방위(方位)에 맞추어 만들어져 있다. 따라서 혼쵸오(本町) 도로에 서서 서쪽방향을 보면 약 80km 떨어져 후지 산(富士

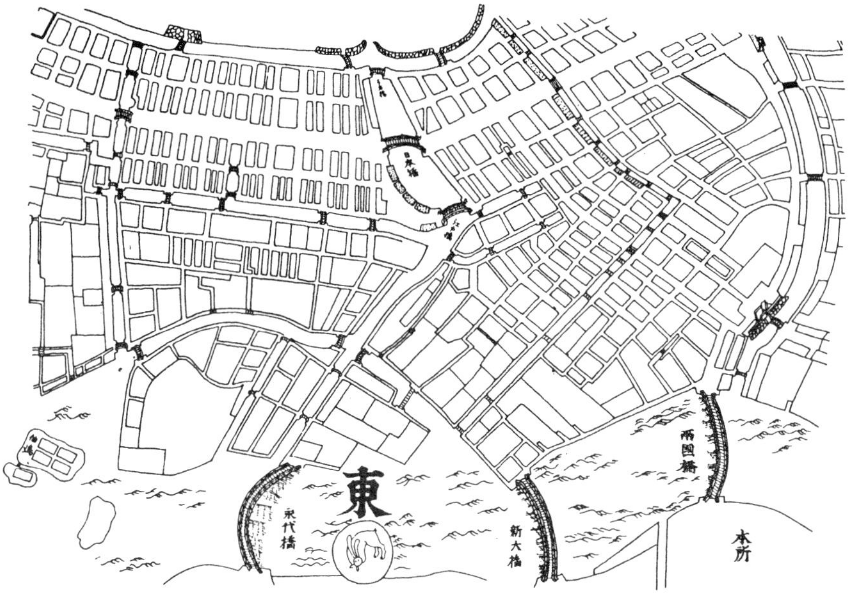

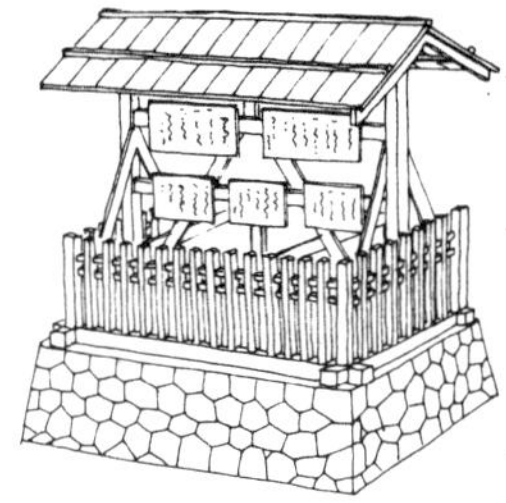

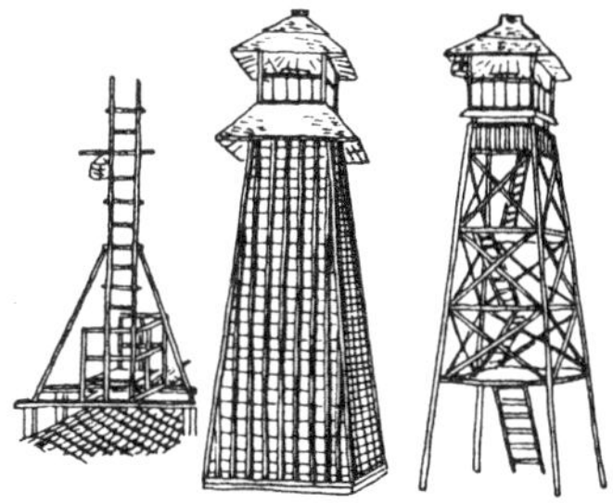

175. 江戶 日本橋의 부근
(分道江戶大絵圖)

177. 日本橋의 高札場(江戶名所圖會)

178. 火見櫓와 自身番小屋 위의 半鐘
(守貞漫稿)

176. 江戶 大傳馬町(東都大傳馬街繁榮之圖)

179.
江戸 中橋의 부근(江戸圖屛風)

180.
江戸의 2층집과 土藏(守貞漫稿)

181.
江戸의 商家(守貞漫稿)

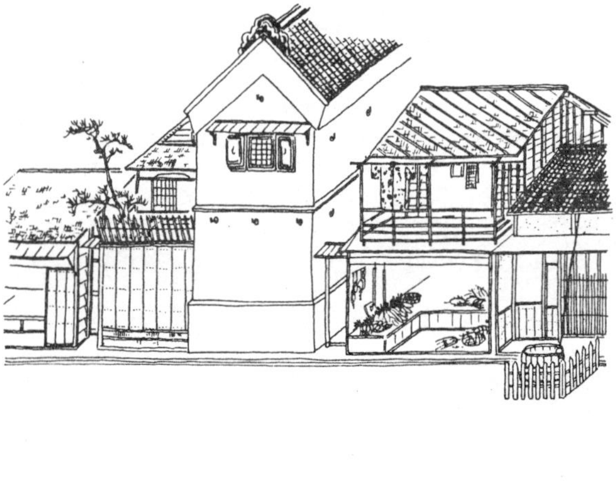

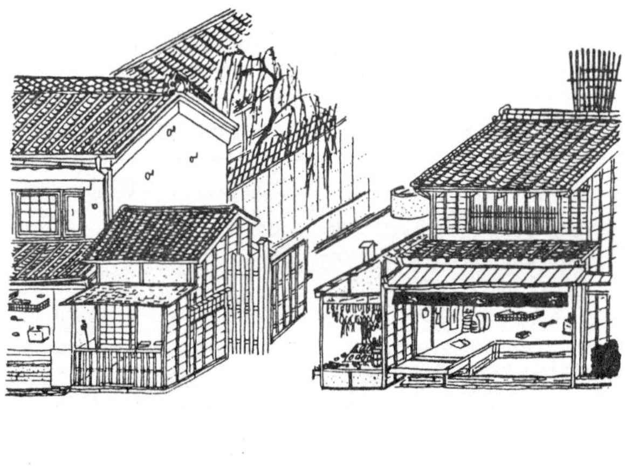

山)이 보였으며, 교오바시(京橋)에서 동북방향을 보면 약 60km 멀리에 쯔쿠바 산(筑波山)이 보였던 것이다.

특히 후지 산(富士山)은 에도(江戸) 사람들에게 있어서 중요한 예술적 소재이자 문화적 자부심의 대상이 되었으며, 유명한 목판화가들은 자주 그들의 작품에 후지 산(富士山)을 묘사하곤 하였다. 도리이 기요나가(鳥居清長, 1753~1815), 가쯔시카 호쿠사이(葛飾北齋, 1760~1849), 안도 히로시게(安藤廣重) 등이 그린 우키요에(浮世繪, 역주 1-53 참조)를 보면 도로를 향해 후지 산(富士山)을 그린 것이 몇 가지 있다. 예를 들어, 히로시게(廣重)의 『도오토 오오덴마쵸오 한에이노즈(東都大傳馬街繁榮之圖)』에는 길 양쪽에 상점이 늘어서 있으며 그 방향으로 후지 산(富士山)이 보인다. 또한 호쿠사이(北齋)의 『후가쿠 산쥬우록케이(富嶽三十六景)』도 후지 산(富士山)을 배경으로 하고 있다. 이렇듯 당시의 화가들은 전체적인 그림의 초점으로써 산(山)을 이용하였는데, 히로시게(廣重)와 호쿠사이(北齋)의 수법도 같은 형식을 취하고 있는 것이다. 후지 산(富士山)은 화가들에게 있어 매력있는 모티브였으며, 실제는 보이지 않는데 화면구성상 굳이 묘사해 넣었을 가능성도 있지만 기요나가(清長), 호쿠사이(北齋), 히로시게(廣重) 등 세 사람이 그린 스루가쵸오(駿河町)의 그림에 전부 후지 산(富士山)이 보이는 것으로 보아 실제로 후지 산(富士山)이 보였다고 해도 좋을 것이다.

에도(江戸)의 도시모습

에도(江戸)는 막부(幕府)의 수도였으며 일본에서 가장 큰 도시였기 때문에 자연히 도시를 묘사한 그림들은 많을 수밖에 없었다. 이들 그림들 중 상당수는 매우 상세하게 묘사된 안내책자들이었는데 예를 들어, 『분도오 에도 다이에즈(分道江戸大繪圖)』는 강호안내도(江戸案內圖)로서 화공(畫工)인 이시가와 도모노부(石川流宣)가 전성기(1720년대)의 에도(江戸)를 상세하게 묘사한 것이다. 이 그림에서는 건물의 모습을 확실하게 알 수 없으나, 『에도즈 뵤오부(江戸圖屛風)』에는 초기의 에도(江戸)를 생생하게 그려내었다. 이 그림에서 나카바시(中橋) 부근을 보면 물자를 운반하는 배들이 강에 머물러 있고, 그 양쪽 도로에는 천칭(天秤, 어깨에 메는 운반기구. 역자 주)을 어깨에 멘 남자를 비롯하여 많은 사람들이 왕래하고 있음을 볼 수 있다. 다리 우측으로 소단위 마을의 경계 역할을 하는 기도(木戸)라는 목책문(木柵門)이 보이는데 밤에는 닫혀지게 된다. 또한 길 모퉁이에는 3층의 성(城) 망루와 같은 건물도 있다.

기타가와 모리사다(喜多川守貞)는 자신의 재능을 도시 중에서도 특히 건축물에 집중시켰던 화가로서, 그의 작품집인『모리사다 만코오(守貞漫稿)』는 1853년에 완성되어 에도 시(江戸市)의 번영했던 모습이 상세하게 그려져 있다. 상가(商家)를 묘사한 그림에는 지신반쇼(自身番所)[43]란 초소를 갖춘 기도(木戸)가 있고, 2층집 옆으로 높은 토벽의 창고(土藏)도 그려져 있다. 또 다른 그림에는 '10개 마찌(町)마다 1개소'라는 설명과 함께 히노미 야구라(火見櫓)[44]가 그려져 있는데, 이 망루가 없는 지역에는 지신반쇼(自身番所)의 지붕 위에 한쇼(半鐘)[45]를 달았다고 한다.

에도(江戸)의 모습을 상세히 전해주고 있는 또 하나의 자료로는 사이토오 겟신(齋藤月岑) 등이 1836년에 완성했던『에도 메이쇼즈에(江戸名所圖會)』가 있다. 여기에는 당시 에도(江戸)의 번영했던 도시모습이 지역별로 상세히 그려져 있어 고오사쯔바(高札場) 등 일상적인 도시시설의 모습도 자세히 알 수 있다.

43. **지신반쇼(自身番所)** : 에도 시대 도시의 각 마찌(町)에 설치되어 사무나 경비를 담당한 사람이 근무하던 초소
44. **히노미 야구라(火見櫓)** : 상시 또는 화재 때 화재의 위치, 건물 등을 감시하기 위해 에도 시대에 처음 지어진 일종의 탑. 메이지 이후에는 철골조도 나타남
45. **한쇼(半鐘)** : 에도 시대 이후 화재 등을 알리기 위해 망루 위에 설치한 작은 종

江戶時代의 敎育施設

한코오(藩校)

에도(江戶) 당시 일본의 사회적 신분은 4계급으로 구분되어 있었는데, 이중 가장 신분이 높았던 무사계급의 자녀들은 한코오(藩校, 藩은 大名이 다스리는 領地를 뜻함. 역자 주)라고 하는 교육기관에서 특별한 교육기회를 제공받았다. 미토한(水戶藩)의 홍도관(弘道館), 오와리한(尾長藩)의 명륜당(明倫堂)이 널리 알려진 예이다. 오카야마한(岡山藩)의 시즈타니 코오(閑谷黌, 閑谷學校)는 간분(寛文) 10년(1670)에 착공하여 엔포오 원년(延寶元年, 1673)에 강당(講堂), 그리고 그 다음 해에 성당(聖堂)이 완성되었다. 현존하고 있는 강당(講堂)은 겐로쿠(元祿) 14년(1701)에 개축한 것으로 마루바닥의 넓은 실내를 지닌 웅대한 모습의 건물이다. 산기슭을 개간하여 만든 넓은 대지에 석축을 두르고 동쪽 높은 곳에 성묘(聖廟)를 두었다. 현재의 성묘(聖廟)는 죠오쿄오 원년(貞

182.
閑谷學校 講堂

183.
閑谷學校 講堂 内部

184.
閑谷學校 配置圖

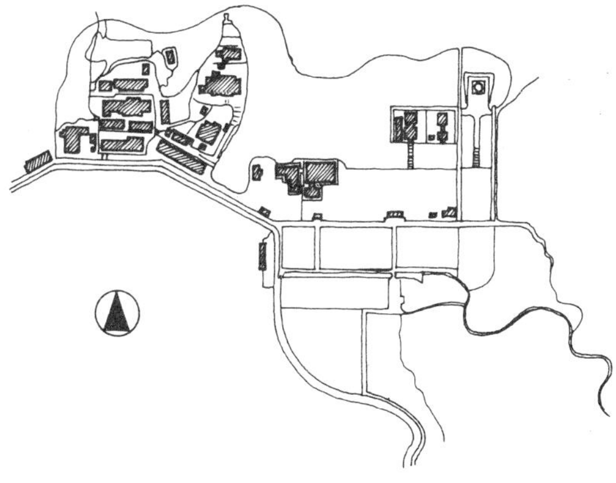

185. 寺小屋(渡邊華山「一掃百態帖」)

186. 多久聖廟

享元年, 1684)에 재건한 것이다.

성묘(聖廟)

사가한(佐賀藩)의 다쿠 학교(多久學校)는 겐로쿠(元祿) 12년(1699)에 학교, 호오에이(寶永) 5년(1708)에 성묘(聖廟)가 각각 완성되어 현재는 성묘(聖廟)만이 현존하고 있다. 이 건물은 중국풍의 아주 특이한 건축양식을 취하고 있는데, 중국 공자묘(孔子廟)의 평면을 모방한 것이 아닌가 생각되고 있다.

이와 같이 공자(孔子)를 모시는 묘(廟 또는 聖廟)를 설치하는 일이 많았던 것이 한코오(藩校)의 특색으로써 당시 유교가 무사계급의 사회적 신분을 지탱하기 위한 철학적 기반으로써의 역할을 했음을 나타내 주는 것이라 하겠다.

데라코야(寺小屋)

에도 시대(江戸時代)의 나머지 세 계급인 농민(農民), 장인(匠人), 상인(商人) 계급의 자녀들은 데라코야(寺小屋)라는 교육시설에서 읽기, 쓰기, 주산(籌算) 등을 중심으로 배웠으며 무사, 승려, 의사, 신관(神官) 등이 어린이들을 모아 가르쳤다. 데라코야(寺小屋)라는 말의 어원(語源)은 중세에 사원(寺院)에서 대부분의 교육이 행해졌던 것에 따른 것이지만, 에도 시대(江戸時代)에는 서민의 자녀를 교육시키는 모든 교육시설을 일컫게 되었으며, 그 장소도 사원에 한정되지 않고 무사의 집이나 신사(神社)의 경내 등 다양하게 사용되었다. 분세이 원년(文政元年, 1818)에 화가이자 철학자인 와타나베 카잔(渡邊華山, 1793~1841)이 완성한 스케치『잇쇼오 햐쿠타이쵸오(一掃百態帖)』는 제멋대로 공부하고 있는 어린아이들의 모습을 생생하게 묘사하고 있다.

第3章

戰　爭
—城과 城郭都市

第3章 戰 爭

－城과 城郭都市－

기원정사(祇園精舍)의 종소리, 제행무상(諸行無常)의 울림이요, 바라쌍수(娑羅雙樹)의 꽃빛깔, 성자필쇄((盛者必衰)의 이치를 나타냄이니, 교만한 자 오래지 않아 봄밤의 꿈처럼 스러지고, 힘있는 자 마침내 바람속 먼지처럼 사라지리라.

(『平家物語』)

황혼을 알리는 사원(寺院)의 종소리가 인간세상의 덧없음과 허무함을 담아 마을에 울려 퍼진다.『헤이케모노가타리(平家物語)』는 주인공인 헤이아오세이(平浄盛)를 '교만한 사람은 오래가지 못한다'는 교훈의 가장 좋은 예로 소개했다. 실로 역사는 '성자필쇄(盛者必衰)'의 발자취인 것이다.『헤이케모노가타리(平家物語)』의 주제는 고대에서 중세로 넘어오는 시대적 변혁이다. 역사(歷史)라는 것은 변혁의 반복이며 변혁이 있는 곳에는 반드시 전쟁이 있다. 역사(歷史)란 전쟁의 흔적을 더듬어 가는 일이라 해도 과언이 아니다. 건축사(建築史)도 하나의 역사(歷史)이므로 전쟁을 위한 건축을 더듬어 갈 필요가 있을 것이다.

전쟁을 위한 건축을 생각한다면 성(城)이 곧 떠오른다. 예를 들면, 히메지성(姬路城)은 백악(白堊)의 천수(天守)가 완성된 때의 모습을 과시하고 있다. 이러한 근대적인 성(城)을 최초로 만들었던 사람은 오다 노부나가(織田信長, 1534~1582)이다. 비와 호(琵琶湖) 부근의 안토산(安土山) 정상에 장대하면서도 획기적인 천수(天守)를 세웠던 것이다. 이 성(城)은 덴쇼오(天正) 4년(1576)부터 7년 간에 걸쳐 지어졌다. 그러나 덴쇼오(天正) 10년에 노부나가(信長)가 본능사(本能寺)에서 쓰러지자 성(城)도 소멸(燒滅)되었다. 그 이후 천하를 이어받은 도요토미 히데요시(豊臣秀吉), 도쿠카와 이에야스(德川家康)도 장대한 천수(天守)를 세웠다. 그러나 이들이 지은 성(城)은 모두 전해지지 않는다. 현존하는 12천수(天守)는 마루오카(丸岡)를 제외하면 모두 게이쵸오(慶長) 5년(1600)에 있었던 세키가하라(關が原) 전투 이후의 것이다.

고대 및 중세에도 성(城)은 세워졌다. 고대(古代) 고오고이시(神籠石, 城의

發展 項 참조)[1]의 열석(列石) 또는 중세성곽(中世城郭)의 해자(堀) 등으로 미루어 대규모의 토목공사가 행해졌음을 알 수 있다. 그러나 건축물은 근세만큼 발달되지는 않았다.

중세(中世)의 성(城)은 철포(鐵砲)의 전래와 그것이 전투에 사용됨에 따라 크게 변화하였고 이후 근세적(近世的)인 성(城)이 출현했다. 노부나가(信長)가 철포를 처음으로 대량 사용했던 나가시노(長篠)의 전쟁(덴쇼오(天正) 3년, 1575)은 성곽사(城郭史)에 있어 중요한 의미를 갖고 있다.

근세(近世)의 성(城)은 귀족들의 저택(館)이며 그 지역의 정치, 경제적 중심이었다. 성(城)이 있는 도시 즉, 성곽도시(城下町)는 성(城)을 중심으로 도시조성이 행해져 번성했음을 보여준다. 현대의 도시 대부분도 근세(近世)의 성곽도시(城下町)를 기반으로 하여 발달한 것이다. 에도(江戶, 현재의 東京), 오오사카(大坂, 현재의 大阪), 교오토(京都)의 3대 도시를 비롯하여 센다이(仙臺), 나고야(名古屋), 가나자와(金澤), 오카야마(岡山), 히로시마(廣島), 후쿠오카(福岡), 구마모토(熊本) 등이 모두 그 예이다. 현대도시가 안고 있는 여러 문제를 생각함에 있어 이 점은 잊을 수 없는 부분이다.

1. 고오고이시(神籠石) : 7세기 무렵 북구주(北九州)와 산구 현(山口縣) 지방에 세워졌다고 판단되는 한국식 산성(韓國式山城). 이 산성은 환상(環狀)의 열석(列石)으로 높이 70cm 정도의 방형의 돌을 나열하고 그 위에 흙을 발라 마감한 토루(土壘)를 쌓았다. 요소요소에 수문과 성문을 만들고 내부에 막사와 창고를 설치했다고 하며 현재 7개소가 알려져 있다.

姬路城

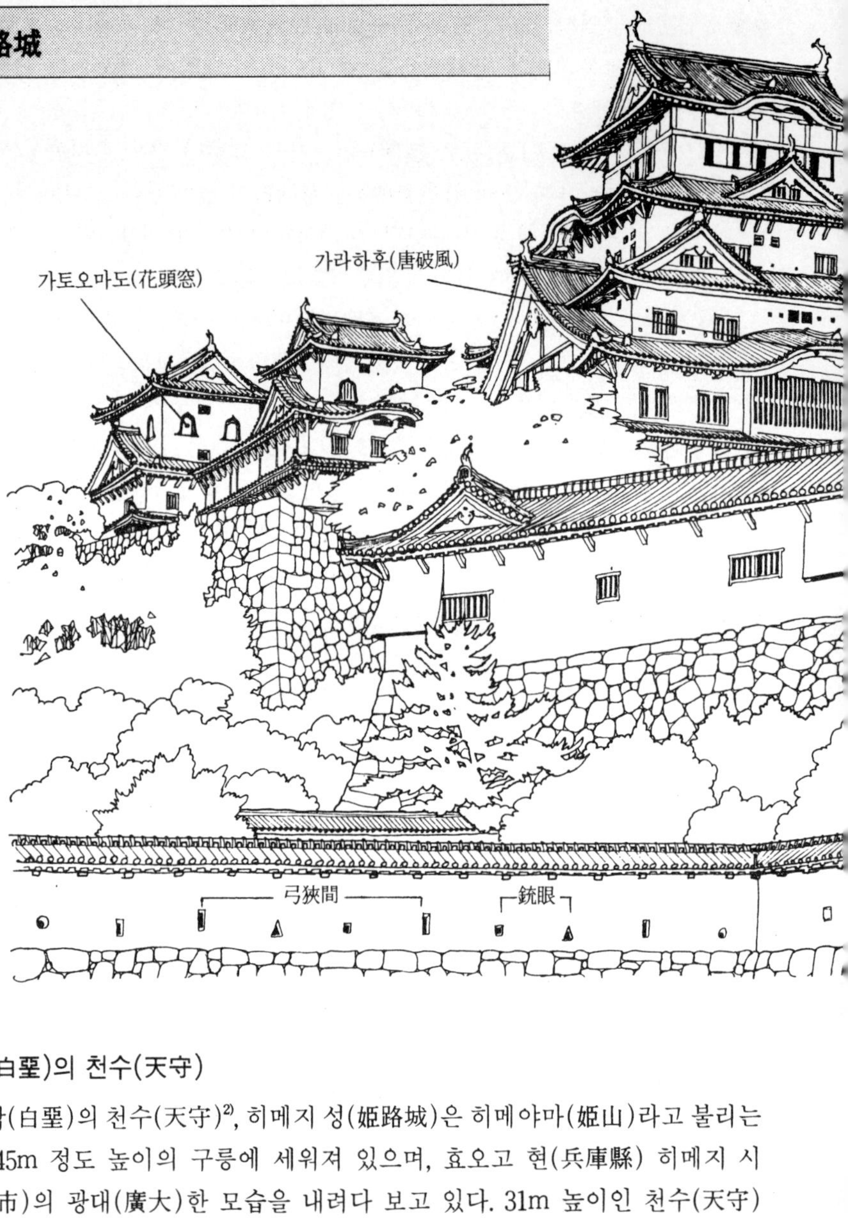

2. **천수(天守)** : 중세 말기부터 근세에 걸친 성곽의 혼마루(本丸)에 있는 가장 중요한 건물. 통상 다층·다중이며 기와지붕의 누리고메 조(塗籠造, 내화를 위해 외벽에 흙을 바른 구조물). 이곳은 사령(司令)의 중추, 망루와 저장의 기능을 갖는 방비의 최후 거점이기도 하다. 흙바름을 백색의 회반죽으로 했기 때문에 백악(白堊)의 천수(天守)라고도 한다.

백악(白堊)의 천수(天守)

백악(白堊)의 천수(天守)[2], 히메지 성(姬路城)은 히메야마(姬山)라고 불리는 표고 45m 정도 높이의 구릉에 세워져 있으며, 효오고 현(兵庫縣) 히메지 시(姬路市)의 광대(廣大)한 모습을 내려다 보고 있다. 31m 높이인 천수(天守)는 가장 견고하며 육중하게 요새화된 성(城)의 구조로 외관은 5층, 내부는 6층 즉, 석축(石垣) 속에 또 하나의 층을 이루고 있다. 15m에 가까운 천수대(天守臺)의 석축(石垣) 위 토대로부터 거대한 성곽의 상단까지 31m 남짓한

187. 姬路城 天守群

높이를 하고 있다.

외부를 흰 회반죽으로 칠하고 요소 요소에 총구(銃眼)나 이시오토시(石落し, 이하 돌 낙하구라 함. 역자 주)[3]를 설치했다. 대천수(大天守)는 3개의 좀더 작은 천수(天守) 즉, 대천수(大天守)의 바로 서쪽(왼쪽)에 서소천수(西小天守), 이것의 북쪽(서소천수의 왼쪽)에 건소천수(乾小天守), 그리고 동쪽(대천수의 뒤쪽)에 있는 동소천수(東小天守)로 둘러싸여 있으며, 대천수(大天守)와 이들 3개의 소천수(小天守)는 각각 와타리 야구라(渡櫓)[4]라고 하는 통로들로 연결되어

3. 이시오토시(石落し) : 성곽(城郭)의 담(塀), 망루(櫓), 천수(天守), 누문(樓門) 등의 석벽에 판을 달아내고, 그 바닥면에 뚫린 개구부로 돌을 투하하거나 화살을 쏘아 적의 접근을 막기 위한 시설

4. 와타리 야구라(渡櫓) : 근세 성곽에 있어서 망루(櫓)와 망루(櫓), 천수(天守)와 망루(櫓), 대천수(大天守)와 소천수(小天守) 사이를 연결하고 있는 복도 모양의 건물. 다문(多門)이라고도 한다.

있다. 이러한 천수군(天守群)을 중심으로 미로처럼 꺾여진 성벽, 누문, 전략 지점마다 야구라(櫓, 이하 망루라 함. 역자 주)[5]를 지닌 통로들을 배치하여 공격하기 어렵고 방어하기에 쉬운 만반의 방어태세를 취하였다.

그러나 이러한 천수군(天守群)은 단지 성(城)의 중심부인 혼마루(本丸)만을 구성하고, 몇 개의 부수적인 시설들이 이 앞의 남쪽과 서쪽을 향해 뻗어 있으며, 모두 벽과 해자(堀)로 둘러싸여 있다. 지위가 높았던 가신(家臣)들의 주거는 이 성(城)의 해자(堀) 밖에 위치해 있었으나 그 바깥쪽으로 또다른 해자(堀)가 있어 이들을 보호하고 있었다. 그 밖으로 더 큰 주거지역이 또다른 해자(堀)에 둘러싸여 있었다. 따라서 접근해 오는 적은 중앙 성역(城域)을 점령하기 전에 3개의 해자(堀)를 넘어야 했으며, 천수군(天守群)에 도달하기까지 몇 개의 더욱 강력하고 튼튼하게 만들어진 누문을 지나지 않으면 안되었고, 이곳에 도착해서도 4개의 천수(天守)와 이들을 연결한 통로, 그리고 곳곳의 망루들로부터 집중적인 공격을 받게 되어 있었다.

그러나 성(城)의 역할은 단지 방어만을 위해서 있었던 것은 아니었으며 의장(意匠)적 이미지를 위해서도 존재하고 있었다. 대천수(大天守)의 남쪽 지붕면에는 치도리하후(千鳥破風)[6], 가라하후(唐破風)[7]의 처마형식, 수직 격자창(連子格子), 박공면의 장식 등을, 소천수(小天守)들에는 가토오마도(花頭窓, 역주 1-16 참조)를 설치하는 등 디자인상의 시각적인 배려도 있었다. '백악(白堊)의 성(城)'이 히메지 성(姬路城)의 별칭으로 불리듯이 벽은 모두 흰 회반죽으로 마감되어 있어 순수하고 강렬한 인상을 주며, 어느 방위(方位)에서 보거나 구성상 조금도 흠잡을데 없는 우미(優美)한 외관을 만들어 내고 있다.

전략적 요충(要衝)

히메지 성(姬路城)은 이케다 데루마사(池田輝政, 1564~1613)에 의해 구축된 것으로 게이쵸오(慶長) 14년(1609)에 완성되었다. 히메지 성(姬路城)은 일본 서부지방으로의 주요한 통로에 위치해 있는데, 이러한 이유로 14세기 이후 수많은 요새가 이 지역에 자리잡게 되었다. 초기에는 도요토미 히데요시(豊臣秀吉)가 1581년 이곳에 3층의 천수(天守)를 세웠지만, 현재의 것은 도쿠카와 이에야스(德川家康)가 게이쵸오(慶長) 5년(1600)의 세키가하라(關が原) 전투에서 큰 공을 세운 자신의 사위 이케다 데루마사(池田輝政)에게 하리마(播磨, 현재의 효오고 현(兵庫縣)) 지역을 주면서 비롯된 것이다. 공사는 1601년에 시작되어 1809년까지 계속되었고, 히데요시(秀吉)의 천수(天守)에 쓰였던 재료를 일부

5. 야구라(櫓) : 근세 성곽의 방어시설. 구조적으로는 나가야(長屋)와 같은 형식과 텐슈(天守)와 같은 형식의 것이 있다. 기능적으로는 무기, 식량의 창고이며, 화살과 철포를 쏘거나 돌을 떨어뜨리기 위한 구축물이기 때문에 기능에 따라 각종 개구부를 둔다. 또한 드물게는 주거를 겸하기도 한다. 와타리야구라(渡櫓)를 통해 천수(天守)와 연결되어 있다.

6. 치도리하후(千鳥破風) : 지붕의 내림면에 붙여진 박공(切妻の破風). 삼각형의 박공벽에 기쯔네고오시(狐格子)라는 격자무늬를 넣는다. 주로 장식용이며 환기나 채광을 겸한다.

7. 가라하후(唐破風) : 하후(破風, 박공) 형식의 하나로 박공판의 중앙부가 곡면을 이루며 솟고 그 좌우 양단이 반대로 휘어져 내린 것.

이용하여 새로운 자신의 성을 완성했다. 당시 오오사카 성(大坂城)에는 도요토미 히데요시(豊臣秀吉)의 아들이었던 도요토미 히데요리(豊臣秀頼)가 있었고, 과거 히데요시(秀吉)의 영향하에 있었던 장군들 즉, 히로시마(廣島)의 후쿠시마 마사노리(福島正則, 1561~1624), 구마모토(熊本)의 가토오 기요마사(加藤清正, 1562~1611), 그리고 하기(萩)의 모오리 데루모토(毛利輝元) 등은 서부지방의 실력자들로 이들은 언제 이에야스(家康)에 반기를 들고 일어설지 알 수 없었다. 히메지 성(姫路城)은 바로 이와 같은 정치상황에서 히데요리(秀頼)를 서부의 장군들로부터 격리시키려는 의도로 세워진 것이다. 이후 이케다(池田)의 계승자인 혼다 가(本多家)의 시대에 니시노마루(西の丸)가 정비되었으며 이로써 한층 성(城)으로서의 면모를 완비하였던 것이다.

천수(天守)의 모습은 니시노마루(西の丸)에서 가깝게 보이면서도 접근하기는 아주 어려웠다. 이렇듯 성(城)은 실로 교묘한 배치계획으로 되어 있었다.

구조(構造)와 디자인

대천수(大天守)의 내부 중앙에는 2개의 큰 기둥이 지하에서부터 6층바닥 아래까지 연장되어 있어 각 층의 바닥은 이 큰 기둥으로 지탱되고 있다. 이것은 여러 층으로 된 건축물에 구조적 안정성을 주기 위한 연구의 결과이다. 바닥층은 석축(石垣)의 내부에 있었으나, 안쪽의 중정(中庭)에 면한 부분은 채광을 위해 석축을 설치하지 않고 창을 크게 내었다. 이곳에 욕실을 두고 변소를 설치하였으며 중정에는 부엌도 설치했다. 이러한 시설들은 성안에 머물러 싸울 때를 대비한 것이었다.

외벽은 폐쇄적으로 하고 총구(銃眼)를 뚫었으며 창에 토호(土戶, 토벽에 설치된 문. 역자 주)를 집어넣는 등 방어를 위해 온갖 지혜를 동원하였다. 한편 중정에 면한 내측(內側)은 창을 크게 내고 총구(銃眼)도 두지 않았다. 여기서 내측과 외측의 디자인을 다르게 했던 점을 볼 수 있다. 히메지 성(姫路城)은 이렇게 하여 가장 완성된 모습을 보여주고 있다.

그림 187은 능선 쪽의 누문(樓門) 근처에서 본 천수군(天守群)의 모습이다. 중앙에 있는 것이 대천수(大天守), 좌측으로 있는 것이 서소천수(西小天守), 좌측 뒤쪽에 건소천수(乾小天守)가 보인다. 우측의 맨 앞에 있는 것이 '리'의 통로(渡櫓)와 '치'의 망루(櫓)이다. 요소요소에는 돌 낙하구(石落し)가 설치되어 있고, 길게 뻗은 담(塀)에 뚫려진 원형·삼각·사각의 총구(銃眼)는 총구로써의 기능을 초월하여 디자인적으로도 재미있게 구성되어 있다.

城의 發展

고대(古代)의 성(城)

규우슈우(九州) 북부로부터 좁은 해협의 내해(內海) 연안지역까지, 산의 정상에서 산기슭에 걸쳐 돌을 쌓아 만든 구축물(構築物)을 볼 수 있다. 표면을 깨끗하게 마감한 돌을 산기슭에 둘러 쌓거나 석축(石垣)을 만들기도 하고 혹은 물을 막아 수문(水門)을 만들었다. 도대체 누가 무엇 때문에 이러한 구축물(構築物)을 쌓아 올렸는가는 오랫동안 분명하지 않았다. 처음에는 이 돌무더기를 신(神)이 사는 성역(聖域)을 구획하기 위한 것이라 생각하는 사람도 있었으므로 고오고이시(神籠石)라고 불려지게 되었다. 그러나 그 후의 조사에서 이 돌들은 산성(山城)을 쌓기 위한 기초였음이 판명되었다. 즉, 신역(神域)의 구획으로써가 아니고 산 정상에 구축된 성(城)의 기초였던 것이다. 아마도 한국(韓國)에서 건너왔던 사람들의 기술에 의한 것으로 추측되지만, 그렇다고 해도 언제, 무엇 때문에 구축했는가는 아직까지 확실하지 않다.

일본에 있어서 성(城)은 긴 역사를 갖고 있다. 성(城)이라고 하는 단어는 가장 오랜 일본의 역사서인『니혼쇼키(日本書紀)』(720년)에 나타난 것으로 보아

188. 오쯔보山 神籠石

아스카 시대(飛鳥時代, 552~710)에 이미 전투용 시설을 갖추고 있었음을 알 수 있다. 나라(奈良) 정부가 동북지방(東北地方)에 군사를 출병시켰던 8세기 무렵에는 데와사쿠(出羽柵, 和銅 2年, 709)와 다가 성(多賀城, 神龜元年, 724) 등 사쿠(柵, 굵은 나무말뚝을 나열해 만든 울타리 즉, 목책(木柵)을 일컬음. 역자 주)와 성(城)이 만들어졌다.

산성(山城)에서 평성(平城)으로

중세(中世)로 들어서게 되자 산(山)이나 구릉(丘) 등에 공격 받기에는 어렵고 수비하기는 쉬운 성(城)이 구축되었다. 땅에 도랑을 파서 만든 해자(堀)를 설치하고 그 안에 성(城)과 저택(館, 주 2-27 참조)을 짓는 등 인공적으로 요새화하였으나, 자연지형을 이용한 것이 많았고 방어시설이란 대부분 간소한 것이었다.

에찌젠(越前, 현재의 후쿠이 현(福井縣))의 이찌조오다니(一乘谷)에 있는 아사쿠라 가(朝倉家)의 방어시설은 분메이(文明) 3년(1471)에 구축한 것으로, 이찌조오 산(一乘山)의 정상에 성(城)을 구축하였으며, 산기슭 계곡에는 저택(館)을 만들어 그 안에 가신(家臣)의 주택들을 배치했다. 저택(館)에는 석조(石組)로 된 정원(庭)이 있는데, 연못(池泉, 샘물이 나오는 연못을 말함. 역자 주)이나 가레타키(枯瀧)[8] 등을 설치하여 고상한 분위기를 지니고 있다.

중세(中世)로부터 근세(近世) 초기의 성(城)들은 산 정상에 성(城)이 배치되

189. 一乘谷朝倉氏의 館(復原圖)

8. 가레타키(枯瀧) : 정원에서 물을 사용하지 않고 석조(石組)와 백사(白砂)로 상징화한 폭포로써, 사용된 수직무늬의 돌을 경석(鏡石)이라 한다.

190. 高天神城 遺跡

191. 丸岡城 天守

192. 聚樂第(聚樂第圖屛風)

어 있는 산성(山城)이 많은 수를 차지하고 있다. 그러나 영주(領主)는 이곳에서 일상생활을 하는 것이 아니라, 산기슭에 저택(居館)을 만들어 거주하고 있었다. 이러한 산성(山城)의 또하나 예로, 덴쇼오(天正) 2년(1574)과 9년(1581)에 다케다 가쯔요리(武田勝賴)가 도쿠카와 이에야스(德川家康)로부터 공격을 받았던 다가텐진 성(高天神城, 시즈오카 현(静岡縣))을 들 수 있는데, 비록 건물은 없어졌으나 가라보리(空堀, 물이 없는 해자(垓子). 역자 주)의 유적 등이 남아 있다.

다이묘(大名, 領主)들의 지배권이 확장되면서 그 지역을 다스리기에는 산성(山城)이 부적합했으므로, 교통의 요충지나 경제의 중심지로 성(城)의 위치가 옮겨졌다. 그것이 조금 높은 구릉 위의 평산성(平山城)과 낮은 평지의 평성(平城)이다. 히메지 성(姬路城)과 마찬가지로 현존하는 가장 오래된 마루오카 성(丸岡城)의 천수(天守)는 현재 후쿠이 현(福井縣)에 있는 것으로, 덴쇼오(天正) 4년(1576)에 건축된 평산성(平山城)의 좋은 예이다.

천수(天守)라고 하는 용어의 유래(由來)는 명확하지 않으나 문헌에는 천주(天主), 전주(殿主) 등이라고도 쓰여졌고, 무로마찌 시대(室町時代)의 말기에는 천수(天守)라는 말이 쓰여지고 있다. 저택(館)의 지붕 위에 망루(望樓)를 세웠던 모습에서 발달한 것으로 마루오카 성(丸岡城)의 천수(天守)는 이 형태를 전해주고 있다.

덴쇼오(天正) 15년(1587) 도요토미 히데요시(豊臣秀吉)는 교오토(京都)에 쥬라쿠다이(聚樂第)[9]를 구축하였는데 이것은 모모야마 시대(桃山時代)의 가장 웅장한 평성(平城)이었다. 미쯔이 가(三井家)의 소장품 중『쥬라쿠다이즈 뵤오부(聚樂第圖屛風)』에 보면 가장 윗층에 가토오마도(花頭窓)와 난간(高欄)을 지닌 천수(天守), 많은 망루(櫓)를 지닌 통로, 석축(石垣), 커다란 지붕의 저택(居館), 그리고 주변을 둘러싸고 있는 외호(外濠) 등 화려한 자태를 나타내고 있다. 평지성(平地城)의 극치라고도 할 수 있는 이 성(城)도 분로쿠(文祿) 4년(1595)에 파괴되어 현존하지는 않고, 이 병풍(屛風)으로 당시의 모습을 추정할 수 있을 뿐이다.

9. **쥬라쿠다이(聚樂第)** : 도요토미 히데요시(豊臣秀吉)가 교오토(京都)에 건설한 성곽풍의 저택. 석담과 해자로 둘러싸여 야구라(櫓)를 얹은 누문을 갖추었다. 동쪽은 大宮, 서쪽은 浄福寺, 남쪽은 下長者町, 북쪽은 一條의 각 도오리(通り)를 둘러싸고 있다.

戰鬪와 城

철포(鐵砲)와 성(城) 축조술의 변화

덴쇼오(天正) 3년(1575) 5월 21일 다케다 가쯔요리(武田勝賴)의 군대는 오다 노부나가(織田信長)·도쿠카와 이에야스(德川家康)의 연합군대와 나가시노 성(長篠城, 현재의 아이찌 현(愛知縣))에 가까운 시타라가하라(設樂原)의 평원에서 격돌하였다. 이 전투는 숫자상에 있어서 불평등한 조건이었으며－가쯔요리(勝賴)의 군대가 1만 5천, 노부나가(信長)의 군대가 3만, 이에야스(家康)의 군대가 8천－약 4시간 동안에 걸친 전쟁이었다. 이 격전은 결국 연합군의 승리로 끝나고 가쯔요리(勝賴)는 가이 지방(甲斐國, 현재의 야마나시 현(山梨縣))으로 패주했다. 이 전투는 가쯔요리(勝賴)가 나가시노 성(長篠城)을 먼저 공격한 데서 시작되었다. 그래서 이 전쟁을 '나가시노(長篠) 전쟁'이라고 부르게 된 것이다. 연합군의 승리는 철포(鐵砲, 火繩銃)를 대량으로 사용했기에 가능했던 것으로 전해지고 있다. 덴분(天文) 12년(1543)에 포루투갈인에 의해 전래된 후 아직 그다지 보급되어 있지 않았던 신병기 철포(鐵砲)의 우수성에 재빨리 주목하여 이것을 대량으로 준비했던 노부나가(信長)의 선견지명이 승리를 가져다 준 것이었다.

그 당시까지만 해도 활(弓)이나 창(槍), 칼(刀) 뿐이었던 전투는 철포(鐵砲)의 사용 이후 급격하게 변화되었다. 따라서 방어시설이었던 성(城)도 당연히 변화되었다.『나가시노 캇센즈 뵤오부(長篠合戰圖屛風)』의 오른쪽에 그려져 있듯이, 무로마찌 시대(室町時代)의 대표적 성곽인 나가시노 성(長篠城)은 목조(木造)이며 주택과 크게 다르지 않다. 단, 지붕 위에 또 하나의 작은 지붕을 얹은 건물이 있는데 이것을 부엌의 환기시설이 아니라 망루(物見)의 시설이라고 한다면, 총구나 돌 낙하구 등을 갖춘 천수(天守)의 초기형태라고도 생각할 수 있을 것이다.

내화구조(耐火構造)

목조(木造)로 된 성(城)은 철포(鐵砲)의 사용으로 인해 불에 탈 우려가 있었다. 따라서 구조를 튼튼히 하고 벽을 두껍게 하여 안에 모래와 자갈을 집어 넣은 것이나, 외벽을 회반죽으로 칠한 것 등은 내화(耐火)의 고려에 의한 것이었다. 그 결과 히메지 성(姬路城)에서 보는 바와 같이 흰 회반죽칠을 한 백악(白堊)의 천수(天守)가 출현하였던 것이다.

193. 長篠의 合戰(長篠合戰圖屛風)

城의 防御施設

총구(銃眼)와 돌 낙하구(石落し)

성(城)에는 방어상 여러 가지의 대비책이 연구되어 있었다. 그 중 총구(銃眼)라는 것은 천수(天守)나 망루(櫓)에서 철포를(鐵砲)를 발사하도록 만든 구멍이다. 이를 다른 말로는 철포협간(鐵砲狹間)이라고도 부른다. 총구의 단면은 밖을 살피기 쉽도록 안쪽을 크게 하고 외부쪽을 작게 만든 형태를 하고 있다. 벽에 뚫린 총구(銃眼)를 원형 · 삼각형 · 사각형으로 하여 디자인상의 효과를 의도한 예도 있다. 단면도를 보면 알 수 있는 것처럼 구멍의 중앙부를 작게 한 것은 외부에서 철포(鐵砲)를 쏘았을 경우에 안전을 생각했기 때문에 나온 형태이다. 다른 방어시설로는 궁협간(弓狹間)이라는 것이 있는데, 이는 문자 그대로 활을 쏘기 위해 만든 구멍이다. 이 구멍의 형태는 활의 모양에 맞추어 수직으로 길게 되어 있다.

또 하나의 방어시설인 돌 낙하구(石落し, 역주 3 참조)라는 것은 성벽 모서리의 바닥끝을 밖으로 밀어내어 만든 구멍으로 성벽을 기어 올라오는 적에게 돌을 떨어뜨려 막기 위한 시설이다. 이곳에도 철포(鐵砲)를 쏠 수 있는 총구(銃眼)가 설치되어 있다.

마스가타 문(枡形門)[10]

이러한 세부적인 곳의 연구뿐만 아니라, 나와바리(繩張)[11]라 불리는 성(城) 전체의 배치계획에도 온갖 지혜를 동원하여 적들로 하여금 천수(天守)를 쉽게 공격하지 못하도록 했던 것이다. 약점이 되기 쉬운 입구부분은 문의 안쪽에 또하나의 문을 설치하여, 안쪽문을 그 위에 망루(櫓)를 얹어 놓은 2층의 망루문(櫓門) 형식으로 한 것이다. 한번 안으로 들어온 적에게 철포(鐵砲)를 퍼붓기 위한 구조가 마스가타 문(枡形門)이라는 형식이다. 에도 성(江戶城)의 전안문(田安門)은 관에이(寛永) 13년(1636)에 지어진 그 좋은 예로, 오른편의 고려문(高麗門)을 들어가면 석담으로 둘러싸인 마스가타(枡形, 역주 10 참조)가 있고, 그 오른쪽으로 돌아서 2층의 망루문(櫓門)을 통해 들어가는 구성으로 되어 있다. 에도 성(江戶城)에는 이밖에 청수문(清水門), 외루전문(外樓田門), 평하문(平河門) 등도 있는데 전부 훌륭한 방어시설로 주의깊게 고안된 것들이다.

10. 마스가타 문(枡形門) : 성곽이나 역참도시(宿場町)에서의 출입구 형식의 하나. 정방형으로 석축이나 토벽을 설치하고 벽에 이중의 출입구를 설치하는 것. 역참도시에서는 이 출입구에 문을 달지만 성곽에서는 외부로부터 제1의 출입구에 고려문(高麗門, 고오라이몬)을 달고 그 우측의 직각방향에 망루문(櫓門, 야구라몬)을 설치하여 적의 침입에 대비한다. 마스가타(枡形)는 2개 출입구 사이의 네모진 공간을 형태(되 모양)적으로 이르는 말

11. 나와바리(繩張) : 건물, 특히 성곽의 건설에 있어서 토지이용계획과 건물배치계획을 지칭함. 줄을 쳐서 토지의 경계와 건물의 위치를 결정한 데서 비롯됨. 전국시대(戰國時代)에 시작된 용어

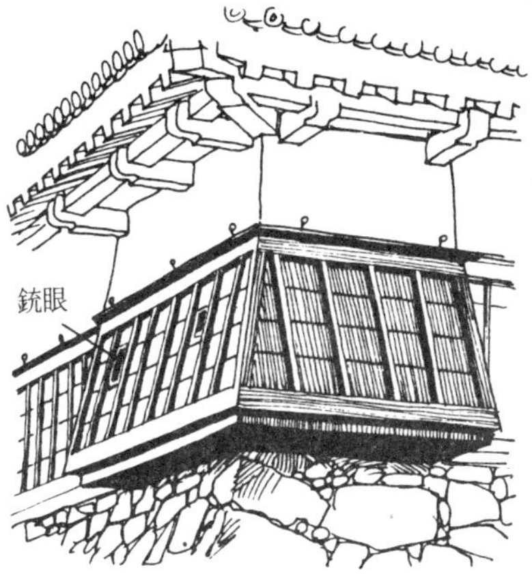

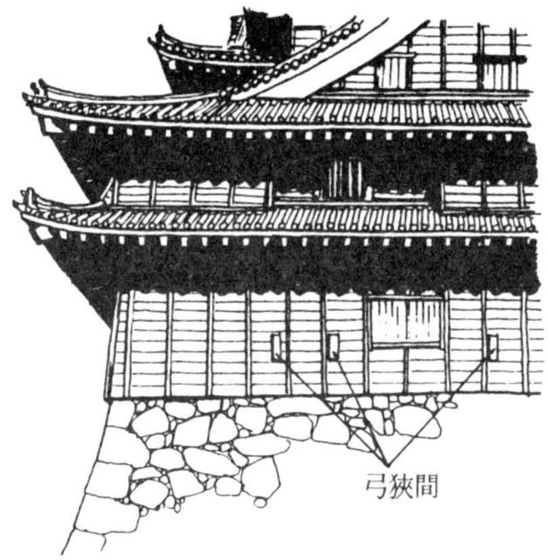

194.
窓과 銃眼(鐵砲狹間)

195.
이시오토시(石落し)

196.
弓狹間

197.
성벽의 銃眼

198.
渡櫓(左)와 高麗門－枡形의 構成
(江戸城 田安門)

現存 12天守와 그 形式

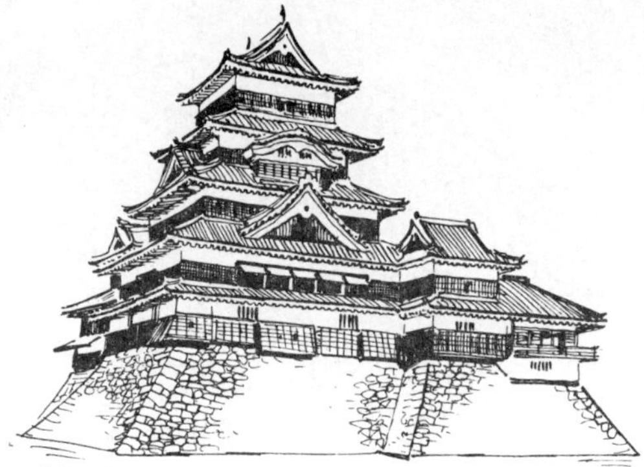
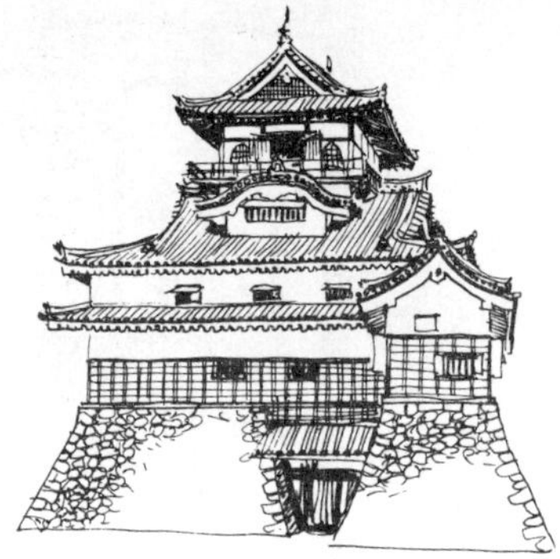

199.
丸岡城 天守
(1576)

200.
松本城 天守
(1596)

201.
犬山城 天守
(1601, 1620)

202.
彦根城 天守(1606)

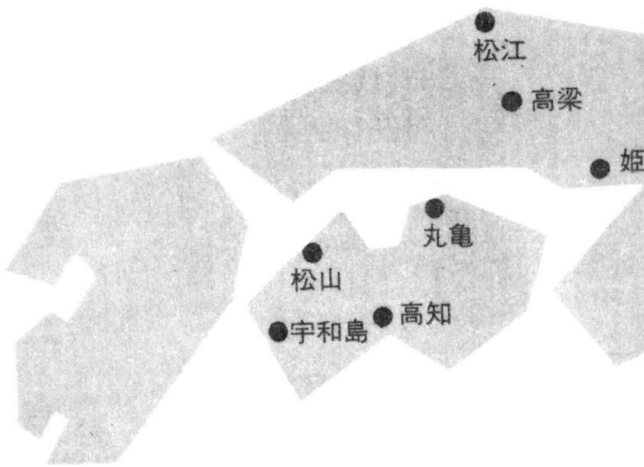

203.
姫路城 天守
(1609)

204.
松江城 天守
(1611)

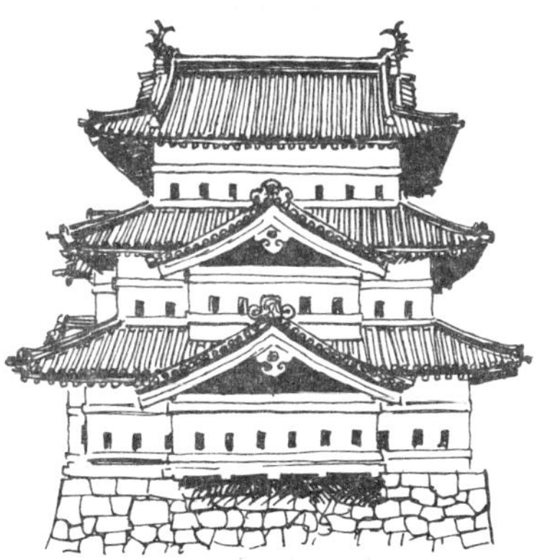

205. 丸龜城 天守 (1660)

206. 宇和島城 天守 (1665)

207. 高梁城 天守 (1684)

208. 高知城 天守 (1747)

209. 弘前城 天守 (1810)

210. 松山城 天守 (1854)

현존하는 12개의 천수(天守)

메이지 유신(明治維新) 때에는 40개 이상이나 되는 천수(天守)가 남아 있었으나, 점점 나라가 현대화 되어가고 서구화 됨에 따라 과거 봉건시대의 쓸모없는 유물로 여겨졌음인지 많은 수의 천수(天守)가 파괴되었다. 나머지 대부분은 제2차 세계대전에 의해 큰 손상을 입게 되어, 그 중에서도 오오가키 성(大垣城, 岐阜縣), 나고야 성(名古屋城, 愛知縣), 와카야마 성(和歌山城, 和歌山縣), 오카야마 성(岡山城, 岡山縣), 후쿠야마 성(福山城, 廣島縣), 히로시마 성(廣島城, 廣島縣) 등이 천수(天守)를 잃었으며, 소화(昭和) 24년(1949)에는 또다른 후쿠야마 성(福山城)의 천수(天守, 北海道 松前町)가 소실되는 등 현재에는 12개의 천수(天守)만이 남아 있게 되었다.

현존하는 최고(最古)의 천수(天守)는 마루오카 성(丸岡城)의 천수(天守)로 덴쇼오(天正) 4년(1576)에 후쿠이 현(福井縣)에 세워진 것이다. 그 다음으로 오래된 것이 마쯔모토 성(松本城)의 천수(天守)로 게이쵸오(慶長) 원년(1596) 경에 나가노 현(長野縣)에 세워진 것이다. 이것은 마쯔모토(松本) 평야에 위치한 평성(平城)으로서 외부 5층 · 내부 6층의 대천수(大天守)를 중심으로 북쪽에 외부 3층 · 내부 4층의 건소천수(乾小天守), 동쪽에 외부 2층 · 내부 3층의 망루인 진사로(辰巳櫓)와 1층의 누각인 월견노(月見櫓)가 붙어 있다. 회반죽으로 마감된 흰색의 벽체, 흑칠(黑漆)의 징두리 벽판(腰板壁), 붉은색의 인방 등 색채계획이 인상적이다.

이누야마 성(犬山城)의 천수(天守, 愛知縣 犬山市)는 게이쵸오(慶長) 6년(1601)에 1, 2층이 착공(着工)되고, 겐와(元和) 6년(1620) 경에는 3, 4층을 증축하였으며, 그 후 가라하후(唐破風, 역주 7 참조)의 박공을 덧붙여 현재의 모습이 되었다. 천수(天守)의 2층 지붕 위에 옛 형식의 망루(望樓)를 얹어 놓아 현존 최고(最古)의 것으로 여겨졌으나 당초 계획된 것이 아니라 증축된 결과로 밝혀졌다.

히코네 성(彦根城)의 천수(天守, 滋賀縣 彦根市)는 게이쵸오(慶長) 11년(1606)에 완성된 것으로 하후(破風), 가토오마도(花頭窓), 금색띠 등의 장식을 사용하고 있다.

히메지 성(姫路城)의 천수(天守, 慶長 14년, 1609, 兵庫縣 姫路市)와 마쯔에 성(松江城)의 천수(天守, 慶長 16년, 1611, 島根縣 松江市)는 히코네 성(彦根城) 이후에 지어진 것으로, 규모에 있어서는 상당히 큰 구조이지만 구성방식은 매우 단순하고 구식(舊式)으로 이루어졌다.

마쯔에 성(松江城)의 천수(天守)는 까마귀 성(烏城)이라고도 불리웠는데 검은 판재가 붙은 장중한 외관을 보여주고 있다. 이상이 겐와 원년(元和元年, 1615) 이에야스(家康)가 발한 '일국 일성령(一國一城令)'이 있기 이전의 것들이다.

마루가메 성(丸龜城, 香川縣 丸龜市)은 만지(万治) 3년(1660)에 완성되었다. 이 성(城)은 표고 66m의 구릉에 석담(石垣)을 3층으로 쌓아 올리고 그 위에 외부 3층의 천수(天守)가 올려졌다. 천수(天守)의 규모는 비록 작으나 석담(石垣)과 외호(外濠)가 보이는 구성은 훌륭하다.

우와지마 성(宇和島城)의 천수(天守, 愛媛縣 宇和島市)는 간분(寬文) 5년(1665)에 건조된 것으로 게이쵸오(慶長) 원년에 세워진 것을 부수고 새로이 쌓은 것이다. 가라하후(唐破風)의 장식을 붙인 현관, 돌 낙하구(石落し) 등의 방어시설이 없는 천수(天守)가 특징이다.

비츄우 마쯔야마 산성(備中松山城)의 천수(天守, 岡山縣 高梁市)는 다카하시 성(高梁城)이라고도 불리는데 덴와 연간(天和年間, 1681~1684)의 것이다. 표고 420m의 가쥬우 산(臥牛山)에 위치해 있으며 에도 시대(江戸時代) 이후로 현존하고 있는 산성(山城)의 유일한 유구이다.

고오찌 성(高知城, 高知縣 高知市)의 천수(天守)는 천수(天守)와 다이묘(大名)의 저택(館)이 그대로 남아 있는 유일한 성이다. 교오호오(享保) 12년(1727)에 소실된 것을 엔쿄오(延享) 4년(1747)에 재건했으며, 2층의 커다란 저택(館)에 망루를 얹은 것 같은 형태를 취한 복고형식(復古形式)의 천수(天守)이다.

히로사키 성(弘前城, 青森縣 弘前市)의 천수(天守)는 관에이(寬永) 4년(1627)에 소실된 천수(天守) 대신 1810년 혼마루(本丸) 동남쪽에 세운 모서리 망루(隅櫓) 형식의 것으로, 외호(外濠)에 면한 2면에만 돌출시킨 박공지붕이 강한 인상을 준다.

마쯔야마 성(松山城, 愛媛縣 松山市)의 천수(天守)는 덴메이(天明) 4년(1784)에 소실되어 가에이(嘉永) 7년(1854)에 재건한 것으로 소천수(小天守)와 모서리 망루(隅櫓)를 연결하고 있다. 원래는 3개의 소천수(小天守)와 다수의 망루(櫓)가 히메지 성(姬路城)의 건물과 나란히 있었으나, 대천수(大天守)를 제외한 대부분이 여러 차례의 화재로 소실되고 현재의 모습은 대부분 1969년에 복원된 것이다.

천수(天守)의 형식

앞에서도 언급했듯이 성곽의 천수(天守)란 용어는 무로마찌 시대(室町時代) 말기 다이묘(大名)의 저택(館, 역주 2-27 참조) 지붕 위에 솟은 망루 형식에서 비롯되었으며, 다음의 4가지 형식으로 구분되고 있다. 독립되어 서 있는 천수(天守)를 독립식(獨立式)이라고 하는데, 대표적인 것으로 마루오카 성(丸岡城)이 있으며, 그 밖에 마루가메 성(丸龜城), 우와지마 성(宇知島城), 비츄우마쯔야마 성(備中松山城), 고오찌 성(高知城), 히로사키 성(弘前城) 등이 있다. 소천수(小天守)와 망루(櫓) 등의 부속건물을 지닌 천수(天守)를 복합식(複合式)이라 하며, 그 예로는 이누야마 성(犬山城), 히코네 성(彦根城), 마쯔에 성(松江城) 등이 있다. 대천수(大天守)와 소천수(大天守)를 통로(渡櫓) 등으로 연결한 것은 연결식(連結式)으로 현존의 예는 없고 2차대전 당시 파괴된 나고야 성(名古屋城)이 이에 속하며, 이 중 대천수(大天守)와 2개 이상의 소천수(小天守)를 연결시킨 것을 연립식(連立式)이라고 부른다. 이것은 가장 완비된 성(城)의 형식으로 히메지 성(姬路城)과 마쯔야마 성(松山城)으로 대표된다. 또한 그 중간적인 복합연결식(複合連結式)으로 마쯔모토 성(松本城)이 대표적이며, 복연결식(複連結式)의 형식도 있다.

城과 城郭都市

성곽도시(城下町)의 성장과 변모

전장(前章)에서 지적했던 것처럼 일본의 현대도시들은 대부분 근세 이전 다이묘(大名)들의 성(城) 주위에 지어졌던 성곽도시(城下町)를 기반으로 발전했다. 대부분 도시들의 실제 출발점은 중앙집권 정부의 부재기간(不在期間)인 전국시대(戰國時代) 동안이었으며, 이때 지방의 다이묘(大名)들은 그들이 지킬 수 있는 한 많은 지역의 독자적인 통치자로서 그들 소유의 성(城)들을 스스로 짓기 시작했다. 다이묘(大名)들은 지역의 절대적인 통치자였으며 스스로 법률, 조세율 심지어는 도량형(度量衡)의 체계까지도 정하였다. 이러한 극한 지방분권주의(地方分權主義)는 각각의 지역을 생존시키기 위해 상업이나 무역을 발전시켰으며, 그 결과 이전에 침체와 해체의 길을 가던 지방에 거대한 경제적 성장이 있게 되었다.

요컨대 성(城)은 각 지역의 방어와 정치의 중심이었으며, 성(城) 주변에서 성장했던 도시들은 지방 상업의 중심이자 교통의 중심지가 되었다. 문화적으로도 중앙의 소외된 귀족들을 초빙하여 지방의 지배자들에게 시(詩), 고전(古典), 궁중전통 등을 가르치게 하는 일이 빈번해짐으로써 성장을 가속화시켰다. 또한 도시의 설계에 있어서는 도로계획(道路計劃), 용수계획(用水計劃) 등 당시의 최신기술이 이용되었기 때문에 일본의 도시설계기술을 알 수 있는 좋은 자료였다. 그러나 시대적 변화에 따라 무분별하게 변모되고 파괴되는 도시들이 많아 그것이 아쉬운 점이라 하겠다.

중세의 치열했던 전쟁과 그 이후 노부나가(信中), 히데요시(秀吉), 그리고 이에야스(家康)의 세력다툼 기간에 살아남은 다이묘(大名)들은 도쿠카와 막부(德川幕府)가 자신들의 영토를 다스리는 통일정부가 된 것을 인정하였으며, 이러한 막부 체제는 1868년 에도 시대(江戶時代)가 끝날 때까지 유지되었다. 18세기 말엽 다이묘(大名)들의 수는 약 250인(人)이었으며 그 절반 이상이 성(城)다운 성(城)을 소유하고 있었다. 그러나 중앙정부에 복종하게 된 다이묘(大名)들은 자신들의 원래 주거 이외에 에도(江戶)에 또하나의 주거를 갖고, 반년이나 일년 교대로 그곳에서 근무하도록 강요받았다. 더욱이 그들의 가족들은 에도(江戶)에서 영원히 거주하도록 강요받았다. 소위 '사킨 고오타이(參勤交代)'라고 하는 이 제도는 다이묘(大名)들의 반란을 방지하기 위해 계획된 것이었으며, 또한 그들에게 경제적인 속박을 가하기 위한 방책이기도 했다. 그러나 이러한 제도로 말미암아 에도(江戶)는 역참도시(宿場町)로써 커다란 성장을 이룩하여 번성하는 결과를 초래하기도 하였다.

현재의 도오쿄오(東京)는 도쿠카와 막부(德川幕府)의 에도 성(江戶城)이 있었던 도시이고, 오오사카(大阪)에는 도요토미 히데요시(豊臣秀吉)와 도쿠카와 이에야스(德川家康)의 오오사카 성(大坂城, 江戶時代에는 坂자를 사용했다)이 있었으며, 교오토(京都)에는 천황의 궁궐(御所)과 함께 도쿠카와 가(德川家)의 저택(居館)인 니조오 성(二條城)이 있었다.

성곽도시(城下町) 가나자와(金澤)

일본 해(日本海) 부근 이시카와 현(石川縣)에 있는 가나자와(金澤)는 아마도 현존하는 가장 훌륭한 성곽도시(城下町)의 예일 것이다. 가나자와(金澤)는 에도 시대(江戶時代)에 가장 부유했던 다이묘(大名)인 마에다 가(前田家)에서 다스리던 가가 영지(加賀領地)의 중심이었다. 사이카와(犀川) 강과 아사노가와(淺野川) 강을 낀 구릉에 지어진 마에다 성(前田城)을 중심으로 도시계획(町割)이 이루어져 있는데, 엔포오 연간(延寶年間, 1673~1681)의 그림에 의하면, 성(城) 주변에 무사의 저택을 배치하는데 저택의 대지면적은 봉록(俸祿)의 액수에 의해 결정되고 있다. 마찌야(町屋)는 가로변을 따라 주요 도로에는 상가(商家), 뒷길에는 직인(職人)들의 주택이 있으며, 각각 동업자들을 모아 배치함으로써 마찌와리 수법(町割手法)을 적용하고 있다. 예를 들어 소금장수 마을

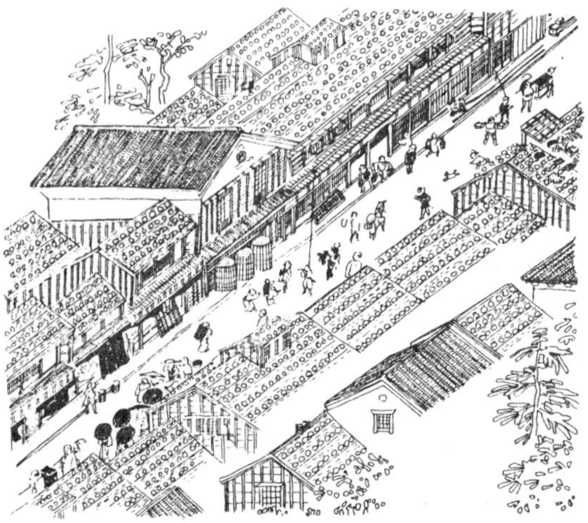

211. 犀川口町〔3〕

212. 犀川大橋〔4〕

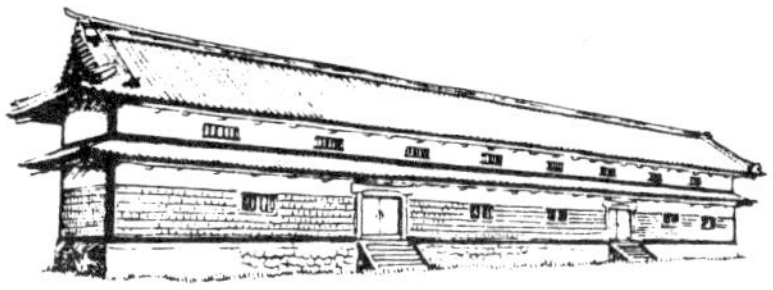

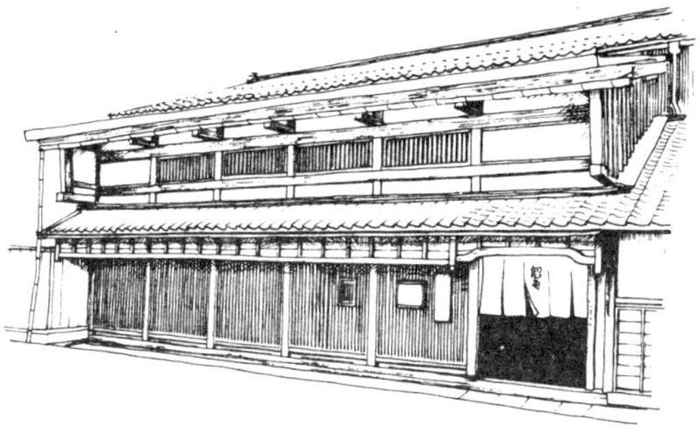

213.
金澤城 三十間長屋〔1〕

214.
金澤城 石川門〔2〕

215.
喜多家 住宅(野野市町)〔5〕

216.
東廓〔6〕

217.
大工町〔7〕

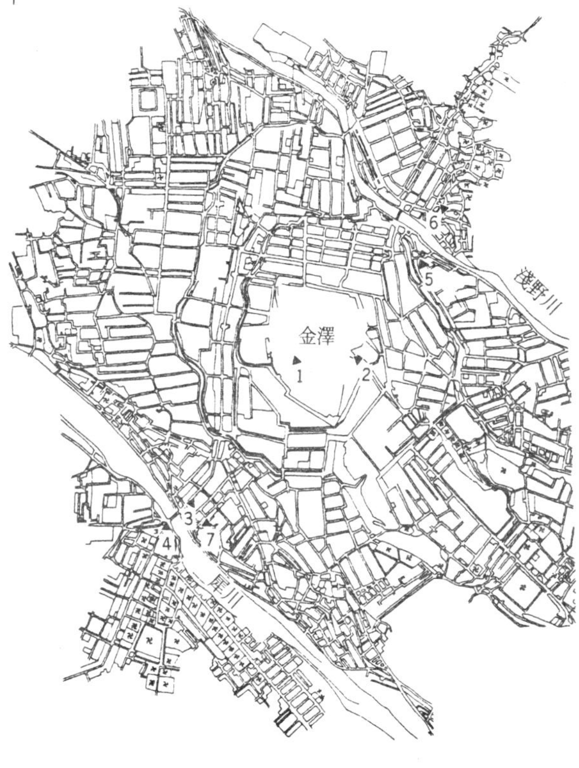

218.
延寶年間의 金澤(다른 그림의 [번호] 참조)

(鹽屋町), 대장장이 마을(鍛冶町), 목수 마을(大工町), 목재 마을(材木町) 등의 거리 이름은 동업자들의 거리였다는 흔적이다.

성(城) 내부와 주변의 건물

가나자와 성(金澤城) 내부에는 단지 2개의 건물 즉, 석천문(石川門)과 삼십간 나가야(三十間長屋)라는 건물만이 남아 있다. 석천문(石川門)은 덴메이(天名) 8년(1788)에 세워진 것으로 실제는 정문(表門), 다이코베이(太鼓塀, 二重塀)[12], 고려문(高麗門), 망루문(櫓門), 모서리 망루(隅櫓) 등 8개 구조물로 이루어졌으며 새로운 것은 지붕이 연와(鉛瓦)라는 점이다. 삼십간 나가야(三十間長屋)는 안세이(安政) 5년(1858) 성의 외벽 위에 건축한 2층의 '다몬 야구라(多聞櫓)'[13] 방식으로 도리방향 길이가 48m나 뻗어 있으며 무기저장고로 사용되었다.

성(城) 주변에는 겐로쿠엔(兼六園)이라고 하는 영주(領主)의 개인 공원이 있었다. 그 안에는 분큐우(文久) 3년(1863) 가가(加賀) 영지의 마지막 영주인 마에다 나리야스(1811~84)가 자신의 어머니를 위해 세운 스키야(數寄屋) 풍의 성선각(成巽閣)이 있다. 또한 성(城)의 바로 옆에 있는 오자키 신사(尾崎神社)는 관에이(寬永) 20년(1643)에 세워진 것으로 원래는 성내(城內)에 있었던 동조궁(東照宮)이다.

아사노가와(淺野川) 강의 동쪽에 위치한 구(舊) 동곽(東廓)은 1977년 전통건축 보존지역으로 지정되어 있어, 1층에 돌출된 격자창(格子窓)을 지닌 거리모습(facade), 분세이(文政) 3년(1820) 경에 세워진 객실(座敷)의 검붉은 벽 등 눈에 띄는 우수한 디자인의 건물이 아직도 당시의 모습으로 남아 있다.

이시가와 현(石川縣)의 노노이찌마찌(野野市町)에 있는 거타 가(喜多家)의 주택은 가나자와 시(金澤市) 목재 마을(材木町)에서 옮긴 것으로 에도 시대(江戶時代) 말기 때 건축된 것이다. 도로와 면한 길이 22m 남짓의 정면이 가나자와(金澤) 성곽도시의 옛날 거리모습을 추측하게 한다.

막부시대(幕府時代) 말기 가나자와 성(金澤) 주위의 도시모습을 그리고 있는 『가나자와즈 뵤오부(金澤圖屛風)』에 의하면, 목수 마을(大工町)에서 목수가 길에 나와 일을 하고 있는 모습, 사이카와(犀川) 강에 놓인 사이카와 대교(犀川大橋)를 건너는 사람들, 사이카와(犀川) 마을의 거리모습 등이 생생하게 묘사되어 있다. 다이묘(大名)들이 지배했던 성(城)의 중심도시 가나자와(金澤)의 번화함이 전해오는 듯하다.

12. **다이코베이(太鼓塀)** : 성곽의 담을 철포의 탄환이 뚫지 못하도록 이중으로 하여 그 속에 돌 또는 기와와 흙을 채운 것. 이중담(二重塀)이라고도 한다.

13. **다몬야구라(多聞櫓)** : 근세 성곽에서 석축을 쌓고 그 위에 1층에서 3층까지의 망루(櫓) 또는 나가야(長屋)를 전면에 좁은 통로(犬走り)없이 바짝 내어 짓는 방식. 1559년 나라(奈良) 북쪽 교외 眉見寺山의 다몬 성(多聞城)에 축조했던 것에서 비롯됨. 多門造, 多門長屋, 多門櫓라고도 함

城과 御殿

성내(城內)의 어전군(御殿群)

성(城)의 중심에는 다이묘(大名)의 주거이며 또한 정치의 장(場)이기도 했던 혼마루(本丸)라는 건물군이 세워졌다. 예를 들면, 에도 성(江戶城)의 혼마루(本丸)는 94,000평(坪, 35万 7千m^2 정도)의 대지에 11,000평(坪, 4万 2千m^2 정도) 남짓한 규모의 건물로 세워졌다(1間은 6尺 5寸으로 이루어짐). 그러나 현재는 천수(天守)의 기초석만을 남기고 건물군(建物群)은 전부 소실되었다. 오오사카 성(大坂城), 히메지 성(姬路城), 나고야 성(名古屋城)의 어전군(御殿群)도 전부 없어졌는데, 단 한 곳 니조오 성(二條城, 京都)만이 성내(城內)의 어전군(御殿群)을 남기고 있다.

니조오 성(二條城)의 니노마루 어전(二の丸御殿)

전장(前章)에서 언급했듯이 니조오 성(二條城)을 현재의 위치에 창건한 것은 도쿠카와 이에야스(德川家康)이다. 게이쵸오(慶長) 6년(1601)부터 8년에 걸쳐 공사가 이루어졌는데, 그 후 관에이(寬永) 3년(1626)에 있을 고미즈노오 천황(後水尾天皇)의 행차(行幸)에 대비하여 관에이 원년(寬永元年)부터 개축 공사를 행한 것이 현존하는 니노마루 어전(二の丸御殿)이다. 그때까지의 성역(城

219. 二條城 二の丸 唐門

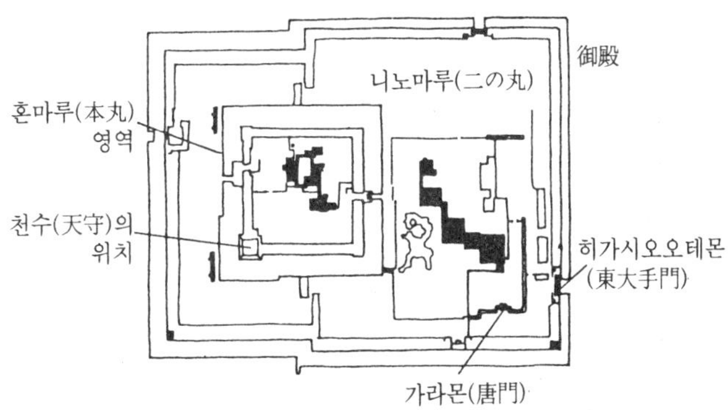

220. 二條城의 현재 모습

城)을 확장하여 혼마루(本丸)에는 대어소(大御所)인 어전(御殿)을, 니노마루(二の丸)에는 천황의 행차어전(行幸御殿)을 각각 신축했으나, 니노마루(二の丸)의 장군인 이에고오(家光)의 어전(御殿)만은 게이쵸오(慶長) 때에 만들어진 이에야스(家康)의 건물을 이용,대개축을 하여 만들었다. 내부를 금박의 화려한 채색을 띤 장벽화(障壁畫, 간막이 또는 그 벽에 그려진 그림. 역자 주)로 장식하고 란마(欄間, 교창)에는 극채색의 조각을 넣었으며, 호화스런 도코(床), 다나(棚), 쇼인(書院), 쵸오다이가마에(帳臺構)를 갖추는 등 실로 현란한 구성으로 되어 있다.

어전군(御殿群)의 앞에는 넓은 연못정원이 있어 어전(御殿)에서 이 연못정원과 5층의 천수(天守, 寛延 3년, 1750 소실됨)를 조망할 수가 있었으며, 이 천수(天守)는 그 하부를 받친 석축(石垣)을 포함해 40m 남짓한 높이의 웅장한 건축물이었다.

221. 二條城 二の丸御殿과 庭園

222. 二條城 東大手門

第4章

遊　戱
—數寄의 空間

第4章 遊 戱

-數寄의 空間-

여름에는 시원하게, 겨울에는 따뜻하게, 숯은 물이 끓도록, 차는 마시기 좋도록, 이것으로 비밀은 끝입니다.

(『南方錄』)

다도(茶道)의 거장인 센노리큐우(千利休, 1522~1591)가 다도(茶道)의 본질(本質)에 대해 질문을 받고 한 말이다. 그는 또 질문자가 얼떨떨해 하며, "그러한 것은 누구나 알고 있습니다"라고 말하자 다음과 같이 대답한다. "당신은 정말 그렇게 할 수 있는가? 그렇다면 내가 당신의 제자가 되겠다"

『남보오로쿠(南方錄)』가 리큐우(利休)의 사후(死後)에 쓰여진 것이므로 이 말의 진위(眞僞)는 정확하지 않다. 그러나 이것만은 말할 수 있을 것이다. 즉, 리큐우(利休)가 의도했던 다도(茶道)란 작법(作法)의 굴레에 얽메인 것이 아니라 "여름에는 시원하게, 겨울에는 따뜻하게"라는 평범한 사실을 이상(理想)으로 하는 자연스러움이 아닌가 하는 것이다. 이것이 현대의 기계적인 냉난방(冷暖房) 시설을 말하는 것은 물론 아니다. 사계절을 자연 그대로 받아들여 그것을 적극적으로 즐긴다는 것이다. 봄에는 꽃을, 가을에는 단풍을, 그리고 겨울에는 눈을, 이렇듯 사계절마다의 풍정(風情)을 즐기는 데서 문학과 예술이 시작된다. 차(茶)도 예외는 아니었다.

여류 문인이었던 세이쇼오 나콘(清少納言)은『마쿠라소오시(枕草子)』에서 "봄은 새벽", "여름은 밤", "가을은 황혼", "겨울은 아침"이라고 4계절의 풍정(風情)을 서술했다. 봄날의 먼동이 틀 새벽녘, 점차로 하늘이 밝아지고 보라색 구름이 가늘고 길게 뻗어 있는 풍정, 실로 이것은 봄의 풍정(風情) 그 자체이다. 사계(四季)를 시간으로 파악하여 그것에 미의식을 불어넣고 있는 것이다. 이러한 계절을 실내로 가지고 들어오면 릭카(立花, 꽃꽂이의 한 형식. 역자 주)가 생겨난다. 그것은 불화(佛畵) 앞에 장식하는 꽃의 계보를 계승한 것이다. 그러나 꽃을 꽂아두고 그것을 즐길 때에 이미 불사(佛事)를 초월한 예술이 된 것이라고 할 수 있다.

일본에 있어 다도(茶道)는 무로마찌 시대(室町時代) 후기, 모모야마 시대(桃山時代), 그리고 에도 시대(江戸時代)에 걸쳐 상류층의 가장 중요한 여가였다. 차(茶)는 불교문화의 한 부분으로 나라 시대(奈良時代) 때 중국에서 수입했던 것이 그 시초였다. 이미 헤이안 시대(平安時代)에 다도법(茶道法)이 중국의 값비싼 다기(茶器)를 수집했던 귀족들에 의해 수입되어 사원(寺院)에서부터 시작되었다. 가마쿠라 시대(鎌倉時代) 초기의 선종승(禪宗僧)인 에이사이(榮西)와 도오겐(道元)은 차(茶)의 열정적인 옹호자였으며, 그 이후 선(禪)의 철학으로 점차 흡수되었다. 무로마찌 시대(室町時代)와 모모야마 시대(桃山時代)의 다도(茶道)의 발전단계는 예술적이고 철학적이며 동시에 종교적인 체계로 발전하였다. 수집과 감정기술도 동시에 발전했으며 부유한 상인들과 귀족들, 그리고 히데요시(秀吉) 자신을 포함한 장군들은 가장 훌륭한 다기(茶器)를 수집하기 위하여 상당한 재산을 투자하였고, 자신들의 집에 가장 인상적인 다실(茶室)을 건축하기도 하였다. 제2장에서 이미 살펴 보았듯이 차(茶)에 대한 기호는 쇼인 조(書院造)의 주거건축(住居建築)에 강력한 영향을 미쳤으며, 그 결과 스키야(數寄屋)라고 하는 건축양식을 만들어 내었다.

무로마찌 시대(室町時代)와 그 이후 여가나 예술적인 영감의 유일한 근원은 물론 차(茶)만이 아니었다. 또 다른 것으로 노오(能)라고 불린 연극이 있었다. 노오(能)는 나라 시대(奈良時代)와 헤이안 시대(平安時代)에 아주 비천한 전통으로부터 시작되어 차(茶)와 함께 복합(複合)과 비전(祕傳)의 예술이 되었으며, 부분적으로는 불교사상의 영향을 받고 있었다. 이러한 전환은 주로 두 명의 천재적인 인물 간아미(觀阿彌)와 그의 아들 제아미(世阿彌, 1363~1443)에 의해 크게 힘입게 되었다. 극작가이자 배우이며 동시에 이론가로서, 이들은 화려하고 심오한 극예술에 연기, 노래, 춤을 혼합시킨 단순한 합성예술을 재창조하였다. 노오(能)는 우아한 긴 옷을 입고 가면을 쓴 주연배우가 시적이며 종교적인 대본을 노래하고 흉내내고 춤추는 가면 음악극이다. 주연배우는 보통 한 사람 혹은 다수의 조연자, 합창대, 그리고 악단과 함께 연극을 수행한다. 다도(茶道)와 마찬가지로 노오(能) 역시 전(全) 에도 시대(江戸時代)에 걸쳐 행해졌으며, 오늘날까지 세계에서 가장 오랫동안 존재해 온 전문 연극이다.

그러나 근세 초기의 모든 유희가 노오(能)와 다도(茶道)처럼 학식있는 귀족들의 것은 아니었다. 가부키(歌舞伎)는 에도 시대(江戸時代)에 일반 대중들에게 관심을 집중시킨 분라쿠(文樂)라는 인형극과 경쟁 상태에 있었으며 서로 예술적, 연출상의 발전에 영향을 주었다. 비록 가부키(歌舞伎)가 노오(能)에 의해 얼마간 영향을 받았다고는 하지만, 그것은 암시와 억제보다는 과장과 전시를 더 강조했고, 허세스런 남자 주인공과 헌신적인 여자 주인공을 즐겨 묘사했다. 가부키 배우들은 에도 시대(江戶時代)에 성장했던 시민계급의 우상이었으며, 그 시대의 목판 예술가들과 유명한 인기작가들이 애호하는 주제 중의 하나이기도 했다.

문학, 예술 또는 요리, 술, 차(茶) 그것은 모두 마음을 윤택하게 하기 위해서 존재하고 있다. 그 무대는 건축물이나 정원은 물론 '유희(遊戲)'의 마음만 있으면 시골의 마을이나 산과 강도 모두가 해당된다. 여기에서는 그것을 총칭해서 스키야 공간(數寄屋 空間)이라 하겠다. 본서(本書)를 펴서 읽을 때 독자가 몸을 두고 있는 그 장소도 하나의 스키야 공간(數寄空間)으로 되었으면 하고 기대한다.

이 장(章)에서는 근세시대의 '유희(遊戲)'를 추구했던 건축공간 즉, 소박한 다도(茶道)의 공간과 여기에 구체화되어 있는 스키(數寄) 철학의 절제성, 단순성, 세련미, 다음으로 노오(能) 무대로부터 발전했고 에도 시대(江戶)의 공학적 세련미 속에서 성장해온 노오(能)와 가부키(歌舞伎)의 극장건축, 교오토(京都)의 시마바라(島原)를 중심으로 한 스미야(角屋)의 건축공간, 마지막으로 가쯔라(桂) 주택과 센토오 어소(仙洞御所)로 대표되는 궁중의 전통적 유희건축(遊戲建築)이 스키(數寄) 철학과 어떻게 접목되어 있는지를 살펴보고자 한다.

極小空間의 設計

다도(茶道)의 성립(成立)

차(茶)가 일본에 전해진 것은 나라 시대(奈良時代)의 일이다. 가마쿠라 시대(鎌倉時代)에는 녹차(抹茶)가 선승(禪僧)들에 의해서 소개되었으며, 무로마찌 시대(室町時代)가 되자 장군들이 즐겨 마시게 됨에 따라 널리 유행하였다. 훌륭한 다기(茶器)를 진열해 놓고, 감상하면서 차(茶)의 원산지(原産地)를 알아맞히는 것이 전부였던 차문화는 점차로 차(茶)를 끓여 마시는 그 자체에서 정신적인 의미를 찾게 되었다. 이것이 다도(茶道)의 성립이다.

쇼인(書院)의 차(茶)와 소오안(草庵)의 차(茶)

차(茶)는 처음에는 무사(武士)나 귀족들의 객실 다다미방에서 행해졌다. 이 객실 다다미방은 히로마(廣間)나 쇼인(書院)이라 불리웠으며 그곳에서의 차를 쇼인의 차(書院の茶)라고 했다. 이 쇼인(書院)의 차(茶)가 성대하게 행해지는 한편 차(茶)를 위해 전용(專用)의 좁은 방을 사용하는 일도 많아졌다. 6장에서부터 4장 반, 심지어는 2장의 다다미방을 이용하는 등 극소(極小)의 공간(空間)을 사용하여, 그 협소함 속에서 정신적으로 고양된 다도(茶道)를 행하였다. 다도(茶道)를 위한 좁은 방은 벽을 토벽(土壁)으로 하였으며, 토벽의 골격인 다케고마이(竹小舞)[1]를 보이게 하는 시타지마도(下地窓)[2]를 만들거나 창에 대나무의 격자를 붙이는 등 소오안(草庵)의 풍정(風情)을 디자인에 받아들였다.

차(茶)를 위한 전용공간을 다실(茶室)이라 부른다. 소오안 풍(草庵風)의 디자인으로 된 소오안 다실(草庵茶室)은 센노리큐우(千利休)에 의해 확립되었다. 그러나 센노리큐우(千利休)가 손수 지은 다실(茶室)은 문헌상으로는 몇 가지 알려져 있으나, 실제 존재하는 것은 다이안(待庵)만이 그 가능성을 갖는데 불과하다.

다이안(待庵)

교오토(京都)의 남쪽, 야마자키 시(山崎市)에 위치해 있는 다이안(待庵)은 묘오키안 사원(妙喜庵寺院)에 속해 있다. 다실(茶室)의 기원은 불확실하지만, 센노리큐우(千利休)가 처음 야마자키(山崎)에 있는 자신의 집에 지어 후에 묘오키안(妙喜庵)으로 이전한 것으로 생각된다. 아마도 그는 여기에서 도요토미 히데요시(豊臣秀吉)를 위하여 차(茶)를 준비하였을 것이며, 덴쇼오(天正)

1. **다케고마이(竹小舞)** : 토벽의 골격인 대나무를 종횡으로 짜넣은 것. 벽의 고마이시타지(小舞下地)는 일본 고유형식인 진벽조(眞壁造)의 대표적 구법으로 약 30cm 간격의 굵은 대나무 사이에 3~4cm 간격의 가느다란 고마이(小舞)를 짜넣음
2. **시타지마도(下地窓)** : 토벽의 골격을 이루는 대나무 등을 노출시킨 형식의 창으로, 스키야(數寄屋) 건축에서는 이 골격을 별도로 짜 넣는다.

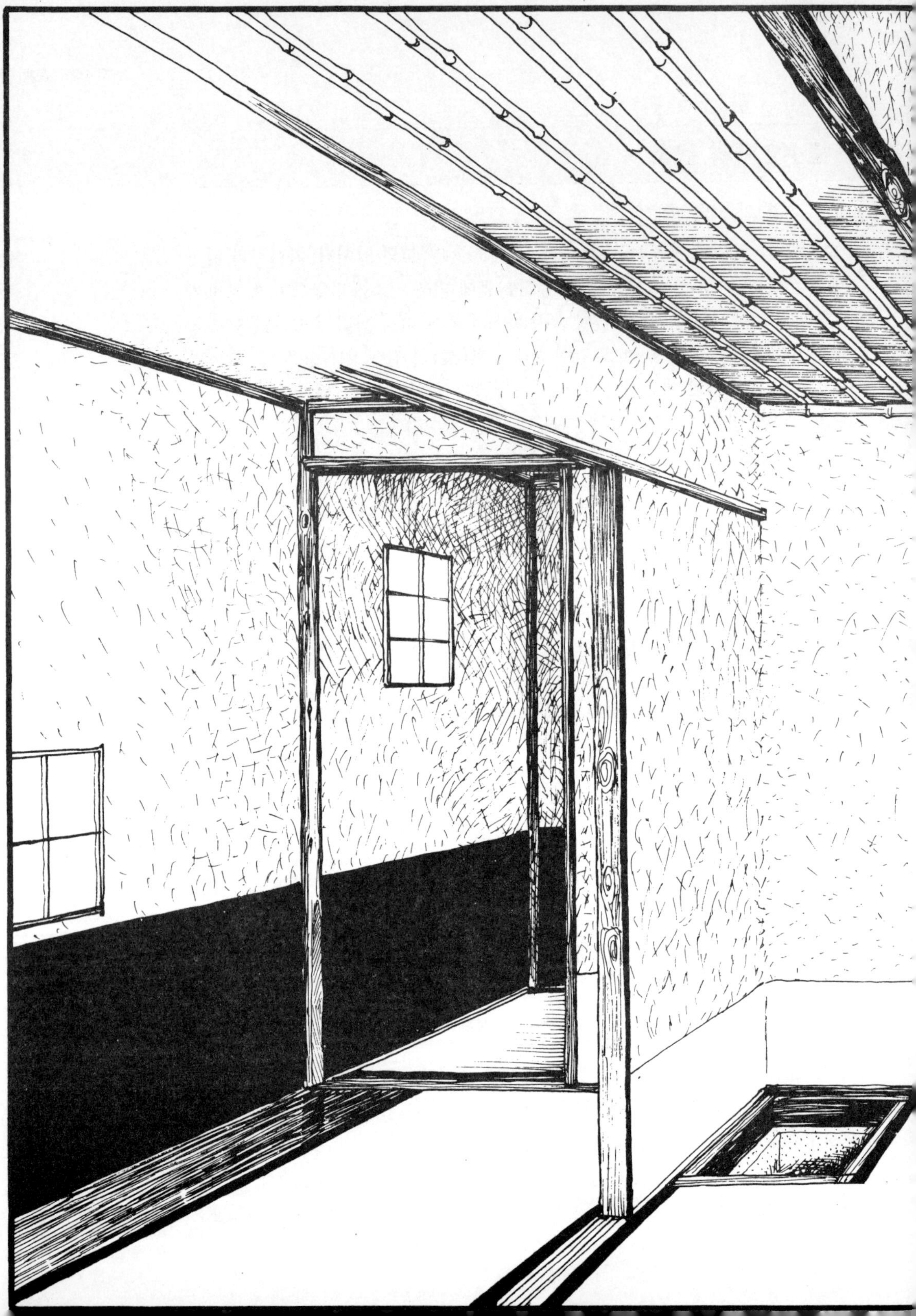

223.
妙喜庵 待庵

10년(1582)에 히데요시(秀吉)가 오다 노부나가(織田信長)의 자객인 아케찌 미쯔히데(明智光秀, 1526~1582)와 근처에서 전투중에 있을 때 리큐우(利休)에게 명하여 짓게 하였던 것이라고 전해지고 있다.

다이안(待庵)은 2 다다미의 다실(茶室)에 1 다다미의 대기실(次の間, 쯔기노마, 벽쪽에는 나무마루가 깔려 있다)과 1 다다미의 부엌(勝手, 갓테)이 붙어 있는 구조로 이루어져 있다. 다실(茶室)의 왼쪽 다다미는 차를 끓이기 위한 공간(点前座, 데마에자)으로 구석에는 화로(爐)가 설치되어 있다. 오른쪽 다다미가 손님을 위한 공간이다. 이러한 극소(極小)의 공간은 위쪽의 도코(床)에 의해 시각적이나마 완화되어 있으며, 대기실(次の間)이 동반객(同伴客)의 좌석으로 사용되면 조금 넓어진다.

손님은 높이 2척(尺) 6촌(寸)(약 78cm), 폭 2척(尺) 3촌(寸) 6푼(分)(약 72cm)인 니지리구찌(躙口)[3]로 몸을 굽히고 들어가지 않으면 안된다. 몸을 굽히는 것이 내부 공간의 협소함을 둔화시키고 침착한 마음자세를 갖게 하는 데 도움을 준다고 생각했던 것으로 보인다.

디자인 상의 연구

다이안(待庵)의 디자인은 상당히 복잡한 세부(細部)로 이루어져 있다. 천정을 보면 도코(床)의 바로 앞과 왼편이 노네 판(板, 지붕부분에 사용된 얇은 판재)에 흰 대나무치기 마감을, 오른편 앞으로는 니지리구찌(躙口)를 들어가 바로 윗부분에 대나무의 서까래를 보이게 한 게쇼오야네우라(化粧屋根裏, 역주1-21 참조)로 되어 있다. 게쇼오야네우라(化粧屋根裏)의 부분이 천정의 낮은 느낌을 완화해 준다. 도코(床)의 내부는 귀기둥(隅柱)을 보이지 않게 하는 무로도코(室床)[4]로 하였으며, 화로(爐) 뒤쪽의 벽에도 회반죽칠을 하여 귀기둥(隅柱)이 보이지 않게 하였다. 이것 모두 방의 협소함을 느끼지 않도록 하기 위한 연구이며 실내에 변화를 주는 디자인 상의 시도인 것이다.

다이안(待庵)의 전반적인 디자인은 시골풍이면서도 세련미를 나타낸다. 예를 들면, 쇼오지(障子) 창살은 대나무로 하였으며 도코(床)의 문틀(框)에는 세 개의 옹이(節)가 보인다. 도코노마(床の間) 양옆 기둥은 기타야마(北山)의 굵은 통나무로 되어 있다. 벽에 뚫린 창의 크기나 위치, 도코(床)의 천정이나 오토시가케(落掛, 상인방을 일컬으며 그 상부의 벽높이를 결정한다. 역자 주)의 높이 등 모든 부분에 걸쳐 리큐우(利休)의 설계자로서의 재능을 느끼게 하는 우수한 작품이다. 그림에서 보면 대기실(次の間)과의 사이에 창호를 없애 부엌(勝手) 입구와 그 안을 볼 수 있게 묘사되어 있다.

3. 니지리구찌(躙口) : 소오안 풍(草庵風)의 다실에서 손님이 출입하는 출입구. 높이 65cm, 폭 60cm 정도의 작은 개구부이기 때문에 무릎걸음으로 출입하게 되어 있다.
4. 무로도코(室床) : 소오안 풍(草庵風) 다실의 도코노마(床の間) 형식의 하나. 천정, 기둥, 벽, 귀기둥(隅柱) 등의 목부(木部)가 보이지 않게 마감한 것.

茶室의 內部 디자인

오코시에즈(起し絵圖)

다실(茶室) 공간이 작으면 작을수록 자연미와 세련미를 조화시키기 위한 그 구성요소는 더욱 세심하게 선택되어야 한다. 이러한 목적을 달성하기 위해 다실의 설계자들은 전통적으로 오코시에즈(起し繪圖)라는 3차원의 종이모형을 이용했다. 이렇게 간단하게 만들어진 모형은 창과 문, 그리고 내부 간막이에 사용된 부재와 그 치수(寸法), 위치 등이 실제 설계의도에 맞는지 검토된 다음 접혀져 건축현장으로 운반된다. 초기의 종교나 주거 건축물을 설계함에 있어 가장 중요시 된 것은 평면(平面)이었다. 하나의 일관된 형태속에 디자인 변수가 적을 때 유능한 설계자는 기본적인 설계의도를 마음속에 시각화할 수 있었다. 그러나 우리가 살펴본대로 다실(茶室) 건축에서는 평면에서부터 벽체, 천정, 지붕에 이르기까지 모든 디자인 요소가 자유롭고 복잡하게 구성되므로, 평면만으로는 이 모든 것을 시각화 해낼 수 없다. 3차원의 종이모형은 이러한 건축물을 시각화하려는 구체적 연구결과인 것이다.

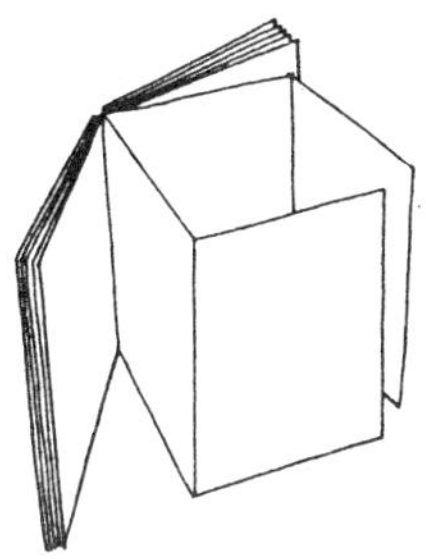

224. 오코시에즈(起し絵圖)

오코시에즈(起し絵圖, 3차원의 종이모형) 종이에 각 벽면의 부재와 그 치수, 위치 등을 일정한 축척으로 그려넣고 세워 조립한 일종의 모형이다. 여기에는 유감스럽게도 바닥과 천정부분이 누락되었지만 접혀진 그림을 통해 오코시에즈(起し繪圖)의 모형을 유추해 보기 바란다. 페이지 204와 209는 다실(茶室)의 남쪽과 동쪽의 외부 벽면 ; 페이지 203은 대기실(次の間)과의 경계를 이룬 후스마(襖)를 대기실 쪽에서 바라본 그림 ; 페이지 205, 206, 207, 208은 다실(茶室)의 사방 내벽(內壁)을 나타낸 것인데, 도코(床)는 본래 안으로 들어가(alcove) 있다. 더욱 실제적 효과를 얻기 위해 다다미(畳) 2장으로 이루어진 바닥을 그려넣고 그 위에 니지리구찌(躙口, 낮은 입구)를 잘라 낸 벽면을 세워 안을 들여다 볼 수 있게 할 수도 있었을 것이다.

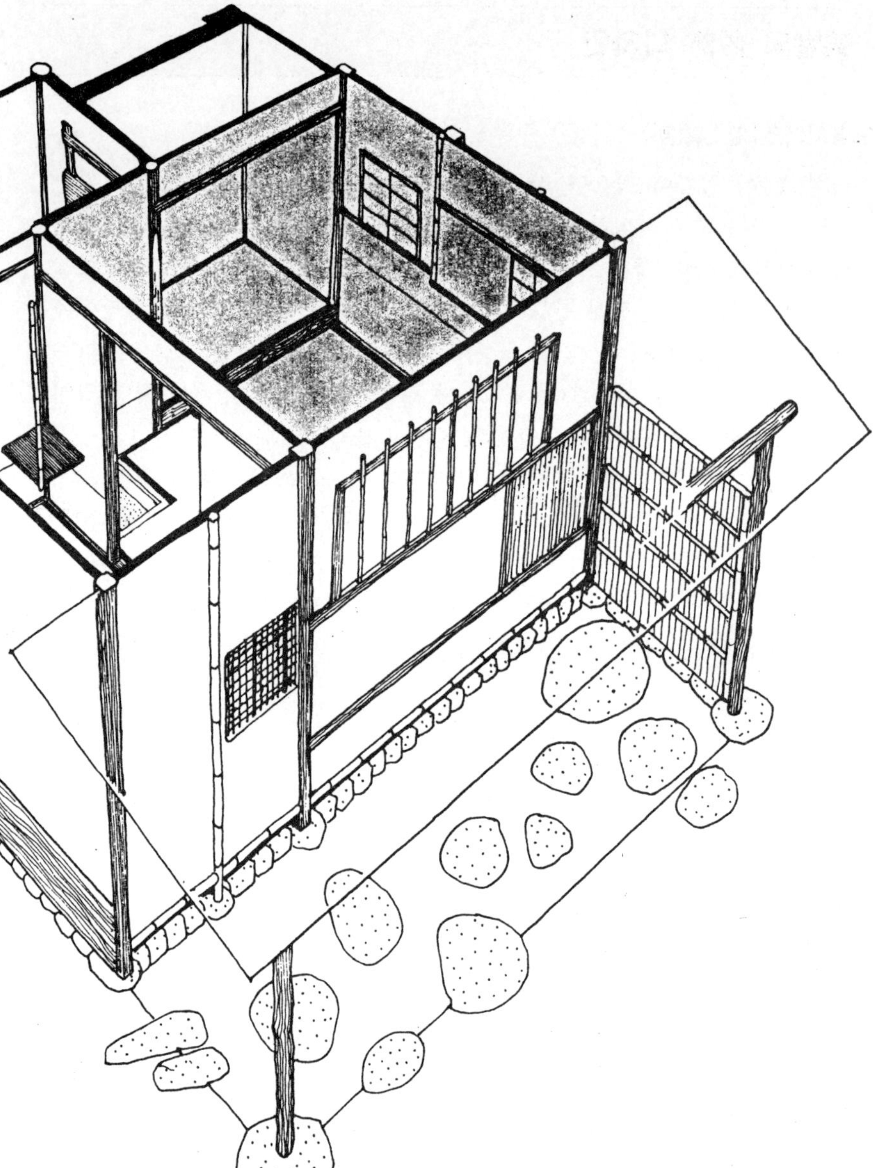

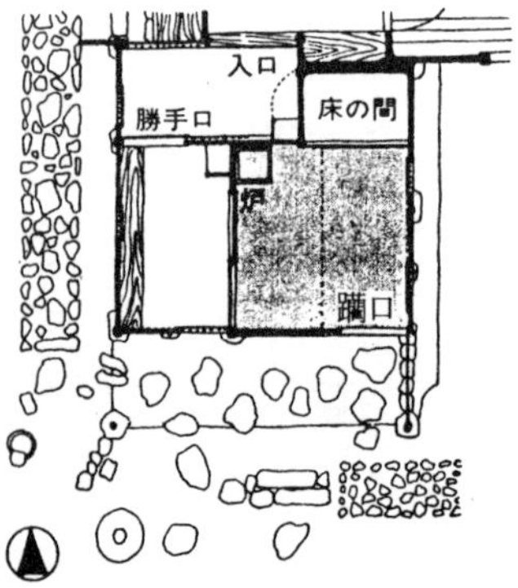

225.
妙喜庵 待庵

226.
妙喜庵 待庵의
等角透視圖

カヘ

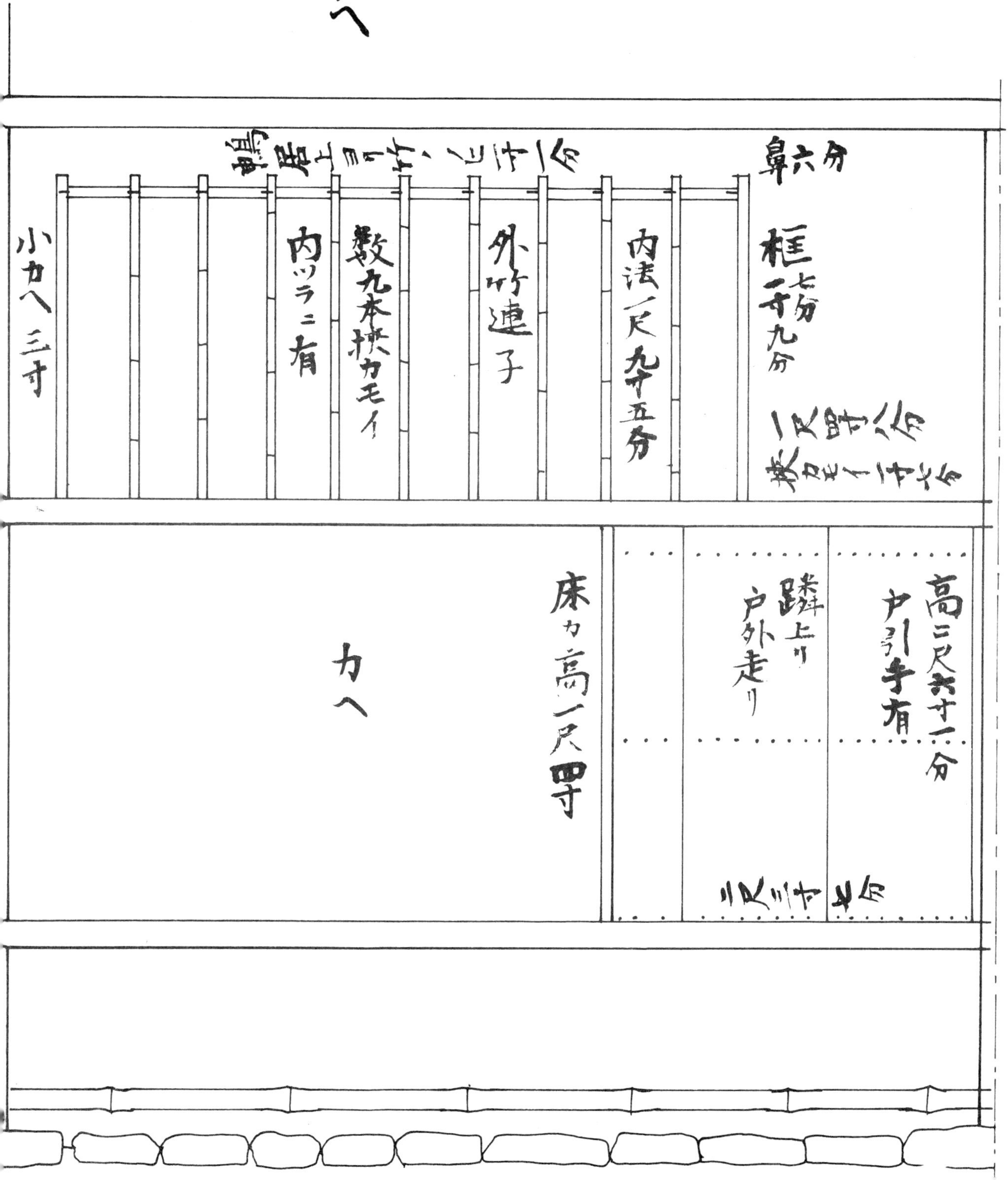

巾六分
框一寸七分九分
内法一尺九寸五分
外竹連子
数九本挟カモイ
内ツラニ有
小カヘ三寸
高二尺六寸一分
戸引手有
蹴上リ
戸外走リ
床カ高一尺四寸
カヘ

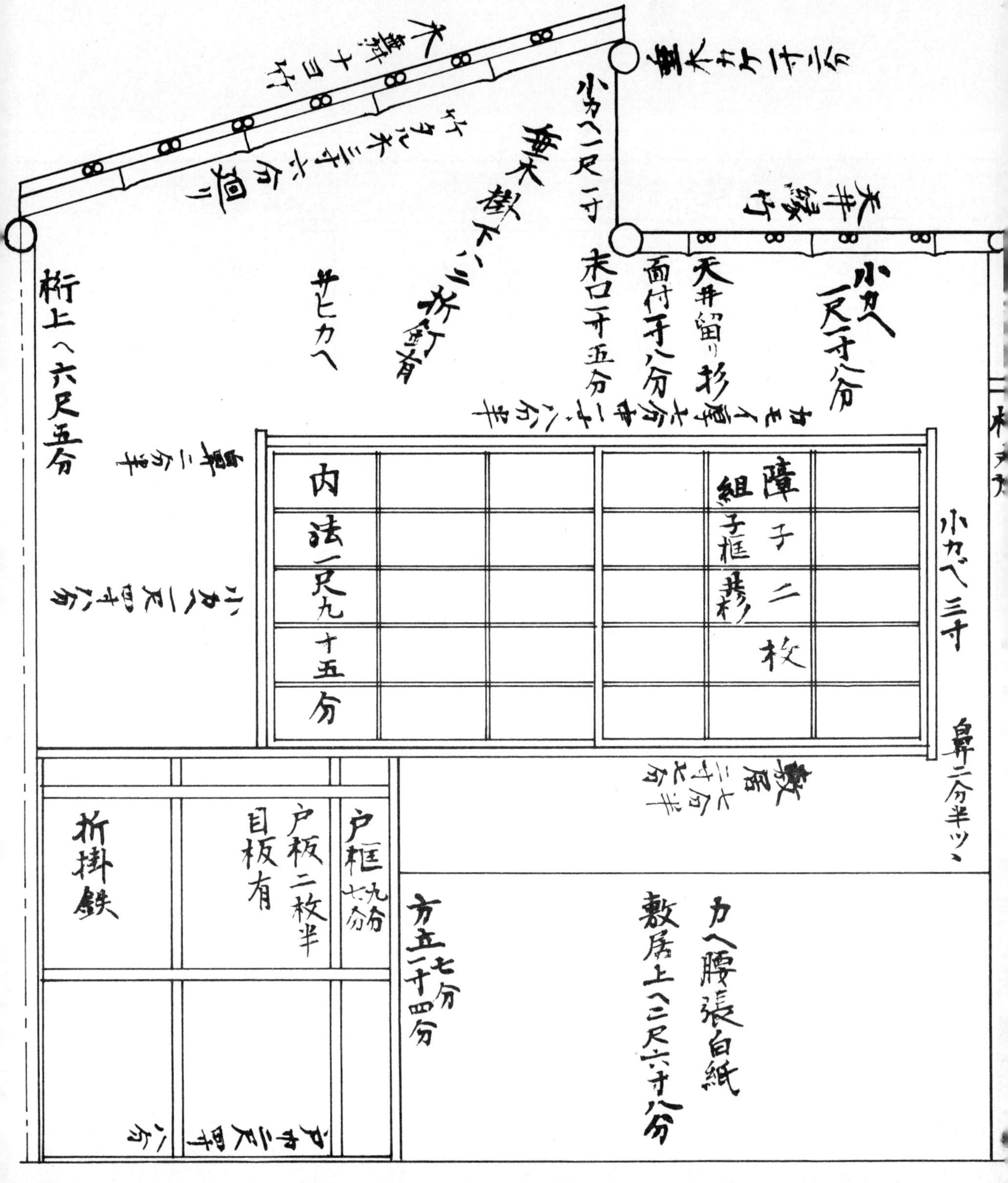

大麦藁ナヨ竹
竹タルキ三寸六分廻リ
垂木掛下ハ二桁釘有
サヒカヘ
小カヘ一尺一寸
末口二寸五分
桁上ヘ六尺五分
天井縁竹
小カヘ一尺一寸八分
天井留リ杉
面付千八分
内法一尺九寸五分
障子二枚
組子框杉
小カベ三寸
小カヘ一尺四寸八分
敷居
桁掛鉄
戸板二枚半
目板有
戸框
方五寸七分
カヘ腰張白紙
敷居上ヘ三尺六寸八分
戸巾三尺四寸八分

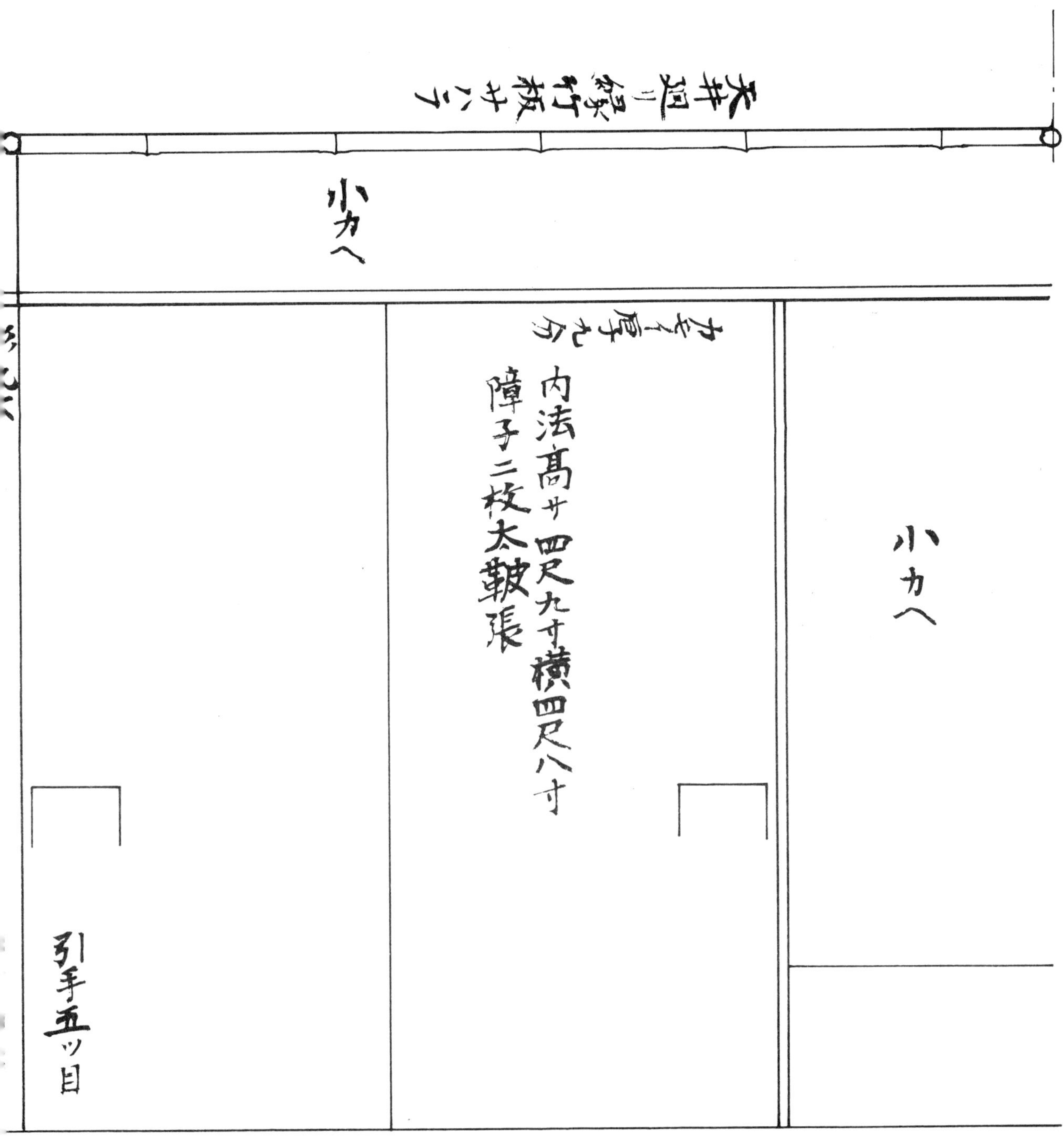
天井廻リ綴竹板ハラ
小カベ
カモイ厚サ九分
内法高サ四尺九寸横四尺八寸
障子二枚太鼓張
小カベ
引手五ツ目

天井板サハラ色付

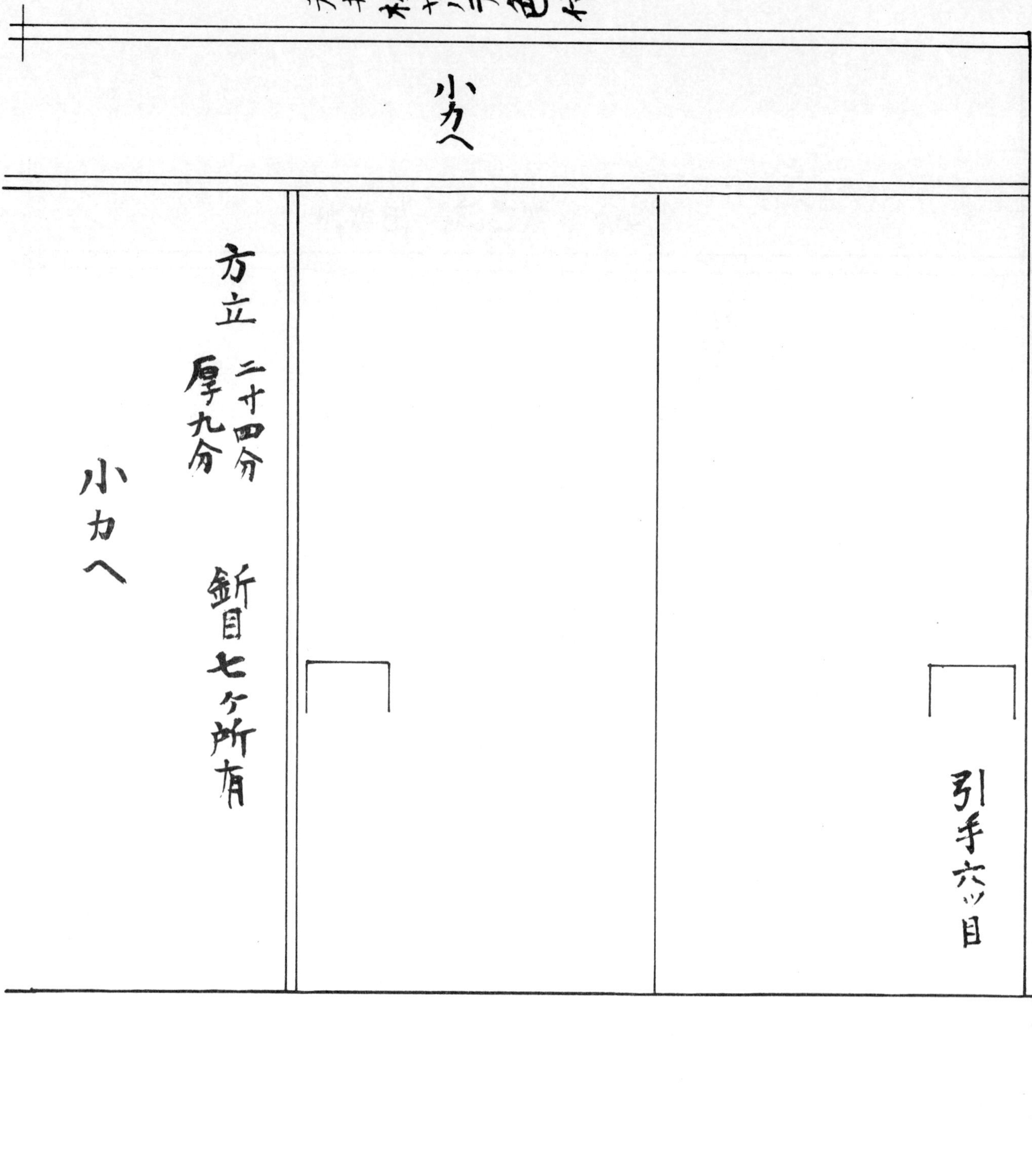

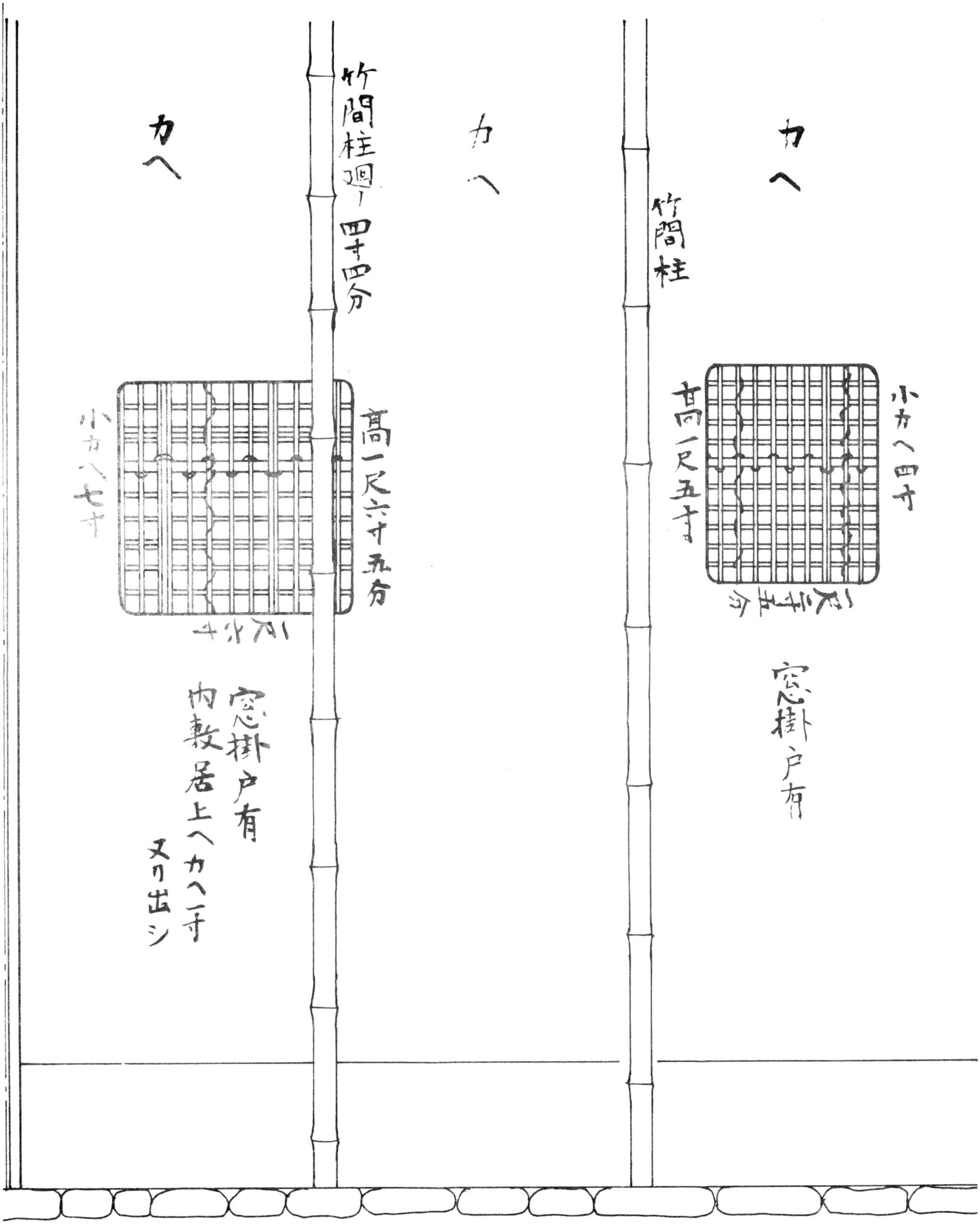
カヘ
竹間柱
カヘ
小カヘ四寸
高一尺五寸
窓掛戸有
竹間柱廻リ四寸四分
カヘ
高一尺六寸五分
カヘ
小カヘ七寸
窓掛戸有
内敷居上ヘカヘ一寸
又リ出シ

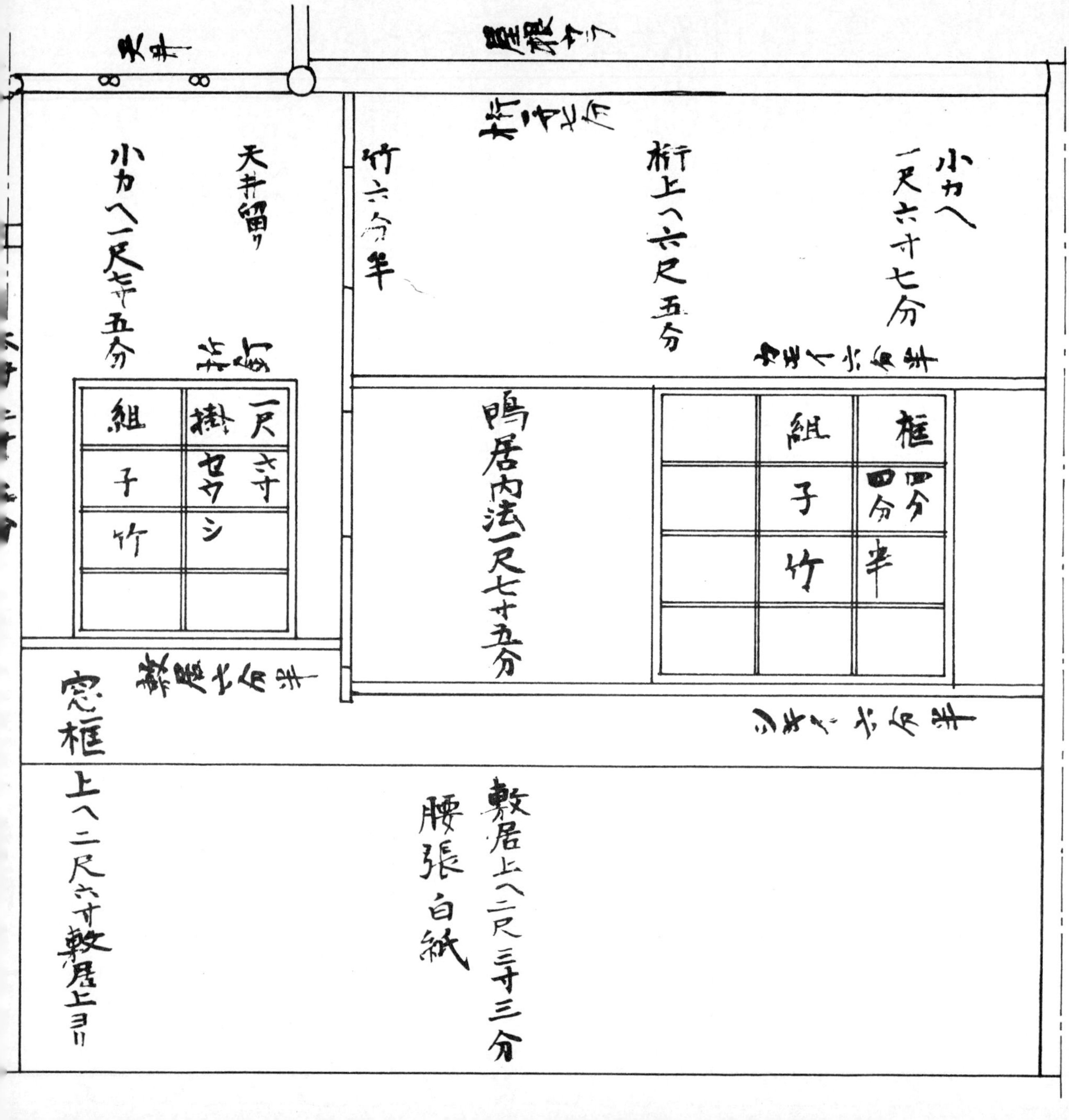

天井
小カヘ一尺七寸五分
天井留リ
一尺六寸
掛セウシ
組子竹
竹六分半
鴨居内法一尺七寸五分
桁上ヘ六尺五分
小カヘ一尺六寸七分
框四分四分半
組子竹
窓框上ヘ二尺六寸敷居上ヨリ
腰張白紙
敷居上ヘ二尺三寸三分

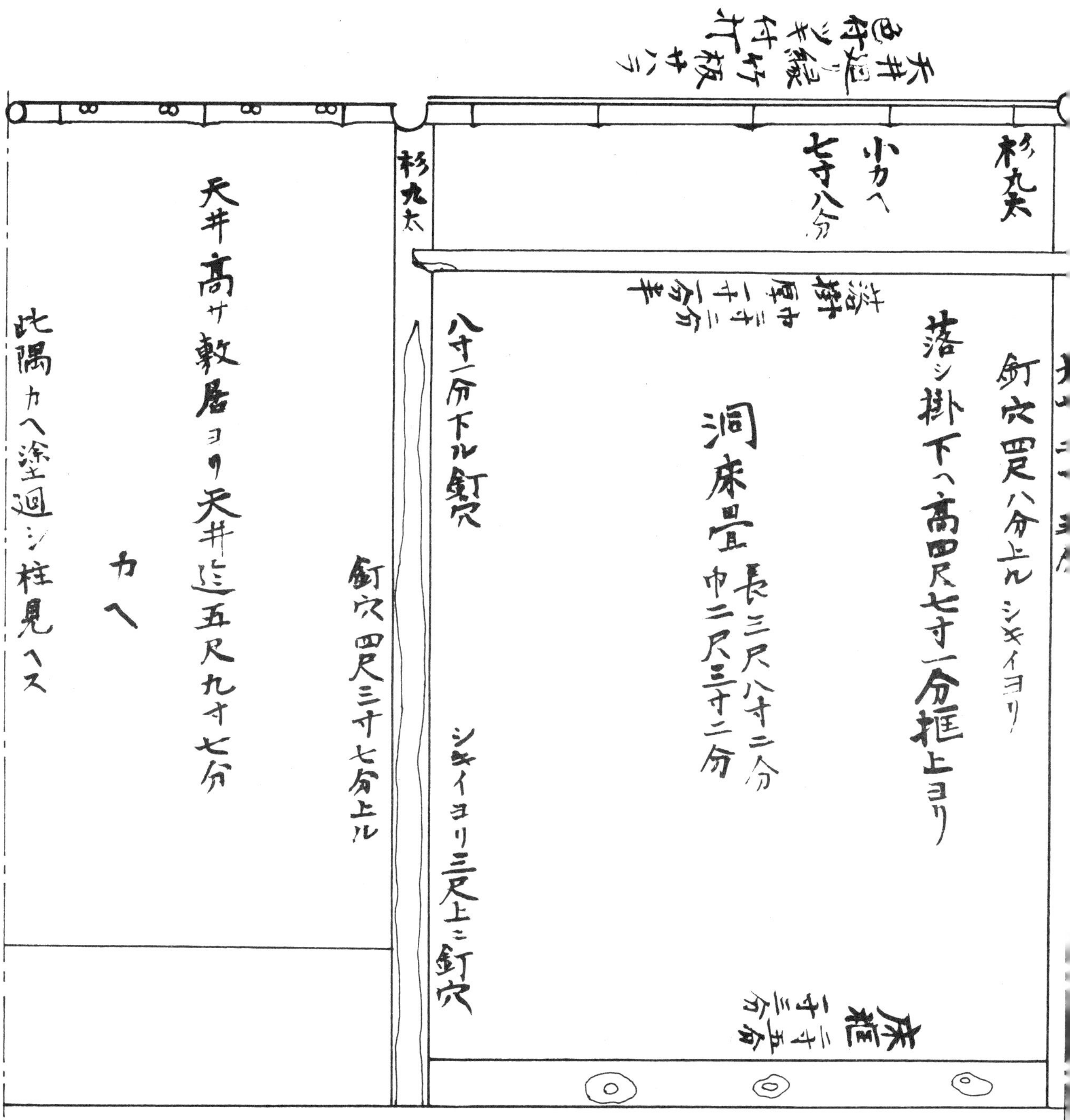
天井
杉丸太
小カヘ
七寸八分
杉丸太
落掛
厚サ一寸二分
巾三寸
落シ掛下ヘ高四尺七寸一分框上ヨリ
釘穴四尺八分上ル シキイヨリ
洞床畳
長三尺八寸二分
巾二尺三寸二分
八寸一分下ル釘穴
シキイヨリ三尺上ニ釘穴
床框
一寸三分
二寸五分
釘穴四尺三寸七分上ル
天井高サ敷居ヨリ天井迄五尺九寸七分
カヘ
此隅カヘ塗廻シ柱見ヘス

草庵茶室

공간(空間)의 연출

소오안 다실(草庵茶室)은 크기가 2장에서 4장 반 정도의 다다미로 이루어지는 좁은 공간의 다실(茶室) 형식을 일컫는다. 그러나 이 한정된 공간 속에서 온갖 지혜를 동원하여 무한정한 시각적 효과를 얻을 수 있게 계획했다. 예를 들면, 창의 디자인도 환기·채광·장식 상의 역할뿐 아니라 다도(茶道)가 행해질 때 명암의 연출도 이루어 내었다. 일부의 다실(茶室)에서는 창 바깥쪽에 가케도(掛戶)[5]를 설치하여 떼어낼 수도 있으며, 그 각도를 조절하여 계절에 따라 또는 시간에 따라 실내의 명암을 자유로이 조절하는 장치로도 사용되었다. 또한 유우인 다실(又隱茶室, 京都市)이나 조안 다실(如庵茶室, 犬山市)과 같이 채광을 위하여 지붕에 돌출된 창(窓)을 만드는 일도 있었다. 이 창으로 들어오는 빛이 차(茶)의 작법(作法)에도 중요한 연출효과를 주고 있다.

유우인 다실(又隱茶室)은 4장 반의 다다미 크기이며, 억새로 이은 지붕, 욋가지(椳)로 엮어진 시타지마도(下地窓, 역주 2 참조) 형식의 창, 그 옆의 나무기둥에 매달린 대나무의 빗자루 등으로 인해 시골풍의 분위기를 자아낸다. 유우인 다실(又隱茶室) 옆에 붙어 있는 또하나의 다실은 곤니찌안 다실(今日庵茶室)이라고 부르는데, 차를 끓이기 위한 다이메(台目)[6] 형식의 공간(点前座)은 불과 3/4 다다미의 크기로 구석에는 화로(爐)가 설치되어 있으며, 손님을 위한 객실(客室)은 1 다다미의 크기 정도밖에 안되었다. 화로(爐) 옆에는 도코(床) 대신에 다다미 높이의 나무마루(向板)를 넣고, 소데카베(袖壁)[7]라는 측벽을 설치해 나카바시라(中柱, 내부기둥)로 지지되도록 하였다. 이러한 구성방법은 아주 작은 공간을 활용하는 완벽한 디자인이라 할 만하며, 그림처럼 소데카베(袖壁)를 제거해 보아도 니지리구찌(躪口)나 창(窓)의 구성에 하등의 변화가 없음을 알 수 있다.

조안 다실(如庵茶室)은 정면 왼쪽으로 토방(土間)의 히사시(庇)를 달아 독특한 외관구성을 보이고 있으며, 내부는 도코(床) 옆에 대각선 방향으로 지판(地板)을 넣고 벽을 기울이게 하는 등 변화가 많은 디자인이다.

다이토쿠지(大德寺) 진주암(眞珠庵, 京都市)의 정옥헌(庭玉軒)은 단(段)이 진 니지리구찌(躪口)와 다실(茶室) 사이의 내부정원으로 잘 알려져 있다. 내부는 2+3/4 다다미 크기의 다이메(台目)로 구성된 극소공간이며, 다양한 변화를

5. **가케도(掛戶)** : 시타지마도(地下窓) 등의 외부에 햇빛·바람·비 등을 막을 수 있게 설치한 덧창으로 그 각도를 조절할 수 있게 설계함

6. **다이메(台目)** : 다실에서 화로(爐)의 설치방법에 따른 다다미 형식의 하나로 보통 다다미 1장의 3/4 크기이며 화로 모서리에 나카바시라(中柱)를 세운다.

7. **소데카베(袖壁)** : 건물의 외부에 돌출시키거나 내부에 설치한 간이벽으로 그 폭이나 두께는 그다지 크지 않다. 나카바시라(中柱)로 지지되는 경우가 많으며 구조상 목적보다는 차폐용인 경우가 일반적이다.

연출하는 천정과 일본 적송(赤松)을 사용하여 자연적 곡선미를 갖춘 나카바시라(中柱, 이와같이 휘어진 기둥을 유가미바시라(曲柱)라고도 한다) 등 세심한 노력을 기울인 공간구성이다.

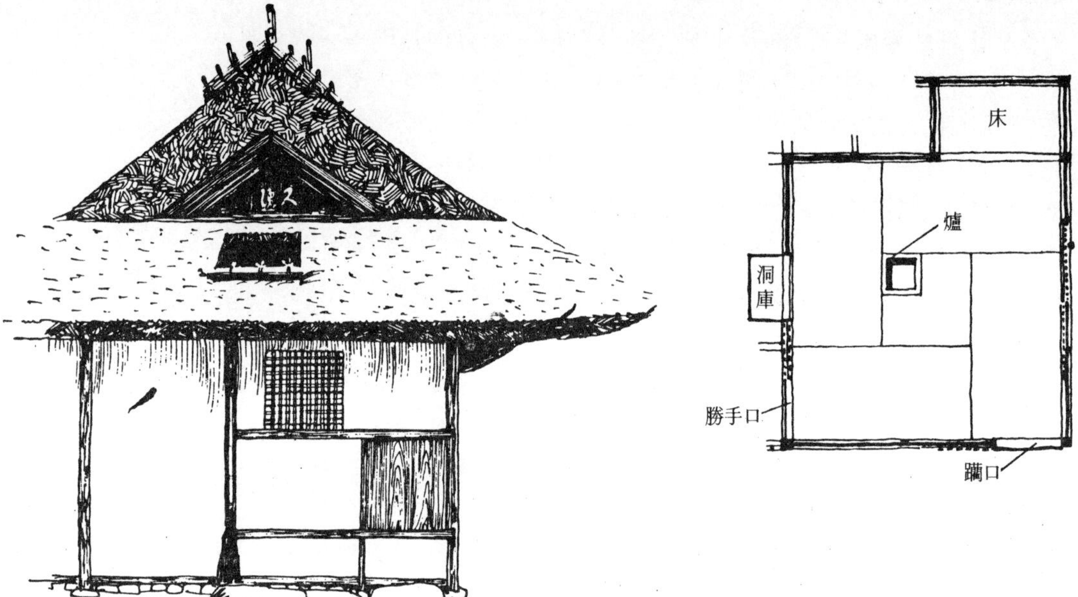

228. 裏千家 茶室 又隱

229. 如庵

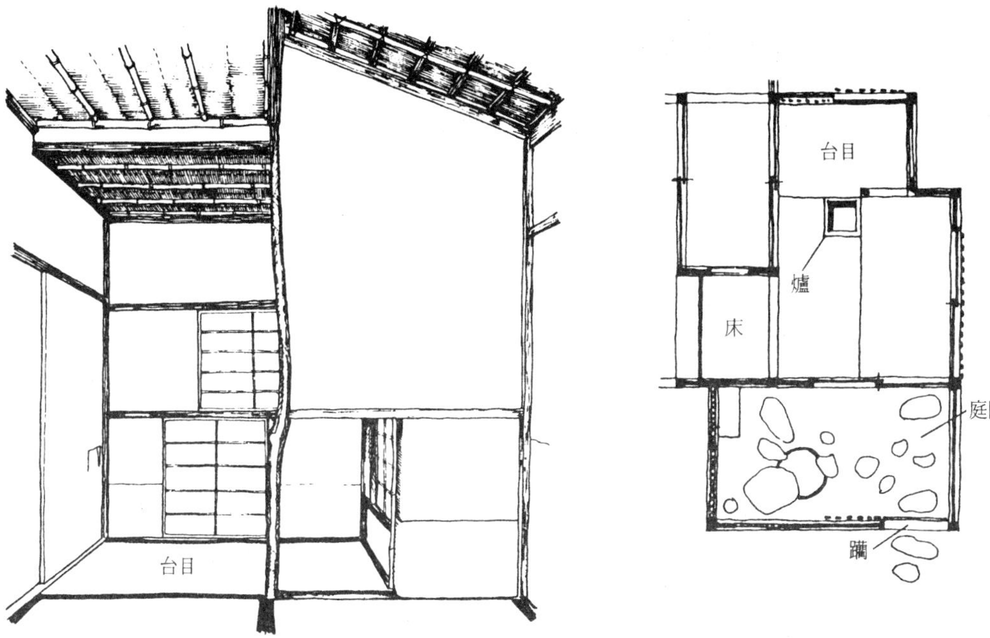

230. 大德寺 眞珠庵 庭玉軒 內部

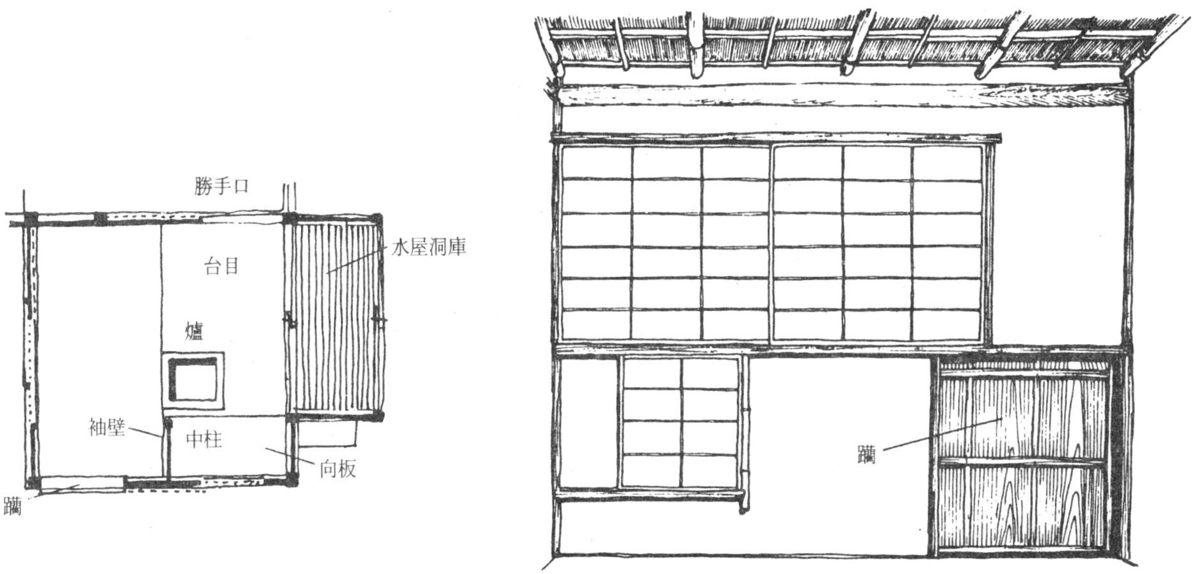

231. 裏千家 茶室 今日庵 內部(壁面의 構成)

露地의 構成

다실(茶室)에 이르는 예비공간(豫備空間)

다실(茶室)은 외부 세계로부터 독립된 정신적 소우주(小宇宙)이다. 그 소우주(小宇宙)에서 다도(茶道)의 행위에 몰두하기 위해서는 다실(茶室)로 들어갈 때, 이미 속된 세상과는 다른 정신세계(精神世界)에 몸을 두는 것이 바람직한 일이었다. 시중(市中)의 도로에서 무가(武家)의 저택이나 사원(寺院)의 경내(境內) 등에 들어갈 때와 마찬가지로 다실(茶室)로 접근하는 길에는 단순한 통로가 아닌 차(茶)를 위한 예비공간(豫備空間)으로 여러 가지의 지혜를 생각해 내고 있다. 외부세계에서 다도(茶道)의 세계에 이르는 전이공간(轉移空間)을 로지(露地)라고 부르는데, 여기서 손님은 주인을 기다리며 그와 함께 다실(茶室)로 향하게 된다. 이러한 예비공간의 구성요소로써 다실(茶室)이 직접 보이지 않도록 수목(樹木)을 배치했던 것과 도비이시(飛石, 징검돌)의 배치에 있어서도, 다실(茶室)로 다가가는 객(客)이 걷기 쉽고 또한 아담한 정취를 느낄 수 있도록 하였으며 그러한 의도를 눈에 띄지 않도록 처리하였다. 로지(露地)를 우찌로지(內露地)와 소토로지(外露地)로 나누고, 그 경계에 중문(中門) 또는 나카쿠구리(中潜り)[8]를 설치했다. 나카쿠구리(中潜り)를 통과하기 위해 몸을 구부리면 다실(茶室)로 가까와지는 것을 실감하게 된다.

다실(茶室)로 들어가기 직전에 기다리기 위한 의자(腰掛, 고시가케)와, 손을 깨끗이 씻기 위한 쯔쿠바이(蹲踞), 그리고 밤에 발밑을 비추는 석등(燈籠, 도오로오) 등도 이곳에 배치되었다.

오모테센케(表千家)의 로지(露地)

센노리큐우(千利休)의 손자인 소오탄(1578~1658)이 은퇴한 후, 이 가계(家系)는 세 개의 계열로 나뉘어졌으며, 각각을 소오탄의 아들들이 맡게 되었다. 세 개의 계열은 각각 우라센케(裏千家)—현재, 유우인(如隱)과 곤니찌안(今日庵)의 다실(茶室)을 소유하고 있다—, 무샤노코오지센케(武者の小路千家), 그리고 오모테센케(表千家)라 불렸다. 그림에 있는 잔게쯔테이(殘月亭)와 후신안(不審庵, 京都市)은 오모테센케(表千家) 계열의 대표적인 예이다.

오모테센케(表千家)의 로지(露地)를 보면, 다실(茶室)인 후신안(不審庵)과 쇼인 조(書院造)의 풍취를 보이는 잔게쯔테이(殘月亭)가 나란히 있고, 후신안(不審庵) 앞에 쯔쿠바이(蹲踞)와 스나젯찐(砂雪隱, 內露地에 설치된 화장실. 역자

8. **나카쿠구리(中潜り)** : 다실의 정원에서 소토로지(外露地)와 우찌로지(內露地) 사이의 울타리에 설치한 문의 일종. 높이가 낮아 대개 허리를 구부리고 드나들었음

주), 그리고 내부의자(內腰掛)가 있다. 이 구역의 입구에는 매견문(梅見門)이 있다. 잔게쯔테이(殘月亭) 앞으로 매견문(梅見門)과 나카쿠구리(中潛り)와의 사이가 하나의 세계를 구성하고 있으며, 여기에서 가야몬(萱門)[9]을 거쳐 센노리큐우(千利休)를 모시는 조당(祖堂)으로 가는 길이 있다. 나카쿠구리(中潛り)의 밖으로는 외부의자(外腰掛)가 있다. 한편 정원의 가장 바깥쪽으로 로지구찌(露地口)가 있고, 그 안쪽에 삼각형의 대나무 격자로 된 문은 아게스도(揚げ簀戶)라 하며 손님이 올 때는 열려 있게 된다.

9. 가야몬(萱門) : 띠지붕(茅葺)을 갖는 문의 총칭. 주로 정원에서 우찌로지(內露地)와 소토로지(外露地) 경계 또는 정원의 입구에 사용되는 문의 형식

232.
잔게쯔테이(殘月亭)〔2〕

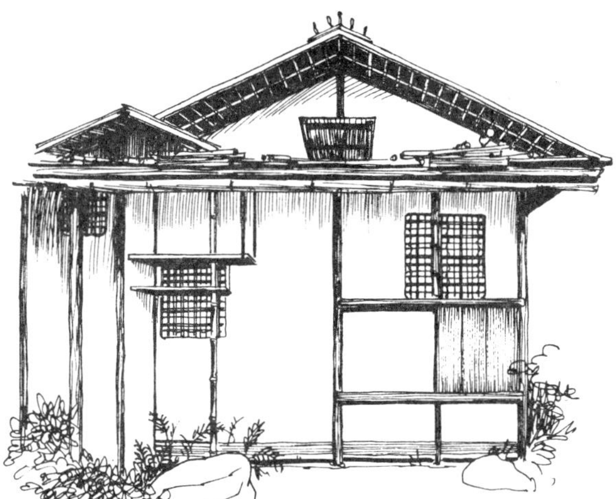

233.
후신안(不審庵)〔1〕

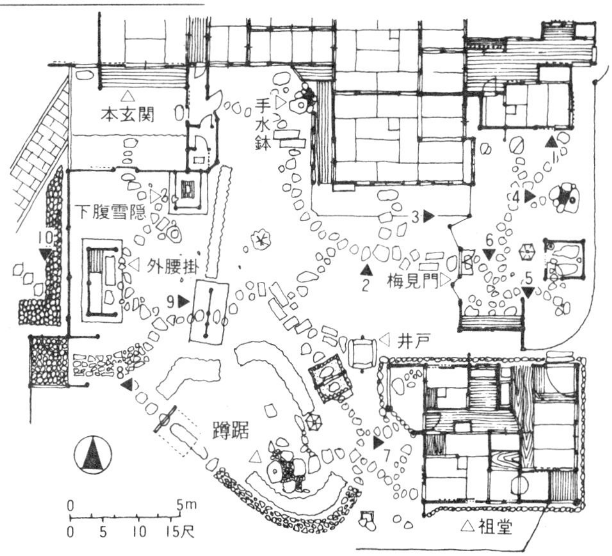

234.
不審庵과 殘月亭의 庭園
다른 그림의 [번호] 참조

이러한 로지(露地)는 교오토와 상업도시인 사카이에 사는 부유한 다인(茶人)들의 저택에 많이 조성되었으며, 그 대지 안에 만든 다실(茶室)의 통로에 행한 여러 가지의 연구결과에서 비롯된다. 다인(茶人)들은 다실(茶室)뿐만 아니라 그곳에 이르는 외부 공간에도 상당한 신경을 쓰고 있었음을 알 수 있다.

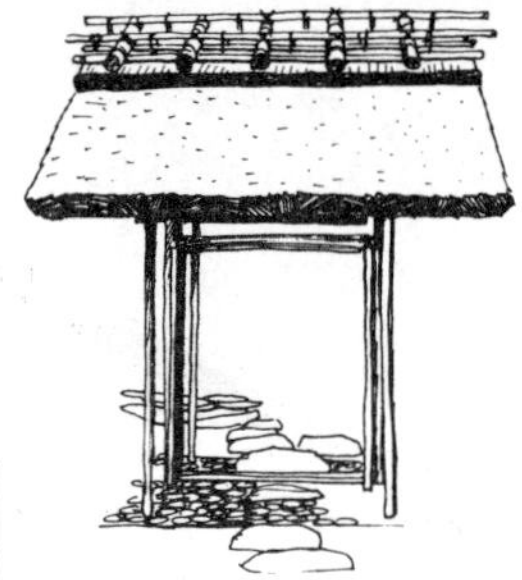

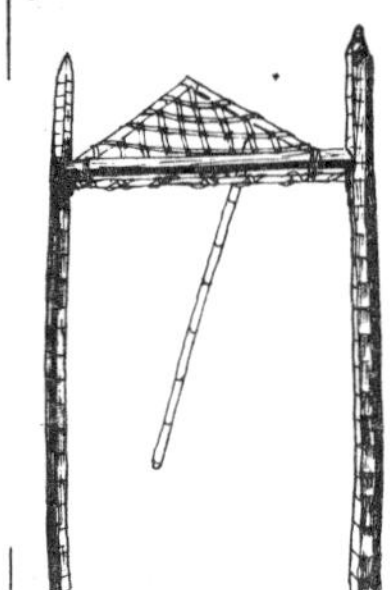

235. 로지구찌 (露地口)〔10〕

236. 우찌고시가케 (内腰掛)〔6〕

237. 가야몬 (萱門)〔7〕

238. 나카쿠구리 (中潜り)〔9〕

239. 아게스도 (揚げ簀戸)〔8〕

240. 스나젯찐 (砂雪隱)〔5〕

241. 쯔쿠바이 (蹲踞)〔4〕

242. 殘月亭의 소데가키 (袖垣)〔3〕

能

노오(能)의 역사

간아미키요쯔구(觀阿彌清次)와 그의 아들 제아미모토키요(世阿彌元清) 부자(父子)에 의해 완성된 노오(能)는 정교한 형태의 연극예술로 정착되었다. 노오(能)는 우타이(謠, 노래), 마이(舞, 춤), 하야시(囃子, 반주음악)로 이루어진 가무극(歌舞劇)으로써, 사원(寺院)이나 신사(神社)에서 행하였던 사루가쿠(猿樂, 散樂)에서 발달된 사루가쿠 노오(猿樂能)와 농민에 의한 농경의식(農耕神事) 때의 무악(舞樂)인 덴가쿠(田樂)에서 발달된 덴가쿠 노오(田樂能)의 두 가지 계통이 있다. 이 두 가지 노오(能)의 형태는 상호간에 영향을 미치면서 발전하였는데, 간아미(觀阿彌)와 제아미(世阿彌)가 상당히 철학적 깊이를 지닌 예술로 완성시켰다.

오오안(應安) 7년(1374), 교오토에서 간아미(觀阿彌)와 제아미(世阿彌) 부자의 노오(能)를 관람한 장군 아시카가 요시미쯔(足利義満, 金閣의 건설자. 역자 주)는 감명되어 이들 두 부자(父子)를 지원해 주었으며, 다도(茶), 꽃(花), 연가(連歌) 등에 뛰어난 풍류가였던 사사키 미찌요(佐佐木道譽)는 제아미(世阿彌)에게 예(藝)에 관하여 가르쳤다고 전해지고 있다. 제아미(世阿彌)가 오오에이(應永) 7년(1400)부터 9년(1402)에 걸쳐서 쓴『가덴쇼(花傳書)』는 노오(能)에 관한 예술론(藝術論)이다. 그곳에 보면 "꽃과 즐거움과 진귀함, 이 세 가지는 같은 마음이니"라는 등 꽃(花)을 노오(能)의 본질에 비유하여 노오(能)는 재미있고 누구라도 즐거워 할 수 있는 것이 아니면 안된다고 말하고 있다. 현재 상연되고 있는 240여 곡(曲) 중 제아미(世阿彌)의 작품이라고 판단되는 것이 25곡(曲) 정도이고, 제아미(世阿彌) 작품일 가능성이 높은 것이 거의 25곡(曲) 정도 있다고 한다. 제아미(世阿彌)가 말하는 꽃(花)이 현대에도 강하게 전달되고 있는 것이다.

도요토미 히데요시(豊臣秀吉)나 도쿠카와 이에야스(德川家康) 등 근세의 무장들도 노오(能)를 즐겼으며, 에도 시대(江戸時代)에는 무가(武家)의 저택에 노오(能) 무대가 설치되는 것이 보통이었다.

초기의 노오(能) 무대

무로마찌 시대(室町時代) 말기의 모습을 그린『라쿠츄우 라쿠가이즈 뵤오부(洛中洛外圖屛風)』에 의하면, 지붕은 노오(能)의 무대 위에만 설치되었으며,

243. 本願寺 室内의 能舞台

4면은 벽이 없이 개방된 형식(void)을 취하고 있음을 볼 수 있다. 니시혼간지(西本願寺)의 기타노오(北能) 무대는 덴쇼오(天正) 6년(1581)의 묵서(墨書)가 있었다고 기록되어 있어 현존하는 최고(最古)의 노오(能) 무대라 할 수 있다. 노오(能) 무대가 이와 같은 형식으로 되어 있던 것은 무로마찌 시대(室町時代) 말기부터 모모야마 시대(桃山時代)에 걸친 일이라고 생각된다.

니시혼간지(西本願寺)의 노오(能) 무대

모모야마 시대(桃山時代)에 이르자 노오(能)는 실내무대에서도 공연되기 시작하여 다다미를 높인 누구이이타지키(拭板敷, 표면에 광택을 칠한 마루바닥)를 실내무대로 사용했다. 그 모습을 현재 전하고 있는 것이 니시혼간지(西本願寺)의 대면소(對面所)와 백서원(白書院)의 실내 노오(能) 무대이다.

대면소(對面所, 鴻の間)는 폭 9간(間), 안길이 2간(間) 반(半)의 높여진 부분이 조오단(上段, 이중 한단 더 높여진 1간 반×2간 반은 上上段)이다. 그 앞에 9간(間)×9간(間)의 넓은 공간이 있고, 조오단(上段) 뒷면에는 좌측으로부터 쵸오다이가마에(帳臺構), 도코(床), 조오조오단(上上段) 위에 찌가이다나(違棚), 그 오른쪽에 쯔케쇼인(付書院)이 나란히 배열되어 있다(2장의 書院造 참조). 극채색(極彩色)의 벽화로 장식된 호화로운 실내는 쇼인 조(書院造)의 대표격으로 잘 알려져 있다. 겐와(元和) 4년(1618)에 건조된 대면소(對面所)를 관에이(寛永) 10년(1633)에 현지로 옮긴 것이며 내부도 이때 정비되었을 것으로 생각된다. 바닥 전체는 다다미로 덮혀 있지만, 노오(能)가 무대에 올려질 때면 게단(下段) 중앙부의 다다미는 제거되고, 이때 그 아래의 누구이이타지키(拭板敷)가 드러난다. 이 무대와 객석 사이에도 마루판이 경사지게 걸려 있고 그 상부에는 란마(欄間, 교창)가 설치되어 있다. 조오단(上段)의 대각선 반대쪽에는 하시가카리(橋掛)[10]가 안쪽의 가쿠야(樂屋, 악실 또는 분장실)로 이어져 있으며 란마(欄間)는 떼어 낼 수 있게 되어 있다. 뒤에는 장막을 치고 등잔불을 비추며, 희미한 어둠 속에서 나타나 금색 자수의 옷을 입고 춤추는 배우들, 이 모든 신비로운 노오(能)의 모습을 조오단(上段)과 무대 앞에서 바라보도록 되어 있었다.

10. 하시가카리(橋掛) : 노오(能) 무대의 일부로 가가미노마(鏡の間)와 본무대(本舞台) 사이를 연결하는 통로. 출입을 위한 통로임과 동시에 무대의 연장으로서 연기의 장이 되기도 한다.

能舞臺

노오 무대(能舞臺)의 구성

노오 무대(能舞臺)의 주요부분은 전통적으로 사방 3간(間)×3간(間)의 크기이다. 뒷쪽으로는 악단을 위한 안길이 1간 반의 아토자(後座, 뒷무대)와 그 오른쪽으로 반간(半間) 폭의 지우타이자(地謠座, 합창석)가 붙어 있다. 아토자(後座)의 왼편에서 대각선 방향의 뒤쪽으로 하시가카리(橋掛)가 연장되어 있다. 하시가카리(橋掛)의 폭은 약 1간(間) 반(半), 길이는 6간(間)에서 11간(間)

244. 嚴島神社의 能舞台

정도이며, 양측으로는 난간(高欄)이 달려 있고 그 끝에는 입구(幕口)에 막(揚幕)이 쳐져 있는 가가미노마(鏡の間)[11]가 있는데 안쪽의 가쿠야(樂屋, 분장실)로 통한다.

무대(舞臺) 정면의 판벽(板壁)에는 노송(老松)을 그렸다. 노오(能)가 신사(神社)에서 행해졌던 시대에 신목(神木) 앞에 무대(舞臺)가 놓였던 흔적이라 전해지고 있다.

현대의 노오 악당(能樂堂)은 무대(舞臺), 겐쇼(見所 또는 見物席, 관람석) 모두가 건물 속에 만들어져 있으나, 이쯔쿠시마 신사(嚴島神社)나 니시혼간지(西本願寺)의 노오 무대(能舞臺)는 옥외에 만들어졌기 때문에 다른 건물에서 구경할 수밖에 없었다. 현대의 노오 무대(能舞臺)가 옥내에 있으면서 무대 상부에는 지붕을 달고 무대 주변에 흰 모래를 깔아 시라스(白州)[12]를 만든 것은 무대가 옥외에 있었던 시대의 모습을 재현한 것이다.

히로시마(廣島) 근처에 있는 이쯔쿠시마 신사(嚴島神社)에서 하나의 독특한 노오 무대(能舞臺)를 찾아볼 수 있다. 이곳의 노오 무대(能舞臺)는 해변에 돌출해 있어 조수(潮水)가 차오면 마치 바다위로 떠오른 듯한 느낌을 갖게 한다. 그윽하고 신비한 노오(能)의 세계를 연출하는 데에 다시 없는 효과를 발휘했다.

니조오 성(二條城)의 노오 무대(能舞臺)

관에이(寛永) 3년(1626) 9월에 행해진 고미즈노오 천황(後水尾天皇)의 니조오 성(二條城) 행차(行幸) 때, 오오히로마(大廣間)의 남쪽에 만들어진 무대에서 노오(能)가 공연되고, 천황을 비롯하여 장군인 이에미쯔(家光)와 그의 부친이며 은퇴한 장군인 도쿠카와 히데타다(德川秀忠, 1579~1632) 등이 오오히로마(大廣間)에서 관람했다. 당시의 모습을 전하고 있는 그림을 보면, 무대는 3간(間)×3간(間), 아토자(後座)는 1간(間) 반(半), 지우타이자(地謠座)는 반 간(半間), 가가미노마(鏡の間)는 2 간(間)×4 간(間), 그 안의 가쿠야(樂屋)는 3 간(間)×17 간(間)의 크기로 되어 있다. 현대의 무대에서는 아토자(後座) 오른편의 기리도(切戸, 쪽문)로 고오켄(後見)[13]등이 출입하는데 위의 그림에서는 기리도(切戸)가 없는 듯하다.

이 고미즈노오 천황(後水尾天皇)의 행차(行幸)는 도쿠카와(德川) 장군이 자신의 저택인 니조오 성(二條城)에 천황을 초대한 것으로, 술과 요리 등의 향연(饗宴)과 더불어 노오(能)가 중요한 접대방식이었다. 대개 오전 10시 경에

11. 가가미노마(鏡の間) : 노오 무대(能舞台)에 있어, 하시가카리(橋掛)로 나오기 위한 일종의 대기실로 배우들이 거울을 보며 정신적, 육체적 자세를 가다듬기 위한 공간이다. 뒤쪽에는 가쿠야(樂屋, 분장실)가 있다.
12. 시라스(白州) : 옛날 현관, 뜰, 무대 앞 등에 흰모래나 자갈이 깔려 있는 곳을 말함
13. 고오켄(後見) : 노오(能), 가부키(歌舞伎) 등에서 배우의 출연중 대사를 일러주거나 보조하고 때로는 대연(代演)을 하는 사람

오키나(翁)[14] · 산바소오(三番叟)로 시작해서 나니와(難波) · 다무라(田村) 등 9가지가 공연되고, 쇼오죠오(猩猩)로 막을 내리면 이미 오후 6시 경이 된다. 문 밖의 무대에는 벌써 가을의 땅거미가 지고 있었을 것이다.

14. 오키나(翁) : 노인의 탈을 쓰고 춤추는 경사스러운 노오가쿠(能樂)의 곡(曲)으로써, 정식 연주에서는 맨 처음에 행하였음

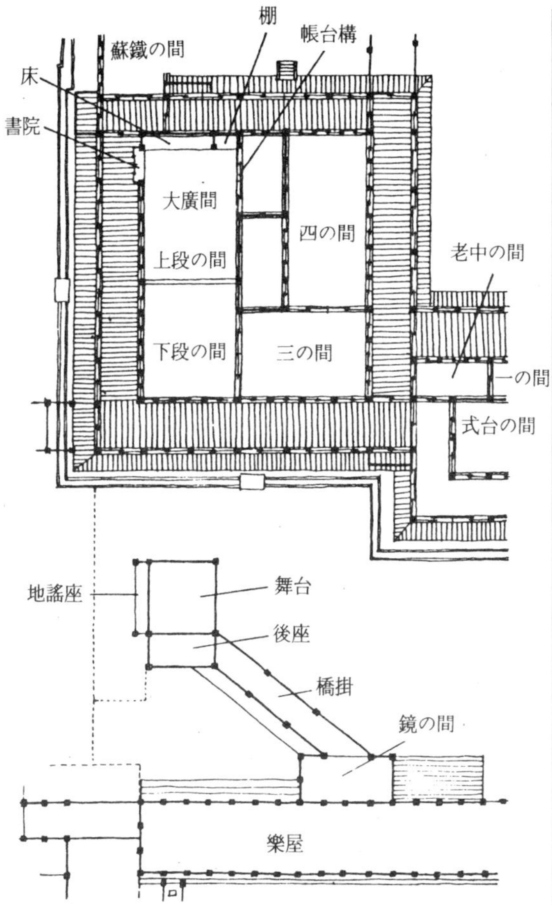

245. 二條城 二の丸의 能舞台와 大廣間

246. 西本願寺의 北能舞台

歌舞伎

가부키(歌舞伎)의 탄생

18세기 중엽까지 가부키(歌舞伎)는 일반 민중 사이에 가장 인기있던 유희(遊戱)의 한 형태였으며, 대도시에 있는 거대한 가부키 극장들로 수천 명이 모여들곤 했다. 가부키는 원래 교오토(京都) 가모가와(賀茂川) 강뚝 위에서 행해졌던 외설적 풍자와 춤에서부터 시작된 것이라고 하는데 예술의 형식으로 발전된 것은 주목할 만한 것이었다. 가부키(歌舞伎)의 전통은 이즈모노 신사(出雲神社)의 여사제(女司祭)이자 순회 무용가였던 이즈모노 오쿠니(出雲阿國)에 의하여 약 1600년 경에 시작되었다고 전해지고 있다. 정부는 가부키(歌舞伎)의 비도덕성을 제거하기 위해 여성들에게 금지령을 내렸으나 가부키 극장은 유흥을 즐기기 위한 장소로써 여전히 존재하였다. 수준높은 문학작품을 대본으로 했던 노오(能)와는 반대로, 초기 대부분의 가부키(歌舞伎)는 미리 짜여진 줄거리를 바탕으로 배우들에 의해 각색되어졌다. 심지어 연극대본이 전부 완성

247. 歌舞伎劇場 內部의 情景

된 후에도 마지막 결정권은 배우들에게 있었으며 배우들 중 얼마는 개인적인 지지자들을 갖고 있었다. 17~18세기 초에는 분라쿠(文樂)라는 인형극이 매우 유행했었는데, 이 인형극의 영향으로 인해 가부키(歌舞伎)의 내용이나 대화체도 점차 개선되어 인형극은 점점 가부키와의 인기 경쟁에서 뒤쳐지게 되었다.

가부키(歌舞伎)와 막부(幕府)

상류계층에 의하여 저속한 서민예술로 여겨졌음에도 불구하고 가부키(歌舞伎)는 무사(武士) 계급에도 홍미를 끌어, 그들은 종종 연극관람에 대한 공적인 비난을 감수해야 했다. 쇼오토쿠(正德) 4년(1714) 1월 12일, 장군 어머니의 시중을 들고 있던 에지마(繪島, 1681~1714)는 당시 도쿠카와 막부(德川幕府)와 밀접한 관계에 있던 조오조오지(增上寺)에 참배하고 돌아오는 길에, 그녀의 연인이었던 배우 이쿠시마 신고로오(生島新五郎, 1671~1743)와 함께 에도(江戶)의 고비키쵸오(木挽町)에 있는 야마무라 극장(山村座)에서 연극을 관람하고 어울리다 다른 장군들에게 들켜 큰 파문을 일으켰다. 더구나 이 사건은 성스러운 참배 후에 일어났기 때문에, 막부(幕府)에서는 중대한 불상사로 여겨 1714년 3월 15일에 에지마(繪島)를 감금하였으며, 신고로(新五郎)는 유배되었고, 야마무라(山村) 극장은 즉시 문을 닫게 되었다. 당시 에도(江戶)에는 야마무라(山村), 나카무라(中村), 이찌무라(市村), 모리타(森田) 등 4개의 극장이 있었으나 이 사건 이후 야마무라(山村) 극장은 영원히 폐쇄되고 3개의 극장만이 남게 되었다.

막부(幕府)는 항상 가부키(歌舞伎)와 그 밖의 유흥시설에 대해 두 가지의 정책을 병행 추구하였다. 즉, 가부키(歌舞伎)가 유교적 도덕성을 저해한다는 견해와 일반 대중을 달래고 지방 상업을 유지시키는 필요악으로 여기는 견해가 그것이다. 더우기 이들 시설들은 도시의 특정한 외곽지역에 한정시켜 효과적으로 단속될 수 있었다. 그러나 에지마(繪島)와 신고로(新五郎)의 파문은 도쿠카와 막부(德川幕府)로서는 참을 수 없는 사건이었으며 강력한 처벌을 부과하였던 것이다. 지방정부는 남아있던 3개 극장과 인근 다실(茶室)의 소유자들을 소환하여 다음과 같이 지시하였다. "근년에 가부키(歌舞伎) 극장의 관람석이 2, 3층으로 되어 있으나, 예전대로 1층 이외는 사용하지 말라. 관람석에서 가쿠야(樂屋)나 경영자(座元)의 주택으로 통하는 비밀통로를 만들어서는 안된다. 또 관람석에 발(簾)을 걸어서도 안된다." 이와 같은 지시 내용은 한 가지의 사실 즉, 이미 18세기 초 에도(江戶)의 가부키(歌舞伎) 전용 극장들은 2, 3층의 관람석을 갖는 상당히 거대한 규모로 건축되었다는 사실을 시사해 주고 있다.

1714년에 조치된 위의 지시 내용에는 극장구조를 더욱 자세히 설명하는 또다른 내용이 보인다. "극장 지붕은 비가 오더라도 공연이 가능토록 되어 있으나, 종래의 간단한 구조로 하라." 즉, 비가 오는 날이라도 공연할 수 있도록 극장 전체를 덮고 있는 큰 지붕은 당시로써는 보기 드문 대건축이었음을 알 수 있게 한다. 실제로 에도 시대(江戸時代) 가부키 극장의 지붕보는 길이 18m를 넘으며 7m 이상의 높이를 갖고 있었다.

대 스팬(span)의 극장

커다란 지붕을 얹기 위해서는 길고 큰 보(梁)가 필요하다. 겐분(元文) 4년(1739)의 이찌무라(市村) 극장을 그린 그림에는, 중앙 부근에서 보(梁)를 받는 기둥이 1층 관람석에서부터 세워져 있다. 이 무렵에는 아직 거대한 보(梁)를 설치하지 못했던 것이다. 관포오(寛保) 3년(1743) 나카무라(中村) 극장을 그린 도리이 키요타다(鳥居清忠)의 그림에 의하면, 보(梁)를 지탱하는 기둥은 없으나 2층 관람석의 선단(先端)에 샛기둥을 세우고 호오즈에(頬杖, 가새, knee brace)를 내어 보(梁)를 지탱하고 있다. 분카(文化) 3년(1806) 우타가와 도요히사(歌川豊久)의 그림에도 2층과 3층의 관람석 선단에 보를 받치는 샛기둥이 있다. 분세이(文政) 말년(1830) 우타가와 도요쿠니(歌川豊國)가 그린 나카무라(中村) 극장을 보면 샛기둥은 이미 없어지고 장내(場內)는 완전히 정비되어 있으며, 안세이 년간(安政年間, 1850년대)에 그려진 도요쿠니(豊國)의 그림에서도 마찬가지이다. 그러나 안세이(安政) 2년(1855) 대지진으로 3개의 모든 가부키(歌舞伎) 극장이 소실되고, 이찌무라(市村) 극장의 목수 우두머리(大道具 棟梁長)인 하세가와 간베이(谷川勘兵衛, 1861년 사망)가 분큐우 원년(文久元年)에 긱코오바리(龜甲梁)[15]라고 불리는 거북등 모양의 조립식 보(梁)를 고안하여 이때부터 거대한 보가 필요하지 않게 되었다고 전해지고 있으며, 그 결과 대공간을 만들어 내는 것이 가능해졌던 것이다.

당시 가부키(歌舞伎) 극장의 보간(梁間)은 10 간(間, 18m)을 넘었다. 건물의 높이는 분카(文化) 6년(1809)의 기록에 의하면 "건물 높이를 2장(丈) 4척(尺)으로 줄인다"라고 되어 있어, 줄이기 전의 높이는 2장(丈) 4척(尺)(7.2m)이 넘었음을 알 수 있다. 이러한 대건축을 세운 것은 말할 것도 없이 그만큼 많은 관객을 수용하고 싶었기 때문이며, 현대와는 달리 오락시설이 적었던 시대였기 때문이기도 했다. 이 당시 가부키(歌舞伎)는 서민들로부터 압도적인 지지를 받았던 것이다.

15. 긱코오바리(龜甲梁) : 근세 말기 가부키(歌舞伎) 극장에 사용된 조립식 보의 일종. 원래는 객석 중앙에 기둥이 서 있었지만 나카무라 극장(中村座)에서 우시마루타(牛丸太)라는 대들보를 사용하여 중앙의 기둥을 없앴고, 이후 각 극장에서 일반화되었다. 그러나 1855년 안세이(安政) 대지진으로 3개 극장이 소실되고 그 복원 과정에서 하세가와(谷川)가 고안해 낸 것이 긱코오바리(龜甲梁)이다. 이는 14개의 귀갑형 목재를 조합하여 보를 만듦으로써 종래 3개의 보를 대신했다.

歌舞伎 劇場

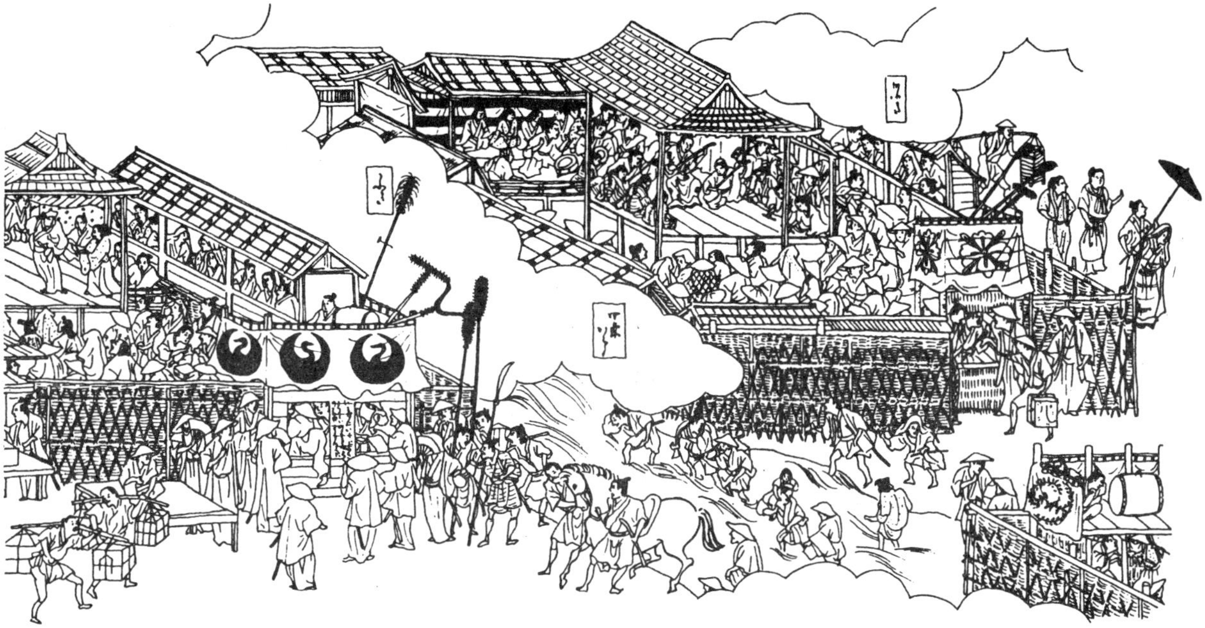

248. 四條河原의 歌舞伎舞台(洛中洛外圖屛風)

초기의 가부키(歌舞伎) 극장

『라쿠츄우 라쿠가이즈 뵤오부(洛中洛外圖屛風)』를 보면, 에도 시대(江戶時代) 초기 교오토(京都)의 가모가와(賀茂川) 강가에 설치한 옥외무대에서 여자들에 의해 공연되는 가부키(歌舞伎)의 모습을 알 수 있다. 무대 상부의 박공지붕(切妻造)은 가부키 극장(歌舞伎劇場)이 당초 노오 무대(能舞臺)를 빌렸던 흔적이다. 야마오카 본(山岡本)의『라쿠츄우 라쿠가이즈 뵤오부(洛中洛外圖屛風)』에는 기타노 신사(北野神社)에서의 여가부키(女歌舞伎)가 그려져 있는데, 아마도 게이쵸오(慶長) 8년(1603) 경에 기타노 신사(北野神社) 근처에서 공연한 가부키(歌舞伎)의 창시자 오쿠니(阿國)의 모습을 나타낸 것이라 생각된다. 국회도서관본(國會圖書館本)에는 시조오카와(四條河) 강둑의 번화한 모습이 그려져 있다. 여가부키(女歌舞伎)의 무대는 노오 무대(能舞臺)의 구성과 비슷하나 지붕이 판재(板材)이며 주변의 관람석도 간단하게 되어 있어 후일 가부키 극장(歌舞伎劇場)의 조형(祖形)임을 잘 표현하고 있다.

나카무라(中村) 극장

에도(江戶)의 오래된 극장 중 하나이며 사카이쵸오(堺町)에 있는 나카무라(中村) 극장의 모습은, 1740년 오쿠무라 마사노부(奧村政信, 1686~1764)의 판화와 1743년 도리이 기요타다(鳥居淸忠)의 판화 그림을 자료로 하여 복원된 것이다. 이 당시에는 무대와 객석 전체에 지붕을 만들었으며 정면 양쪽 끝에 입구가 있었다. 또한 정면 중앙의 지붕 위에 조그만 망루(櫓)를 올리고 그 아래에 간판을 걸었다.

당시 극장의 주 무대는 노오 무대(能舞臺)와 같은 박공(切妻) 형식의 지붕을 하고 있었으며, 그 앞으로 쯔게부타이(付舞臺)라고 하는 보조 무대가 붙어 있었고, 대각선 방향으로 극장 입구에서 주 무대로 이어진 배우들의 출입을 위한 통로 하나미찌(花道)가 설치되어 있었다. 박공지붕(切妻造)에는 그것을 지탱하기 위한 2개의 기둥이 있었는데 상연물을 표시하는 간판을 걸어두곤 하였다. 이 기둥은 무대장치의 설치와 배우들의 행동, 그리고 좌석에서의 시야에도 방해가 되었다. 그러나 분카(文化, 1804~1818)와 분세이(文政, 1818~1830) 기간에 그려진 무대 그림에는 박공지붕(切妻屋根)도 그것을 지탱하고 있던 2개의 기둥

249. 天文期(18세기 중기)의 中村座(須田敦夫 復原)

도 보이지 않는다. 이는 18세기 후반에서 19세기 초에 걸쳐 가부키 극장(歌舞伎劇場)의 건축 특히, 지붕보의 디자인 면에서 보다 성숙해졌음을 의미하는 것이다. 가부키 극장에 회전무대가 출현하는 것도 18세기 후반이며 이 무렵 극장 내부의 제반 설비가 정비되었으리라고 생각된다.

곤피라 대극장(金毘羅大芝居)

곤피라 오오시바이(金毘羅大芝居, 芝居는 가부키 극장을 일컫는다. 역자 주)는 에도시대(江戸時代)의 가부키(歌舞伎) 건축으로는 유일하게 현존하는 건물이다. 가가와 현(香川縣)의 고토히라(琴平)에 덴포오(天保) 6년(1835)에 지어진 이 건물은 1975년 그 도시의 외곽지역으로 이전 복원되어 그 중 한 동(棟)이 현재에 이르고 있다. 이 건물은 가부키 극장으로서는 예외적이라고 할 만큼 컸는데, 정면의 폭은 12 간(1間은 6尺 5寸이므로 약 23.6m)이고, 안길이는 18간 4척(약

250.
金毘羅大芝居
(推定復原)

251.
마와리부타이
(回舞台)
(金毘羅大芝居의 나라쿠(奈落), 推定復原)

252.
세리
(迫り)

36.7m)이며, 11m 남짓한 높이의 대건축물이었다.

곤피라 오오시바이(金毘羅大芝居)는 에도 시대(江戸時代)때 고안된 3개의 전형적인 무대를 지니고 있었다. 그 중 하나가 마와리부타이(回舞臺)라는 회전무대로 장면의 빠른 전환에 사용되었고, 직경은 24척(7.27m)이었으며, 나라쿠(奈落)[16]의 기둥머리에 달린 굴대를 축으로 회전하게 되어 있다. 회전무대의 둘레에는 고마(駒, 간격을 유지하도록 사이에 끼우는 나무토막. 역자 주)를 붙였고, 그 중심에서 2.3m의 지점에는 4개의 통나무 손잡이를 매달아 4명이 밀어 회전시키게 하였다. 또한 회전무대(回舞臺)에는 세리(迫り, 6尺 3寸×3尺 1寸 5分)[17], 배우의 통로인 하나미찌(花道)에는 습폰(鼈, 2尺 6寸×2尺)[18]이라는 구멍을 내어 배우나 무대장치를 나라쿠(奈落)로부터 밀어 올리게 함으로써 극적 효과를 연출했다. 이러한 연출장치들은 나라쿠(奈落)에서 일하는 사람들의 손작업에 의해서 오르내렸기 때문에 이들의 역할도 대단한 것이었다고 하겠다.

16. **나라쿠(奈落)** : 극장의 무대나 하나미찌(花道, 배우들의 출입을 위한 통로)의 바닥 밑에 설치한 공간의 속칭. 여기에 회전무대나 세리(迫り) 등의 기계설비가 설치되며 또한 배우나 작업원의 통로와 작업공간이 되기도 한다.
17. **세리(迫り)** : 극장 무대의 일부를 잘라내어 그 부분만 오르내리게 하는 승강장치로 배우나 대도구류(大道具類)의 운반에 사용함
18. **습폰(鼈)** : 가부키(歌舞伎) 무대의 하나미찌(花道)에 설치된 세리(迫り) 설비의 하나. 하나미찌(花道)의 七三(舞臺로 3分, 揚幕으로 7分)의 위치에 설치된 각형(角形)의 잘라낸 승강장치

島原의 角屋

게이세이마찌(傾城町)의 세계

수도의 시마바라(島原)는 에도 시대(江戸時代)의 게이세이마찌(傾城町)이다. 게이세이(傾城)라는 말은 "미인(美人)의 색과 향기에 빠져 성(城)과 나라를 기울게 한다"는『한서(漢書)』(B.C. 202~A.D. 8년 사이 中國 前漢의 역사를 기록한 책)의 내용에 근거한 말로써 미녀(美女) 또는 기생(遊女)을 의미한다. 이러한 지역을 이르는 또다른 말로는 구루와(郭), 유우카쿠(遊郭), 유우리(遊里), 가류우카이(花柳界), 그리고 단순히 아쿠쇼(惡所)라고 하는 이름이 있다. 이 지역의 기생들은 창고의 의미를 지닌 오키야(置屋)라는 주거에 살고 있었으며, 아게야(揚屋, 惡所宿이라고도 불리워짐. 역자 주)라는 지정된 건물에서 손님들을 맞기 위해 이곳까지 나가야 했다. 스미야(角屋)는 일종의 아게야(揚屋)이며, 이 아게야(揚屋)는 '악마의 의장(惡の意匠)'이라는 기묘한 장식으로 치장되어 있었으나, 그 이름과 달리 건축적 디자인은 광범위하고 정당한 찬사를 받았다. 보다 세련된 곳에 거주하는 여인들은 아름다웠을 뿐만 아니라 시(詩), 음악과 같은 예술에도 상당히 능통해 있었으며, 그들 중 가장 우수한 여인은 호기와 학식있는 남자들 사이에서 높은 명성을 얻었다. 특히 명기(名妓) 요시노(吉野)는, 당시 서예가이자 도예가인 혼아미 고오에쯔(本阿彌光悅, 1558~1637)의 제자이며 수필문학의 백미(白眉)로 일컬어지는『니기하히구사(にぎはひ草)』의 저자 하이야 죠오에키(灰屋紹益, 1610~1691)의 정부(情婦)로 뛰어난 문장력을 지니고 있었다.

비록 이러한 유희의 장소들이 대개는 무사계급의 남자들에게 자주 개방되었으나, 그 양식은 무사들이 아니라 오히려 사회적인 지위는 낮았지만 에도 시대(江戸時代)가 발전해감에 따라 부와 영향력을 증대시켜온 일반 도시인과 교양인들의 기호와 미의식(美意識)을 반영하고 있었다. 예를 들면, 죠오에키(紹益)와 고오에쯔(光悅) 모두 도시민 계층으로서 부유한 계층으로 성장한 사람들이었다.

에도 시대(江戸時代) 교오토(京都)의 게이세이마찌(傾城町)는 처음에 교오토의 남부 중심지역에 위치해 있었는데 현재의 교오토 역(驛)에서 북쪽으로 약 1km 정도 떨어진 로쿠조오 미쯔지마찌(六條三筋町)였다. 결국 도쿠카와 막부(德川幕府)는 이곳의 통속적인 인기가 사치를 조장하고 수도(首都)를 어지럽힌다는 이유에서, 현재 시마바라(島原)로 알려진 니시혼간지(西本原寺)의 서쪽 지역으로 옮기도록 명령했다.

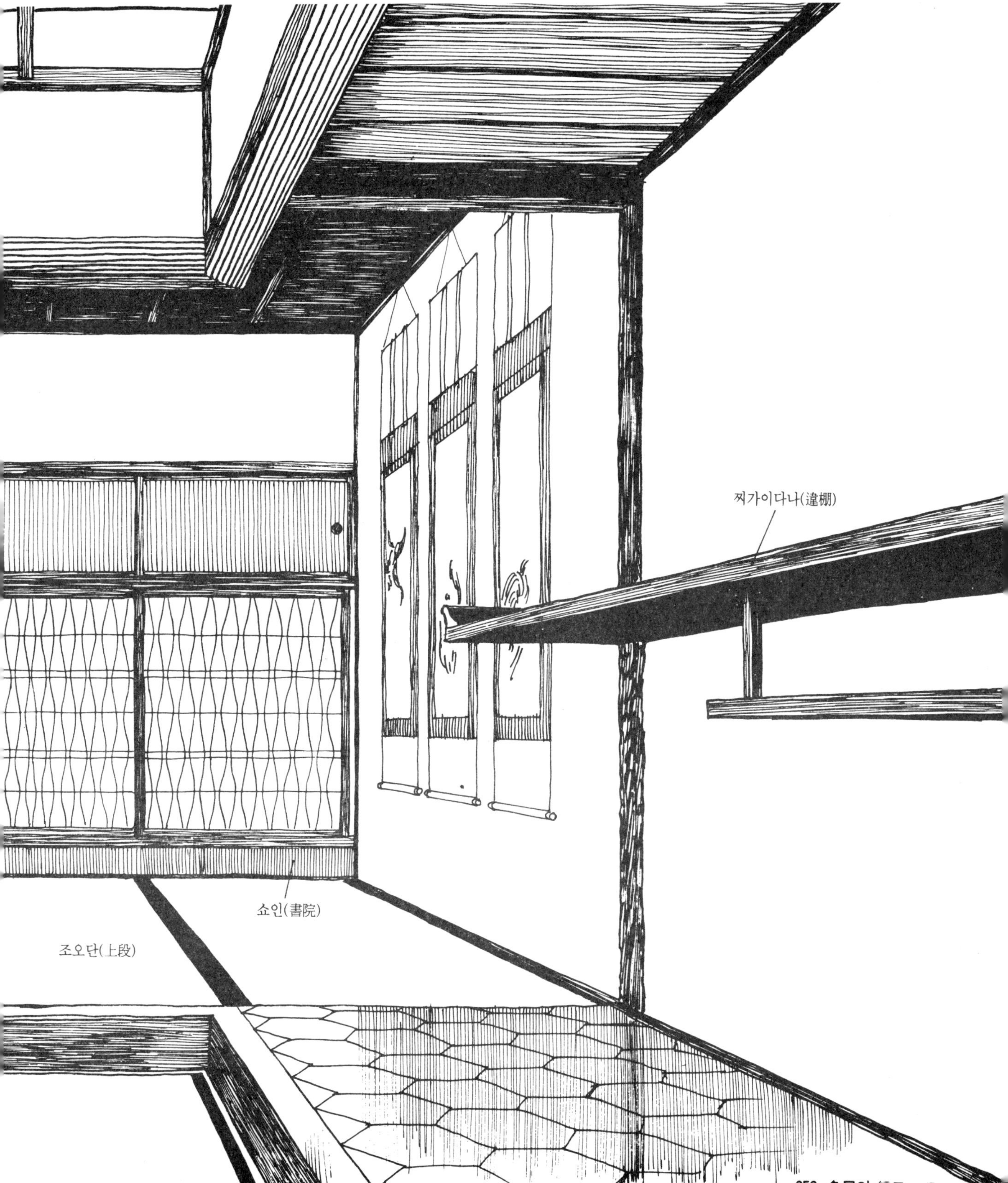
찌가이다나(違棚)
쇼인(書院)
조오단(上段)

에도(江戸)의 요시와라(吉原)

에도(江戸)의 화류촌이었던 요시와라(吉原)도 처음에는 현재 도오쿄오(東京) 역(驛)의 북동쪽에 있던 니혼바시 후키야쵸오(日本橋葺屋町)에 위치해 있었다. 요시와라(吉原)라는 이름에서도 알 수 있듯이, 그곳은 도시의 중심에서부터 상당히 떨어진 지역이라는 이유에서 막부(幕府)에 의해 선택되었지만 처음에는 전혀 개발이 안되고 갈대가 무성한 곳이었다. 따라서 니혼바시 후키야쵸오(日本橋葺屋町)의 요시와라(吉原)는 '갈대 평원'이란 의미의 요시와라(葦原)가 그 기원이라 할 수 있다. 그러나 메이레키(明曆) 3년(1657)의 대화재 이후, 에도(江戸)의 아사쿠사(朝草) 북쪽에 있는 니혼사이케(日本堤下)로 옮겨신 요시와라(新吉原)라고 불렸다. 이 곳에 민가(民家)가 세워졌기 때문에 마을에서 떨어진 니혼사이케(日本堤下)로 옮긴 것이며 사정은 에도(江戸)의 시마바라(島原)와 마찬가지였다.

스미야(角屋)—근세의 마지막 화류옥(花柳屋)

게이세이마찌(傾城町)는 활동을 제한하려는 에도 막부(江戸幕府)의 노력에도 불구하고 성장과 번영을 구가했다. 손님을 받는 우아한 아게야(揚屋)들은 시마바라(島原)나 요시와라(吉原)와 같은 지역으로 확산되었지만, 오늘날은 단지 하나 교오토(京都)의 스미야(角屋)만이 다소 완전한 형태를 보존하고 있다. 입구와 그 남쪽 부분은 덴메이(天明) 7년(1787)에 증축된 것이며 그 이외의 부분은 엔포오(延寶, 1670년대 무렵) 연간에 완성한 것인데, 가장 오래된 부분은 관에이(寬永) 17년(1640) 게이세이마찌(傾城町)가 로쿠조오 미쯔지마찌(六條三筋町)에서 시마바라(島原)로 옮겨온 지 얼마 안되었을 때까지 거슬러 올라간다.

스미야(角屋)는 가장 사치스러웠을 뿐만 아니라 미(美)적 요소를 갖춘 스키야 조(數寄造)의 변형으로 건축사상 뛰어난 유구(遺構)이기도 했다. 1층의 아지로노마(綱代の間)는 천정을 그물모양의 조직(網代組)으로 하였으며, 도코(床)의 좌측에 있는 쇼인(書院)에는 가토오마도(花頭窓)를 달았다. 또한 쇼오지(障子)의 문살은 전부 후키요세(吹き寄せ)[19]로 하였다. 2층의 돈스노마(緞子の間)는 조오단(上段)처럼 2 다다미 크기의 도코(床)식으로 되어 있으며, 좌측의 쇼인(書院)에는 곡선을 교묘하게 사용한 쇼오지(障子)를 달았다. 또한 우측의 다나(棚)는 단판(段板)을 경쾌하고 편안하게 디자인하였으며, 바닥판(地板)에는 귀갑문양(龜甲文樣)을 선각(線刻)했다. 아오가이노마(青貝の間)는 벽이나 창호에 푸른 나전자개를 박아 이색적인 실내를 만들어 내었다.

19. **후키요세(吹き寄せ)** : 서까래, 격자, 쇼오지(障子)의 문살 등을 2개 또는 여러 개를 1조(組)로 한 다음 조(組)와 조(組) 사이를 넓게 배치한 형태

遊戲空間의 디자인

시마바라(島原)와 스미야(角屋)의 분위기

시마바라(島原)의 게이세이마찌(傾城町)는 주변이 해자(堀)로 둘러싸여 있으며, 동쪽으로 커다란 문이 달린 벽을 만들어 외부에서 볼 때 유흥지역(遊興地域)이 마치 성(城)과 같이 보이게 만들었던 곳이다. 따라서 이 지역을 성곽(城郭)이라는 의미의 구루와(郭) 또는 유우카쿠(遊郭)라고 부르는 것은 그 때문일 것이다. 이 지역은 동서남북으로 놓여진 도로에 의해 나뉘어져 있는데, 처음에는 6개의 구역을 형성하기 위하여 그러한 길을 만들었다. 동서 방향으로 1개, 남북 방향으로 3개의 길을 만들어 북쪽에 나카노마찌(中之町), 츄우도오지(中堂寺), 시타노마찌(下ノ町), 남쪽에 우에노마찌(上之町), 니시도오인(西洞院), 아게야마찌(揚屋町) 등 6개의 마을로 나눈 것이다. 스미야(角屋)는 아게야마찌(揚屋町)에 있었다. 이 6개의 마을은 세상으로부터 격리된 독립된 세계이다. 『미야코 메이쇼 즈에(都名所圖會)』라는 그림은 당시 시마바라(島原)의 분위기를 잘 전해 주고 있다. 그림을 보면 2층에서 기생들과 즐기며 노는 남자의 모습이나, 샤미센(三味線, 3현의 일본 고유 현악기. 역자 주)을 안고 있는 기생의 실루엣을 볼 수 있다. 유우카쿠(遊郭)는 외부의 조직과 위계질서로부터의 탈출

254. 島原(都名所圖會)

구를 제공해 주었다. 가난한 무사(武士)는 그 지역 안에서는 돈 많은 상인을 따르고 밖에서는 그들을 멸시하는 듯 했다.

스미야(角屋)와 와찌가이야(輪違屋)

야게야마찌(揚屋町)의 서쪽 도로변을 따라 긴 정면을 보이고 있는 스미야(角屋)에는 입구 옆의 문등(門燈)에 '스미(角)'라는 글씨가 쓰여 있다. 문을 들어서면 정면에 나카토구찌(中戸口)가 있고 그 내부에는 커다란 부엌이 있다. 나카토구찌(中戸口)를 들어가지 않고 우측으로 돌아가면 현관이 있다. 도로에서 보이는 2층의 실(室)들은 각각 오오기노마(扇の間), 스이렌노마(翠簾の間), 그리고 돈스노마(緞子の間)이다. 도로에 면한 부분은 1, 2층 모두 반 간(半間) 정도 끌어들여 쇼오지(障子)를 넣었으며, 외부에 나무격자를 길게 연속

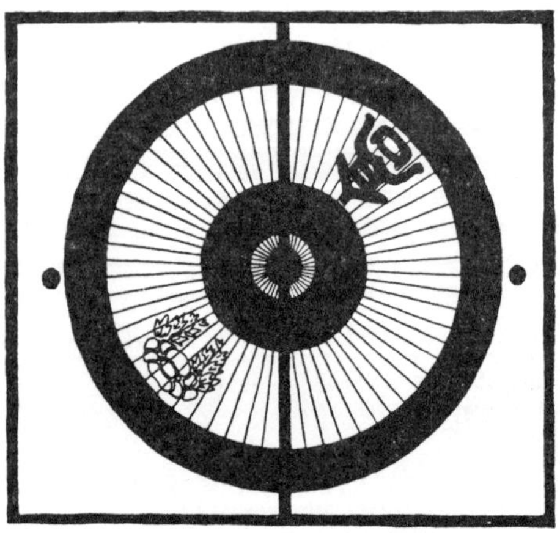

255. 후스마(襖)의 意匠(輪違屋)

256. 角屋의 外觀

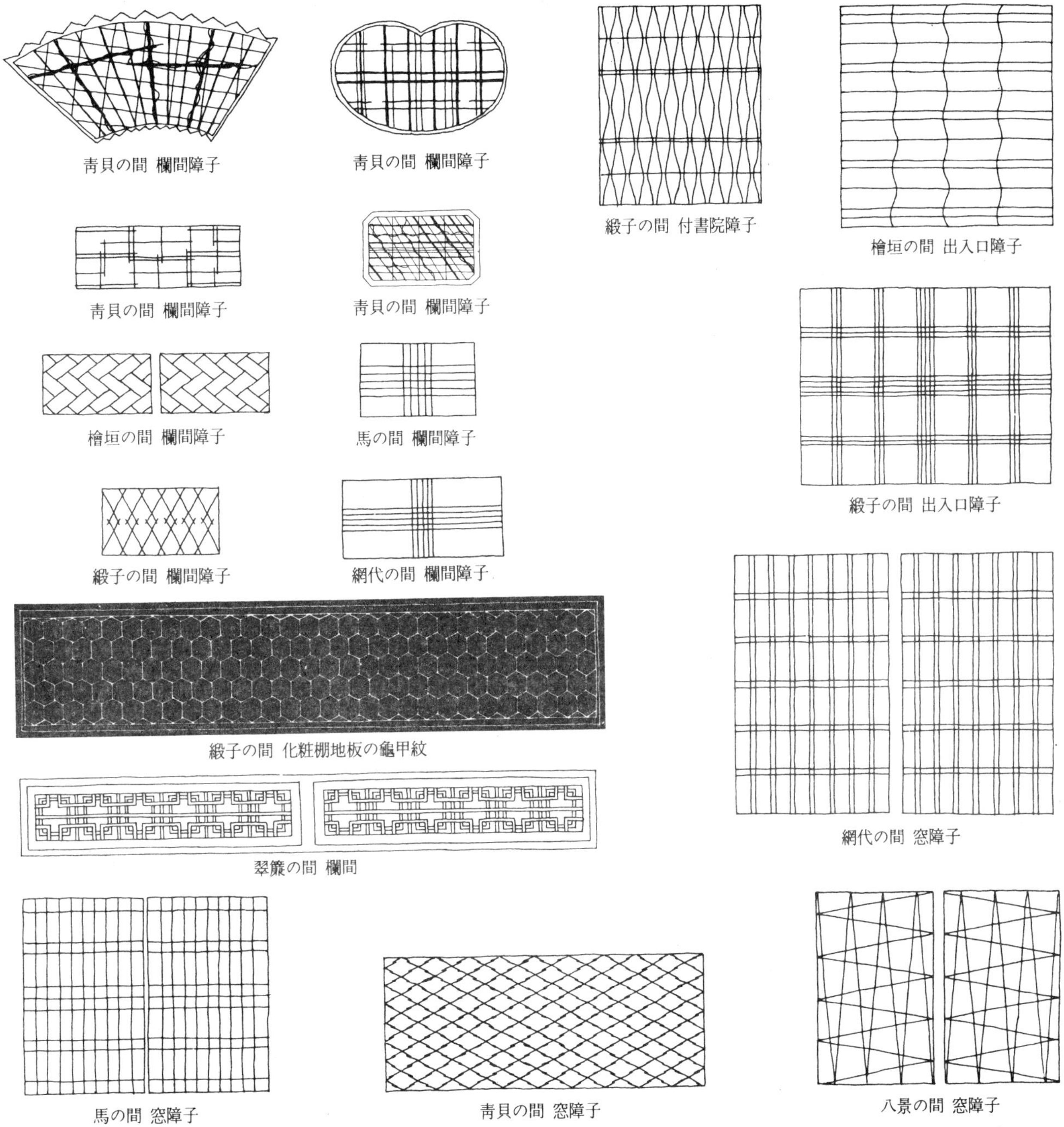
青貝の間 欄間障子
青貝の間 欄間障子
緞子の間 付書院障子
檜垣の間 出入口障子
青貝の間 欄間障子
青貝の間 欄間障子
檜垣の間 欄間障子
馬の間 欄間障子
緞子の間 出入口障子
緞子の間 欄間障子
網代の間 欄間障子
緞子の間 化粧棚地板の龜甲紋
網代の間 窓障子
翠簾の間 欄間
馬の間 窓障子
青貝の間 窓障子
八景の間 窓障子

257. 角屋의 意匠

시켜 독특한 외관을 구성하고 있고, 정면(facade)에 시각적인 통일성을 주고 있다. 스미야(角屋)의 뒤에는 우아한 정원과 다실(茶室)이 있다.

나카노마찌(中之町)에 위치한 와찌가이야(輪違屋)는 스미야(角屋)와 더불어 쇼오토쿠(正德) 6년(1716)의『시마바라 사이켄즈(島原細見圖)』에 이미 그 이름이 나온다. 스미야(角屋)와 같이 건물이 모두 다 남아 있지는 않으나, 실내의 후스마 쇼오지(襖障子)에 묘사된 우산모양의 디자인은 스미야(角屋) 입구의 문등(門燈)과 더불어 근대적(近代的)이라고까지 해도 좋을 만큼 우수하고 대담한 조형을 지니고 있다.

게이세이마찌(傾城町)에서 유희(遊戲)를 즐기던 남자들은 이러한 멋진 디자인을 이해하고 즐긴 것이다.

쇼오지(障子)의 디자인

스미야(角屋)의 객실에서 볼 수 있는 디자인은 하나 하나가 세부적인 면에 있어 정교하고 흥미롭다. 특히 각 실의 쇼오지(障子) 문살 디자인을 모아보면 우아하고 독특하게 계획되어 있음을 알 수 있다. 문살의 간격을 등간격으로 하지 않고 후키요세(吹き寄せ, 역주 19 참조)로 한 것은 방과 천정의 디자인에 맞춘 것으로써 곡선을 사용하여 여러 가지 무늬를 연출한 것, 비스듬하게 격자를 짠 것 등 다양하다. 히가키노마(檜垣の間)나 돈스노마(緞子の間)의 곡선모양 격자는 가는 재료를 구부려 만든 것이 아니고 굵은 재료를 깎아낸 것이라고 한다. 이렇게 하면 오랜 세월이 흘러도 형태가 어긋나지 않기 때문이다. 만드는 것은 힘이 드나 그러한 부분에서 왕성한 의욕을 느낄 수 있다.

격자 뿐 아니라 란마(欄間)의 형상을 부채꼴이나 하트 모양으로 하여 뒷면에 종이를 발랐고, 찌가이다나(違棚)의 바닥판(地板)에 귀갑문양(龜甲文樣)을 조각하였으며, 종이를 바르지 않은 란마(欄間)에도 투각(透刻)을 하는 등 온갖 지혜를 짜내었다.

양초의 연기로 그을려 있는 각실의 후스마 쇼오지(襖障子) 그림도 재미있다. 2층의 스이렌노마(翠簾の間)는 후스마 쇼오지(襖障子)에 그려진 스이렌(翠簾, 녹색의 대나무 발. 역자 주)의 그림에서 그 이름이 붙여졌다. 수이렌을 인방에 매달고 도중에 말아올린 의표를 찌르는 디자인으로 되어 있다. 오오기노마(扇の間)의 천정에 그려진 부채는 실제 군무(群舞)를 하고 있는 듯 아름답다. 이러한 섬세하고 기발한 디자인이 그들의 존재를 손님들에게 부각시키기 위한 것이었음을 말할 나위도 없다.

數寄의 空間

고미즈노오(後水尾) 황제의 가쯔라(桂) 행차

간분(寬文) 3년(1663) 3월 6일은 고미즈노오 법황(後水尾法皇)이 가쯔라(桂)에 행차(御幸)한 날이다. 37년 전, 전(前) 황제가 니조오 성(二條城) 니노마루 궁전(二の丸殿)에 행차했을 때처럼, 이 날에 맞추어 어전(御殿)을 증축함으로써 기존의 건물과 정원은 완전한 모습을 갖추게 되었다. 이 당시 긴카쿠지(金閣寺)의 승(僧)인 호오린 죠오쇼오(鳳林承章, ?~1668)도 손님의 한 사람으로 초대되어 이 날의 모습을 자신의 일기에 기록하고 있다.

우선 쇼인(書院)의 관람이 시작되었고 정원과 그 주위 여러 곳의 다실(茶室)을 걸어 다녔다. 그때까지 고서원(古書院)과 중서원(中書院, 新御殿 증축 이후의 명칭임) 뿐이었으나, 새로 악기실(樂器の間)과 신어전(新御殿)이 세워져 그 훌륭한 모습에 모두 눈이 휘둥그레졌다. 또한 연못을 둘러싼 정원에는 사쿠라(櫻)가 만개해 있어 경치의 훌륭함에도 모두 감탄의 소리를 높였다. 죠오쇼오(承章)는 그 경치를 '말문이 막힐 정도'라 쓰고 있다.

정원의 다옥(茶屋)에는 갖가지 장식품과 다과가 차려져 죠오쇼오(承章)에 의하면 그 광경이 '범인(凡人)의 눈을 놀라게 할 정도'라고 기록했다. 다시 쇼인(書院)으로 돌아가면 오늘날의 우동 또는 냉국수(冷麥)에 해당되는 음식인 기리무기(切麥)가 나왔다.

뱃놀이, 식사, 시짓기

기리무기(切麥)의 식사가 끝나면 이번에는 가쯔라가와(桂川) 강에 나와 뱃놀이를 했다. 배 안에서도 과자나 맛좋은 음식이 나왔다. 이 날은 전날 비가 온 탓으로 물이 많고 바람도 불고 있어 강에서 뱃놀이를 하지 않고 정원의 연못에서 뱃놀이를 했다. 이 때 죠오쇼오(承章)는 한시(漢詩)를 지어 고미즈노오 법황(後水尾法皇)에게 보여드렸다고 한다. 다시 배에서 내려 쇼인(書院)으로 돌아가 식사를 했는데 차(茶)는 두번 끓여졌다.

식사 후에는 시짓기 놀이를 하는데 법황(法皇)은 와가(和歌)를 읊고, 자신의 11번째 아들이자 초청자인 하찌조오 궁(八條宮)의 야스히토 왕(穩仁王)이 붓을 잡고 기록했다. 이 후 문인들은 일본어나 중국어로 유머스러운 시가(詩歌) 짓기를 하였다.

봄의 땅거미가 주위에 깔리자 죠오쇼오(承章)는 자리에서 일어섰다. 이 날

258. 桂離宮의 庭園에서 본 御殿

긴카쿠지(金閣寺)를 나온 것은 이른 아침이었지만 밤이 깊어서야 되돌아 온 것이다. 현재는 교오토(京都)에 가깝지만 이 시대의 가쯔라(桂) 지역은 도시의 중심부에서 나가는 데만도 오래 걸리는 교외에 있었던 것이다.

여러 가지 놀이

그들은 쇼인(書院)이나 정원의 다실(茶室)에서 과자나 요리, 차(茶)를 즐기고 와가(和歌) 또는 재미있는 시(詩) 짓기를 하거나 강 또는 연못에서 뱃놀이를 하고 정원을 돌아다니면서 경치를 만끽했다. 긴카쿠지(金閣寺)의 승(僧)인 죠오쇼오(承章)가 일기(日記)에 기록한 내용이 당시에 유행하던 놀이였을 것이다. 이러한 놀이는 고전(古典)을 비롯하여 노오(能), 차(茶), 꽃(花) 등 교양이 있는 것과 함께 성립된 것으로 스키(數寄)의 풍류를 이해하는 사람들만이 공유(共有)하는 즐거움이었다.

스키(數寄)의 공간(空間)

유희(遊戲)의 장소는 건물에서 뿐만 아니라 정원의 연못 또는 강(江) 등을 이용하기도 한다. 교양있는 놀이의 장소, 그것을 여기에서는 총체적으로 스키(數寄)의 공간(空間)이라고 부르기로 한다.

가쯔라(桂) 저택은 아마도 일본에 있어 건축이 그 자연환경과 통합된 가장 완벽한 예일 것이다. 정원의 구석에 떨어져 있는 시골풍의 다옥(茶屋)과 연못에서부터 쇼인 군(書院群)으로 유도하는 통로의 도비이시(飛石), 개방된 툇마루, 이동식의 시토미도(蔀戸) 이들 모두 스키 공간(數寄空間)의 우수함에 기여하고 있는 요소들이다. 그러나 오늘날 가쯔라(桂)의 스키(數寄) 세계가 과거 고미즈노오(後水尾)나 야스히토(穩仁), 죠오쇼오(承章) 등이 즐겼던 당시 그대로의 모습이라고 생각하는 것은 잘못일 것이다. 에도 시대 (江戸時代) 중기 가쯔라(桂)의 새로운 소유자인 야카히토 왕(家仁王)은 특별히 가쯔라(桂) 저택을 좋아하여, 자주 사용하면서 자기 취향에 맞춰 어느 정도 개조한 부분도 많았으리라 생각된다. 또한 바로 옆을 흐르는 가쯔라가와(桂川) 강이 가끔 범람하여 가쯔라(桂)의 정원과 연못의 형성에도 영향을 주었다. 훼손된 건물을 새로이 복구하여 스키 공간(數寄空間)은 오늘날까지도 전해져 온 것이다.

數寄의 風流世界

센토오 어소(仙洞御所)의 유희

호오린 죠오쇼오(鳳林承章)의 일기(日記)에 의하면 고미즈노오 법황(後水尾法皇)의 센토오 어소(仙洞御所)도 스키 공간(數寄空間) 그 자체였다.

관에이(寬永) 13년(1636) 8월 15일에 다옥(茶屋)에서 달맞이 모임이 개최되었으며, 9월 13일에는 '연못 위의 달(池上の月)'이라는 제목의 시짓기 대회가 열렸다. 이것은 연못에 띄운 배에서 달을 보면서 주연(酒宴)을 여는 형태이다. 9월 18일은 구찌키리(口切)[20]의 다회(茶會)가 있었다. 이 날은 또 다옥(茶屋)에서 세 가지 종류의 차(御茶三種)를 즐겼다. 도코(床)에는 묵적(墨蹟, 먹으로 쓴 필적)을 걸고, 다나(棚)에는 정교하게 빛깔을 넣어 만든 향로와 작은 상자(小箱)를 놓았다. 다회(茶會) 이후에는 연회(宴會)가 이어진다. 동산(東山)에 떠오르는 달을 연못 가운데의 나카지마(中島)에서 바라보기도 하며 배를 타고 시를 읊기도 했다. 정원에는 사방(四方) 5간(間)의 판(板)을 깔아 임시 무대로 삼고 그 위에서 소녀(少女)의 춤을 구경했다.

이듬해 3월 22일부터 25일에는 3일 낮 3일 밤 동안의 잔치가 있었다. 놀이는 전부 18종(種)으로 그 중에서도 일본과 중국의 시작(詩作), 시가(詩歌), 게마리(蹴鞠)[21], 활쏘기(楊弓), 바둑(碁), 고오(香)[22] 등이 재미있다. "제비뽑기 상품의 진가는 붓으로 표현하기 어렵다"라고 죠오쇼오(承章)는 자신의 일기에 적고 있다.

자연속의 즐거움

이 밖에 센토오 어소(仙洞御所)에서는 사계절마다 여러 가지 놀이를 행하고 있다. 동백꽃이 피면 그 만개(滿開)한 모습을 바라보거나 잘라내어 꽃꽂이를 한다. 또한 표고버섯이 나오면 그 풍정(風情)을 즐기면서 표고버섯을 딴다. 이와 같이 사계절의 자연을 즐기는 것은 풍류의 기본이 되었다. 도성(都城)의 북쪽 다카오(高雄)의 단풍은 옛부터 이름이 높았으며 사람들은 요리나 주연(酒宴)을 위해 단풍놀이를 나갔다. 계리궁 고서원(桂離宮 古書院)의 연못으로 돌출한 월견대(月見臺, 달맞이 무대)에서도 명월(明月)을 즐겼을 것이다. 가을 밤하늘에 환하게 빛나는 달이 중천에 떠올랐을 때 달맞이 무대가 훌륭한 관람석이 되도록 방위(方位)를 선택했다.

20. 구찌키리(口切) : 다도(茶道)에서 새로운 차 단지의 봉(封)을 떼어 처음으로 사용하는 다회(茶會)
21. 게마리(蹴鞠) : 옛날 귀족들의 공차기 놀이
22. 고오(香) : 향을 피워 그 냄새를 알아내는 놀이

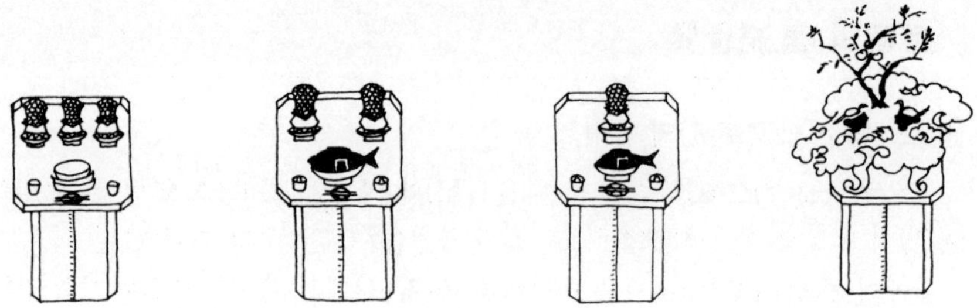

259.
料理
(後水尾天皇의 二條城 행차 때 바쳐졌던 식단의 일부)

260.
料理
(공식 행차 때의 식단의 일부, 生間流料理傳書)

261.
立花(池坊專好立花圖)

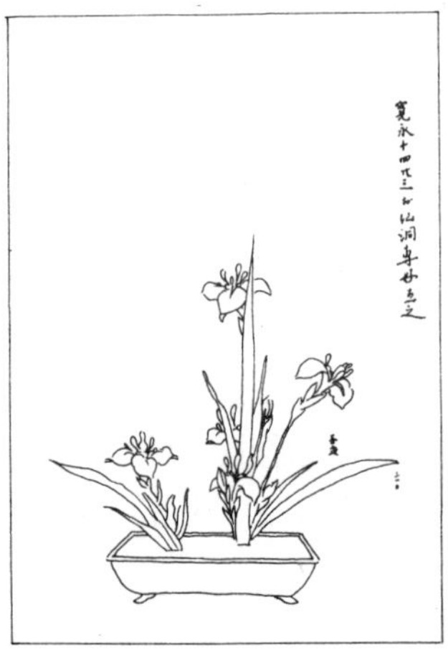

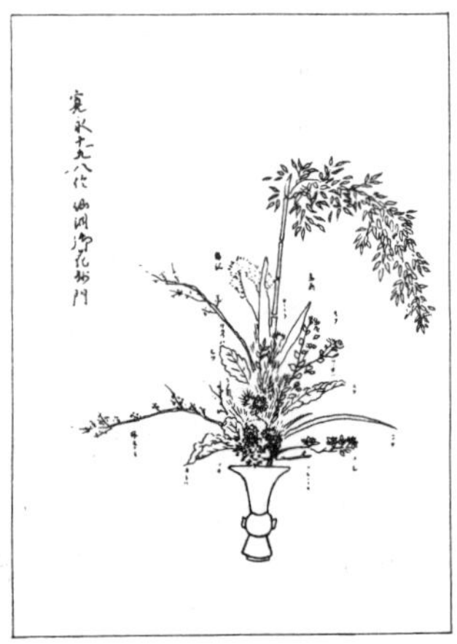

262. 月見(桂離宮 古書院 二の間과 月見台)

263. 調理(七難七福圖)

264. 단풍(紅葉)을 배경으로 한 연회(高雄觀楓圖)

265. 池庭(仙洞御所)

유희(遊戱)의 예술(藝術)

사계절(四季節)의 자연을 실내에 가져 오려는 시도로 불교의식에서 비롯된 릭카(立花)[23]라는 것이었는데 16C와 17C에 걸쳐 군주의 대저택, 다옥(茶屋), 성(城) 등에서 유행했다. 관에이 기간(寬永期) 릭카(立花)의 명인(名人)으로 알려져 있는 이케노보오 센코오(池坊專好, ?~1658?)의 작품은 다행스럽게도 어느 화가(繪師)가 그린 릭카즈(立花圖)에 기록되어 있다. 릭카(立花)는 몇 사람이 경쟁하여 가장 우수한 작품을 결정하는 일종의 교양있는 경기로써 즐기기도 했다.

요리(料理) 역시 인간과 자연을 연결해 주는 유희(遊戱)의 중요한 요소이다. 풍부하고 다양한 자연재료를 선택하여 만든 요리(料理)는 너무나 정교하고 세련되어 있어 현대인들이 아직도 그 일부를 모방해야 할 정도였다. 관에이(寬永) 3년(1626) 고미즈노오 천황(後水尾天皇)의 니조오 성(二條城) 행차(行幸) 때의 요리(料理) 그림이 오늘날 전해지고 있어 하나의 의식(儀式)으로 성립된 식단(獻立)의 호화로움을 알 수 있다. 그림의 과장됨이 놀이의 풍정(風情)과는 걸맞지 않은 것처럼 생각되지만 실상 요리가 중요한 접대방식이자 하나의 예술이었음을 뚜렷히 보여주고 있다.

다도(茶道)도 역시 중요한 접대의 한 가지이며 유희(遊戱)의 중요한 요소였다. 다도(茶道)는 원래 산지(産地)가 어디인가를 알아맞히는 일종의 게임이였다. 근세 초기의 다도(茶道)는 게임은 아니었을지라도 작법(作法)에 얽매인 것이 아니라 편하고 자유로운 것이었다고 생각된다. 봄에는 꽃(花), 가을에는 달(月)이나 단풍, 그리고 겨울에는 눈(雪) 등 계절과 자연의 변화를 즐기면서 차(茶)를 끓여 마셨던 것이다. 분위기에 따라서는 다실(茶室)도 물론 사용되었다. 그러나 다실(茶室)뿐만 아니라 모든 장소가 차(茶)의 무대가 되었다. 스키(數寄)의 마음만 있으면 장소를 가리지 않고 모두를 스키(數寄)의 공간(空間)으로 삼았던 것이다. 이것은 현대에서도 변함없는 일이다.

23. 릭카(立花) : 꽃꽂이 형식의 하나로써 꽃나무를 큰 항아리에 보기 좋게 꽂는 방식. 불전(佛前)에 바치는 꽃에서 유래함

譯者의 後記

지금까지 日本建築의 歷史를 다룬 책으로서 국내에 소개된 예는 거의 없었다. 따라서 이 『日本建築史』를 "도서출판 세진사"에서 기획, 출간하고 있는 『세계건축의 역사』 시리즈의 하나로 소개함으로써 그 출발점으로 삼고자 한다.

이 책은 原書(1983年)인 西 和夫·穗積和夫 著 『日本建築の かたち』를 기본으로 하여 H. Mack Horton 譯 英語本(1985年)인 『What Is Japanese Architecture ?』의 첨가된 내용도 참고하여 번역하였다.

古代로부터 메이지유신(明治維新) 이전까지의 日本建築을 宗敎·生活·戰爭·遊戱라는 주제별로 구성한 점과 그 역사적 배경, 건축적 내용을 중요시한 것이 이 책의 특징이다.

제1장은 宗敎라는 주제로, 佛寺와 神社의 시대별, 유형별 특징과 세부를 서로 비교하였으며, 이들을 만든 職人과 工具에 대한 언급도 빠뜨리지 않고 있다.

제2장은 生活이라는 주제로 住宅과 都市의 역사적 발전과정을 고고학적 출토자료, 문학작품, 두루마리그림 등 史料를 인용하여 서술하였으며, 서민주택인 民家, 귀족의 別莊, 무사의 邸宅뿐 아니라 都市計劃에 이르기까지 언급하고 있다.

제3장은 戰爭이라는 주제로 했다. 현존 12天守를 중심으로 전쟁과 성곽건축의 관계를 그 방어시설과 성곽도시의 발전이라는 측면에 비추어 전개했다.

마지막 제4장은 遊戱를 주제로 하여 일본 고유의 스키야 공간(數寄의 空間) 즉, 茶室과 그 정원의 구성, 기법뿐 아니라 노오(能) 무대의 구성, 가부키(歌舞伎) 극장의 건축, 화류옥(花柳屋)인 스미야(角屋)에 이르기까지 개괄하고 있다.

이상의 내용을 전개함에 있어 큰 특징은 각 부제별 대표적 건축물 등을 모두 線畵로 표현함으로써 그 세부까지를 정확하게 이해할 수 있게 했다는 점과 현존하지 않는 건축물의 경우에는 그들이 언급된 각종 史料를 제시하고 있다는 점이다.

아무튼 일본건축을 대표하는 주제별 건축물을 개괄적으로나마 이해함으로써 관심있는 독자들에게 이 책이 東洋建築文化의 상호관계를 비교하는 데에 조그만 보탬이 되길 바란다.

아울러 앞으로 東洋建築文化를 연구하는 데 가장 어렵고도 중요한 과제가 建築用語를 어떻게 정리하느냐의 문제인 만큼 더욱 세심한 노력이 요구된다 하겠다. 여기에서는 보편화된 것이 아닌 이상 원어의 발음 그대로 표기하되 가능한 한 많은 譯註를 달도록 노력했다. 用語의 정확한 해석, 더 나아가 韓·中·日의 건축용어에 대한 비교연구는 이 길을 걷는 분들의 연구성과에 기대며 여기서 제시된 기준만을 몇 가지 일러둔다.

첫째, 건물명, 인명, 지명, 연호 등의 고유명사는 원어발음에 가깝게 표기하되 장음인 경우도 반영했다.

둘째, 용어 중 우리 나라에서 같은 의미로 쓰이거나 동일한 전각명 등은 한자음으로 표기했다. 단, 이 경우 처음 언급된 것만은 원어발음을 병기했다.

셋째, 의미가 우리 나라와 다르게 쓰이거나 생소한 용어는 가능한 한 역주로 설명했다.(建築大辭典, 彰國社/近藤豊 著 古建築の 細部意匠, 大河出版/張起仁 著 韓國建築辭典, 普成文化社를 참고함.)

넷째, 건축물의 세부를 나타내는 線畵에는 가능한 한 부재명칭을 찾아 넣었다.

번역의 불충분함과 오류에 대한 선배제현의 질책과 지도를 기다리며, 끝까지 이 책의 출간에 애착을 가져 주신 세진사 문형진 사장님과 어려운 한자교정에 애써 주신 편집부 직원 여러분께 감사드린다.

1995. 2.

역자 씀

参考文献

日本建築史全般

日本建築学会編：日本建築史図集　彰国社　昭和24年・新訂版 昭和55年
住宅史研究会編：日本住宅史図集　理工図書　昭和45年
太田・田辺・福山・藤岡・渡辺：日本建築史（建築学大系4-Ⅰ）　彰国社　昭和43年
太田博太郎：日本建築史序説　彰国社　増補新版 昭和44年
藤岡通夫他：建築史　市ケ谷出版　昭和42年

宗　教

久野建・鈴木嘉吉：法隆寺（原色日本の美術２）　小学館　昭和41年
鈴木嘉吉：飛鳥・奈良建築（日本の美術196）　至文堂　昭和57年
奈良六大寺大親（全14巻）　岩波書店　昭和43～48年
太田博太郎：南都七大寺の歴史と年表　岩波書店　昭和49年
大岡実：奈良の寺（日本の美術７）　平凡社　昭和40年
浅野清・毛利久：奈良の寺院と天平彫刻（原色日本の美術３）　小学館　昭和41年
鈴木嘉吉：上代の寺院建築（日本の美術65）　至文堂　昭和46年
工藤圭章：平安建築（日本の美術197）　至文堂　昭和57年
福山敏男：平等院と中尊寺（日本の美術９）　平凡社　昭和39年
工藤圭章・西川新次：阿弥陀堂と藤原彫刻（原色日本の美術６）　小館学　昭和44年
伊藤延男：密教建築（日本の美術143）　至文堂　昭和53年
倉田文作：密教寺院と貞観彫刻（原色日本の美術５）　小学館　昭和42年
伊藤延男：鎌倉建築（日本の美術198）　至文堂　昭和57年
伊藤延男・小林剛：中世寺院と鎌倉彫刻（原色日本の美術９）　小学館　昭和43年
川上貢：室町建築（日本の美術199）　至文堂　昭和57年
太田博太郎・松下隆章・田中正大：禅寺と石庭（原色日本の美術10）　小学館　昭和42年
関野克：金閣と銀閣（日本の美術153）　至文堂　昭和54年
渡辺保忠：伊勢と出雲（日本の美術３）　平凡社　昭和39年
太田博太郎監修・稲垣栄三編：社殿Ⅱ（日本建築史基礎資料集成２）　中央公論美術出版　昭和47年
太田博太郎監修・大河直躬編・社殿Ⅲ（日本建築史基礎資料集成３）　中央公論美術出版　昭和56年
稲垣栄三：神社と霊廟（原色日本の美術16）　小学館　昭和43年
稲垣栄三：古代の神社建築（日本の美術81）　至文堂　昭和48年

福山敏男：中世の神社建築（日本の美術129） 至文堂 昭和52年
日光社寺文化財保存会編：国宝東照宮陽明門・同左右袖塀修理工事報告書 便利堂 昭和49年
大河直躬：桂と日光（日本の美術20） 平凡社 昭和39年
大河直躬：番匠 法政大学出版局 昭和46年
辻惟雄編：洛中洛外図（日本の美術121） 至文堂 昭和51年
村松貞次郎：絵図大工百態 新建築社 昭和49年
朝倉治彦解説：江戸職人づくし 岩崎美術社 昭和55年
樋口秀雄解説：和漢三才図会 東京美術 昭和45年

生 活

太田博太郎：図説日本住宅史 彰国社 新訂昭和46年
平井聖：日本住宅の歴史（NHKブックス） 日本放送出版協会 昭和49年
伊藤延男：住居（すまい）（日本の美術38） 至文堂 昭和44年
平井聖：図説日本住宅の歴史 学芸出版社 昭和55年
奈良文化財研究所監修：よみがえる奈良——平城京
黛弘道：都城文化の拡散（図説日本文化の歴史３・奈良） 小学館 昭和54年
関野克：文化財と建築史（SD 選書151） 鹿島出版会 昭和44年
沢村仁：住居の様相（世界考古学大系４・日本Ⅳ） 平凡社 昭和36年
浅野清：奈良時代建築の研究 中央公論美術出版 昭和44年
村井康彦：新都平安京の光と影，樋口清之：生活様式の和風化（図説日本文化の歴史４・平安） 小学館 昭和54年
川上貢：日本中世住宅の研究 墨水書房 昭和43年
太田博太郎監修・川上貢編：書院Ⅰ（日本建築史基礎資料集成16） 中央公論美術出版 昭和46年
太田博太郎監修・平井聖編：書院Ⅱ（日本建築史基礎資料集成17） 中央公論美術出版 昭和49年
太田博太郎：床の間 岩波書店 昭和54年
太田博太郎：書院造 東京大学出版 昭和41年
風俗画——洛中洛外（日本屏風絵集成第11巻） 講談社 昭和53年
平井聖：城と書院（日本の美術13） 平凡社 昭和40年
斎藤英俊：桂離宮（名宝日本の美術21） 小学館 昭和57年
西和夫：近世初期の建築界（図説日本文化の歴史８・江戸・上） 小学館 昭和55年
藤岡通夫・恒成一訓：書院Ⅰ・Ⅱ 創元社 昭和44年
江戸時代図誌（全25巻）：筑摩書房 昭和50～52年
大石慎三郎編：図説日本文化の歴史８・江戸・上 小学館 昭和55年
太田博太郎監修・大河直躬編：民家（日本建築史基礎資料集成21） 中央公論美術出版 昭和51年
伊藤ていじ：民家（日本の美術21） 平凡社 昭和40年
鈴木充：民家（ブック・オブ・ブックス日本の美術37） 小学館 昭和50年
日本の民家1～8 学研 昭和55～56年
宮沢さとし編：町家と町並み（日本の美術167） 至文堂 昭和55年
朝倉治彦編：守貞漫稿（上・中・下巻） 東京堂出版 昭和48～49年
内藤昌・穂積和夫：江戸の町（上・下） 草思社 昭和57年

桐敷真次郎：初期江戸の都市デザイン（日本の城）　学研　昭和54年
平井聖他：江戸図屏風　平凡社　昭和46年
太田博太郎・伊藤要太郎：匠明　鹿島出版会　昭和46年
城戸久・高橋宏之：藩校遺構　相模書房　昭和50年

戦　争

太田博太郎監修・平井聖編：城郭Ⅰ・Ⅱ（日本建築史基礎資料集成14・15）　中央公論美術出版　昭和53・57年
藤岡通夫：城と書院（原色日本の美術12）　小学館　昭和43年
内藤昌：城の日本史（NHKブックス）　日本放送出版協会　昭和54年
石川県郷土資料館編：発掘された戦国の城下と港　昭和52年
藤岡通夫：姫路城　中央公論美術出版　昭和40年
西和夫：姫路城と二条城　小学館　昭和56年
平井聖他：旧東のくるわ　金沢市教育委員会　昭和50年
桑田忠親他：戦国合戦絵屏風集成第1巻　中央公論社　昭和55年
豊田武監修：金沢図屏風　文一総合出版　昭和52年
内藤昌：江戸と江戸城（SD 選書4）　鹿島出版会　昭和41年

遊　戯

堀口捨己：茶室研究　鹿島出版会　復刻 昭和52年
堀口捨己：茶室（日本の美術83）　至文堂　昭和48年
太田博太郎監修・中村昌生編：茶室（日本建築史基礎資料集成20）　中央公論美術出版　昭和49年
中村昌生・恒成一訓：茶室大観Ⅰ・Ⅱ・Ⅲ　創元社　昭和52～53年
中村昌生：茶室の研究　墨水書房　昭和46年
図説茶道大系（全7巻）　角川書店　昭和37～40年
堀口捨己：解説妙喜庵茶室待庵（茶道おこし絵図集5巻）　墨水書房　昭和39年
野上豊一郎他：能楽全書（全7巻）　創元社　総合新訂版 昭和54～56年
須田敦夫：日本劇場史の研究　相模書房　昭和32年
文化財建造物保存技術協会：重要文化財旧金毘羅大芝居修理工事報告書　琴平町　昭和51年
小泉嘉四郎：劇場のはり間と奈落（世界建築全集3・日本Ⅲ・近世）　平凡社　昭和34年
都名所図会（新修京都叢書第11巻）　光彩社　昭和43年
久恒秀治：桂御所　新潮社　昭和37年
森蘊：桂離宮　創元社　昭和31年
森蘊：修学院離宮（日本の美術112）　至文堂　昭和50年
藤岡通夫：角屋　彰国社　昭和30年
森蘊：日本の庭園　吉川弘文館　昭和39年
西和夫：近世初期の数寄空間（茶道の研究300～325号）　茶道之研究社　昭和55～57年

찾아보기

【ㄴ】

【ㄷ】

【ㄹ】

【ㅁ】

【ㅇ】

【ㅈ】

【ㅊ】

【ㅌ】

【ㅍ】

【ㅎ】

❑ 저자 ❑

■ 西 和夫 · 穗積和夫

❑ 역자 약력 ❑

■ **이 무 희**

한양대학교 건축공학과 졸업
한양대학교 대학원 건축공학과(공학석사)
이해성 현대건축사 연구실 근무
현대엔지니어링 건축사업부 근무
현재 건축사사무소 新異建築 소장
광주대학교 사진강사

■ **진 경 돈**(陣景敦)

한양대학교 건축공학과 졸업
한양대학교 대학원 건축공학과(공학석사)
한양대학교 대학원 건축공학과 박사과정 수료
현재 백제예술전문대학 건축디자인과 전임교수
역서 : 『도시건축의 역사』 외 다수

세계건축의 역사시리즈 4

일본건축사 값 18,000원

저 자	이	무	희
	진	경	돈
발행인	문	형	진

1995년 6월 10일 제1판 제1인쇄발행
1997년 1월 15일 제1판 제2인쇄발행
1999년 1월 3일 제1판 제3인쇄발행
2005년 1월 8일 제1판 제4인쇄발행
2012년 4월 12일 제1판 제5인쇄발행
2015년 3월 27일 제1판 제6인쇄발행

판 권
검 인

발행처 **세 진 사**

136-087 서울특별시 성북구 보문로 38 세진빌딩
TEL : 922-6371~3, 923-3422·7224 / FAX : 927-2462
〈등록. 1976. 9. 21 / 등록번호. 서울 제6-28호〉